Jürgen Köhler

Wärme- und Stoffübertragung in Zweiphasenströmungen

Grundlagen und Fortschritte der Ingenieurwissenschaften

Fundamentals and Advances in the Engineering Sciences

herausgegeben von
Prof. Dr.-Ing. Dr.-Ing. E. h. *Wilfried B. Krätzig,* Ruhr-Universität Bochum
Prof. em. Dr.-Ing. Dr.-Ing. E. h. *Theodor Lehmann*[†] Ruhr-Universität Bochum
Prof. Dr.-Ing. Dr.-Ing. E. h. *Oskar Mahrenholtz,* TU Hamburg-Harburg
Prof. Dr. *Peter Hagedorn* TH Darmstadt

Konvektiver Impuls-, Wärme- und Stoffaustausch
von Michael Jischa

Einführung in Theorie und Praxis der Zeitreihen- und Modalanalyse
von Hans G. Natke

Mechanik der Flächentragwerke
von Yavuz Basar und Wilfried B. Krätzig

Festigkeitsanalyse dynamisch beanspruchter Offshore-Konstruktionen
von Karl-Heinz Hapel

Computational Mechanics of Reinforced Concrete Structures
von Günter Hofstetter und Herbert A. Mang

Strömungsmechanik
von Klaus Gersten und Heinz Herwig

Konzepte der Bruchmechanik
von Reinhold Kienzler

Dünnwandige Stab- und Stabschalentragwerke
von Johann Altenbach, Wolfgang Kissing
und Holm Altenbach

Thermodynamik der Strahlung
von Stephan Kabelac

Simulation von Kraftfahrzeugen
von Georg Rill

Berechnung von Phasengleichgewichten
von Ralf Dohrn

Wärme- und Stoffübertragung in Zweiphasenströmungen
von Jürgen Köhler

Jürgen Köhler

Wärme- und Stoffübertragung in Zweiphasenströmungen

Kondensation und Absorption in horizontalen Rohren

Mit 28 Bildern und 7 Tabellen

Die Deutschen Bibliothek – CIP-Einheitsaufnahme

Köhler, Jürgen:
Wärme- und Stoffübertragung in Zweiphasenströmungen:
Kondensation und Absorption in horizontalen Räumen;
mit 7 Tabellen / Jürgen Köhler.

(Grundlagen und Fortschritte der Ingenieurwissenschaften)
ISBN 978-3-663-11812-1   ISBN 978-3-663-11811-4 (eBook)
DOI 10.1007/978-3-663-11811-4

Gedruckt auf säurefreiem Papier

ISBN 978-3-663-11812-1

Vorwort

Mehrphasige Strömungen trifft man in sehr vielen natürlichen und technischen Prozessen. Im alltäglichen Leben ist man mehr mit Vorgängen und Geräten in Berührung, in denen solche Strömungsformen vorkommen, als man vielleicht vermuten würde. Man gerät in einen Regen- oder Hagelsturm, kocht sich einen Kaffee und hat selbstverständlich einen Kühlschrank in der Küche stehen. Wird man aber vor die Aufgabe gestellt, einen Prozeß auszulegen, in dem z.B. zweiphasige Rohrströmungen mit Phasenwechsel vorkommen, so stellt dies selbst für den Spezialisten oft eine nicht einfach zu lösende Aufgabe dar. In der Literatur findet man eine unüberschaubare Fülle von Veröffentlichungen, die sich aber sehr häufig nur mit sehr speziellen Teilaspekten beschäftigen. Auch jemand, der mit Strömungsproblemen grundsätzlich vertraut ist, kommt nicht darum herum, diese Flut von Publikationen zu sichten und zu ordnen, um beurteilen zu können, welche Ergebnisse für die jeweilige Aufgabenstellung verwendet werden dürfen. Fehlerhafte Auslegungen können fatale Folgen haben, wenn die Anlage unterdimensioniert ist. Daher arbeitet man oft mit hohen Sicherheitszuschlägen, die jedoch in vielen Fällen eine geringe Effizienz der Anlage zur Folge haben.

Vor diesem Hintergrund möchte das vorliegende Buch für den häufig vorkommenden Fall eines Dampf-Flüssigkeits-Gemisches aus zwei Stoffkomponenten, das in einem gekühlten, horizontalen Rohr strömt, eine in sich geschlossene Berechnungsgrundlage präsentieren. Das Buch wendet sich daher insbesondere an Ingenieure und Naturwissenschaftler aus den Bereichen Energie-, Umwelt-, Chemieingenieur-, Verfahrens- oder Kältetechnik, die mit solchen Strömungsproblemen häufig zu tun haben, aber auch an Studenten aus den angesprochenen Fachbereichen.

In dem Buch wird ein sogenanntes Zweifluidmodell vorgestellt, wonach der Dampf und die Flüssigkeit in der Rohrströmung als zwei künstlich getrennte Phasen gedacht und separat behandelt werden. Vom Umfang ist das Zweifluidmodell so ausgelegt, daß es mit einem vertretbaren Aufwand auf einem PC zu implementieren ist. Nach einer Literaturübersicht wird das Modell aus den allgemeinen Erhaltungsgleichungen hergeleitet. Es ergibt sich ein Satz von Differentialgleichungen, mit deren Hilfe man die Veränderungen der Temperaturen und Konzentrationen in Hauptströmungsrichtung berechnen kann. Anschließend werden die in den Differentialgleichungen vorkommenden Funktionen zur Beschreibung des Druckverlustes, der Strömungsgeometrie sowie des Wärme- und Stofftransportes in Abhängigkeit von den möglichen Strömungsformen bereitgestellt. Zum Schluß werden noch einige ausgeführte Beispielrechnungen zum einen als Vergleich mit Meßdaten und zum anderen als praxisrelevante Parametervariationen vorgestellt. Einen guten und kurz gefaßten Überblick über die Gliederung des Buches findet man in dem Kapitel "1. 2 Ziel des Buches", während in dem abschließenden Kapitel "13 Zusammenfassung" der Inhalt überschaubar zusammengefaßt wird.

Wesentliche Teile des vorliegenden Buches entstanden während meiner Tätigkeit als Visiting Scientist am Department of Mechanical Engineering des Massachusetts Institute of Technology (MIT) in Cambridge, MA, USA. Allen, die zu seinem Gelingen beigetragen haben, möchte ich an dieser Stelle danken. Insbesondere gilt mein herzlicher Dank den Herren Professoren H. Beer, J. H. Lienhard V. und J. H. Spurk für ihr entgegengebrachtes Interesse, ihre wertvollen Anregungen und stete Bereitschaft zur Diskussion. Weiterhin bin ich Herrn M. Sonnekalb für seine Hilfe bei der Durchführung von Meß- und Programmierarbeiten für die Beispielrechnungen zu Dank verpflichtet. Ebenso danke ich den Herren F. Antonetty und A. Keuper für ihre Mithilfe. Insbesondere möchte ich mich für alle Unterstützung durch die Fa. Konvekta AG bedanken. Auch an den Verlag Vieweg richtet sich mein Dank für die sehr erfreuliche Zusammenarbeit.

Nicht zuletzt bedanke ich mich ganz besonders bei meiner Frau für ihre Geduld und ihr aufgebrachtes Verständnis.

Marburg, im August 1995   Jürgen Köhler

Inhaltsverzeichnis

Seite

1 Einleitung 1

    1. 1 Anwendungshintergrund 1

    1. 2 Ziel des Buches 2

2 Eine kurze Literaturübersicht über Arbeiten zum Phasenübergang 4

    2.1 Blasenströmung 4

        2.1.1 Phasengrenzfläche 4

        2.1.2 Wärme- und Stoffübergang 5

    2.2 Glatte Schichtenströmung 5

        2.2.1 Phasengrenzfläche 5

        2.2.2 Wärme- und Stoffübergang 6

    2.3 Wellige Schichtenströmung 6

        2.3.1 Phasengrenzfläche 6

        2.3.2 Wärme- und Stoffübergang 7

    2.4 Ringströmung 7

        2.4.1 Phasengrenzfläche 7

        2.4.2 Wärme- und Stoffübergang 8

    2.5 Schwall- und Pfropfenströmung 8

        2.5.1 Phasengrenzfläche 8

        2.5.2 Wärme- und Stoffübergang 9

3 Die Erhaltungsgleichungen in integraler Form 10

    3. 1 Erhaltungssatz der Masse 11

    3. 2 Erhaltungssatz des Impulses 11

    3. 3 Erhaltungssatz der Komponente i 13

    3. 4 Erhaltungssatz der Energie 15

Seite

4 Ein Zweifluidmodell ... 30

    4. 1 Annahmen ... 30

    4. 2 Bezeichnungen ... 32

    4. 3 Gesamtmassenbilanz der Rohrströmung ... 35

    4. 4 Massenbilanz für Komponente 1 an der Phasengrenzfläche ... 36

    4. 5 Massenbilanz für Komponente 1 in der Dampfphase ... 37

    4. 6 Massenbilanz für Komponente 1 in der Flüssigkeitsphase ... 38

    4. 7 Energiebilanz an der Phasengrenzfläche ... 39

    4. 8 Energiebilanz für die Flüssigkeitsphase ... 40

    4. 9 Energiebilanz für die Dampfphase ... 41

    4. 10 System von Differentialgleichungen ... 42

5 Die Strömungsformenkarte ... 45

    5. 1 Taitel und Dukler ... 45

    5. 2 Tandon, Varma und Gupta ... 48

6 Der Druckverlust in einer Zweiphasenströmung ... 51

    6. 1 Reibungsdruckverlust ... 51

    6. 2 Gravitations- oder geodätische Druckdifferenz ... 54

    6. 3 Impuls- oder Beschleunigungsdruckänderung ... 54

7 Der Wandwärmeübergang in der Zweiphasenströmung ... 56

    7. 1 Blasenströmung ... 56

    7. 2 Schichtenströmung ... 59

    7. 3 Ringströmung ... 66

    7. 4 Schwall- und Pfropfenströmung ... 68

8 Strömungsgeometrie ... 70

    8. 1 Blasenströmung ... 70

Seite

8. 2 Schichtenströmung 74

8. 3 Ringströmung 79

8. 4 Schwall- und Pfropfenströmung 86

9 Wärme- und Stoffübergang an der Phasengrenzfläche 106

9. 1 Flüssigkeitsseitiger Stoffübergang 106

9. 2 Flüssigkeitsseitiger Wärmeübergang 111

9. 3 Eine Analyse 113

    9. 3. 1 Der Einfluß von Nichtgleichgewichts-Effekten 113

    9. 3. 2 Ein verbessertes Oberflächenerneuerungs-Modell ... 115

    9. 3. 3 Vergleich mit Meßdaten 125

        9. 3. 3. 1 Blasenströmung 126

        9. 3. 3. 2 Offene Kanalströmung 128

        9. 3. 3. 3 Kondensation in eine ruhende, turbulente Flüssigkeit ... 130

9. 4 Schubspannung an Wand und Phasengrenzfläche 133

    9. 4. 1 Blasenströmung 134

    9. 4. 2 Schichtenströmung 135

    9. 4. 3 Ringströmung 135

    9. 4. 4 Schwall- und Pfropfenströmung 137

9. 5 Mischungsweglänge 138

    9. 5. 1 Blasenströmung 142

    9. 5. 2 Schichtenströmung 142

    9. 5. 3 Ringströmung 142

    9. 5. 4 Schwall- und Pfropfenströmung 143

9. 6 Dampfseitiger Wärme- und Stoffübergang 144

    9. 6. 1 Blasenströmung 146

    9. 6. 2 Schichtenströmung 146

    9. 6. 3 Ringströmung 148

    9. 6. 4 Schwall- und Pfropfenströmung 150

10 Die Phasengrenzkurven eines Gemisches 151

10. 1 Mol- und Massenkonzentrationen 151

10. 2 Molare Zustandsgrößen 154

Seite

11 Vergleiche zwischen Experimenten und Simulationsrechnungen ... 158

    11. 1 Versuch ... 158

    11. 2 Vergleich ... 162

12 Parametervariationen ... 167

    12. 1 Standard-Simulationsrechnung ... 167

    12. 2 Variation des Massenstromes ... 170

    12. 3 Variation des Rohrdurchmessers ... 171

    12. 4 Variation des Kühlluftstromes ... 173

    12. 5 Variation des Eintritts-Dampfgehaltes ... 175

    12. 6 Variation des Druckes ... 177

13 Zusammenfassung ... 180

Anhang ... 182

Literaturverzeichnis ... 189

Sachwortverzeichnis ... 201

Verzeichnis der Abbildungen

Seite

Abb. 1: Strömungsformen in einer horizontalen Gas-Flüssigkeits-Rohrströmung 3

Abb. 2: Eine idealisierte Zweiphasenströmung 32

Abb. 3: Allgemeine Strömungsformenkarte für horizontale Zweiphasenströmungen 46

Abb. 4: Kriterien zur Bestimmung der Strömungsform bei der Kondensation von Ein- und Zweistoffgemischen in horizontalen Rohrströmungen 49

Abb. 5: Zweiphasenmultiplikator für den Druckverlust nach Lockhart und Martinelli 52

Abb. 6: Reynoldszahlfaktor F, ursprünglich angegeben durch Chen 58

Abb. 7: Schichtenströmung im waagrechten Rohr 61

Abb. 8: Ringströmung in einem waagrechten Rohr 67

Abb. 9: Das Zellenmodell für Schwall- und Pfropfenströmung 87

Abb. 10: Der Prozeß der Schwallbildung 90

Abb. 11: Turbulenzballenbewegung und Temperaturverteilung an einer Gas-Flüssigkeits-Grenzfläche 116

Abb. 12: Nusselt- bzw. Sherwoodbeziehungen verschiedener Autoren über der Turbulenz-Reynoldszahl aufgetragen 124

Abb. 13: Stoffübergangskoeffizient aufgetragen über der Reynoldszahl. Lamont und Scotts turbulente Blasenströmung in einem waagrechten Rohr 127

Abb. 14: Wärmeübergangskoeffizient aufgetragen über der Gitter-Reynoldszahl. Thomas' horizontale Strömung im offenen Rechteck-Kanal 129

Abb. 15: Qualitative Verteilung der turbulenten Geschwindigkeitsschwankungen in der Nähe der flüssigkeitsseitigen Phasengrenzfläche 131

Abb. 16: Kondensations-Stantonzahl über der Reynoldszahl (Prandtlzahl = 2.2). Browns System einer ruhenden Flüssigkeit mit strahlinduzierter Turbulenz 132

Abb. 17: Kondensations-Stantonzahl über der Reynoldszahl (Prandtlzahl = 1.5). Browns System einer ruhenden Flüssigkeit mit strahlinduzierter Turbulenz 133

Abb. 18: Vergleich zweier verschiedener Funktionen für die Mischungsweglänge 141

Abb. 19: Luftgekühlte Absorptionskälteanlage 159

Abb. 20: Vergleich zwischen berechneten flüssigkeitsseitigen Rohrwandtemperaturen und experimentellen Daten 162

Abb. 21: Vergleich zwischen berechneten flüssigkeitsseitigen Rohrwandtemperaturen und experimentellen Daten 163

Abb. 22: Vergleich zwischen berechneten flüssigkeitsseitigen Rohrwandtemperaturen und experimentellen Daten 164

Abb. 23: Standard-Simulationsrechnung 168

Abb. 24: Variation des Massenstromes 171

Abb. 25: Variation des Rohrdurchmessers 172

Abb. 26: Variation des Kühlluftstromes 174

Abb. 27: Variation des Eintritts-Dampfgehaltes 175

Abb. 28: Variation des Druckes 178

Verzeichnis der Tabellen

Seite

Tab. 1: Koeffizienten, die für verschiedene Strömungsverhältnisse gültig sind 53

Tab. 2: Empirische Koeffizienten zur Bestimmung der Schwallfrequenz 98

Tab. 3: Gleichungen zur Bestimmung des Reibungsbeiwertes an der Wand und der Phasengrenzfläche in der Gasströmung 100

Tab. 4: Vergleiche der $C_{transport}$- und m-Werte von verschiedenen Autoren 110

Tab. 5: Betriebsbereich der experimentellen Untersuchungen am Verflüssiger einer Haushalts-Absorptionsklimaanlage 160

Tab. 6: Betriebsbereich der Verflüssiger-Kühlluft einer Haushalts-Absorptionsklimaanlage 161

Tab. 7: Variationsbereich der Parameter 167

Nomenklatur

Lateinische Buchstaben

A	Oberfläche, Querschnittsfläche	m^2
a	Oberflächenkonzentration	$1/m$
C	Koeffizient	
C_0	Verteilungskoeffizient	
C_∞	Koeffizient (Schwall- und Pfropfenströmung)	
c_p	spezifische Wärmekapazität bei konstantem Druck	J/kgK
c_v	spezifische Wärmekapazität bei konstantem Volumen	J/kgK
D	Rohrinnendurchmesser	m
D_{sm}	mittlerer Sauter-Blasendurchmesser in Blasenströmungen	m
$D_{sm\,drop}$	mittlerer Sauter-Tröpfchendurchmesser in Ringströmungen	m
D_0	Rohraußendurchmesser	m
$\mathcal{D}$	Diffusionskoeffizient	m^2/s
E	Energie	J
E	Entrainment (Ringströmung)	
Eo	Eötvös- (oder Bond-) zahl	
Er	Entrainmentstromdichte (Ringströmung)	$kg/m^2 s$
Eu	Eulerzahl	
e	spezifische Energie	J/kg
F	Korrekturfaktor, Verhältnis	
$\mathbf{F}$	Kraftvektor	N
Fr	Froudezahl	

f	Reibungsbeiwert bzw. Widerstandsziffer des Rohres (Fanning friction factor)	
G	Massenstromdichte	kg/m^2s
G^*	molare freie Enthalpie	$J/kmol$
g	spezifische freie Enthalpie	J/kg
g	Erdbeschleunigung	m/s^2
$\mathscr{g}$	Stoffübergangszahl	kg/m^2s
H	Enthalpie	J
H_i	partielle molare Enthalpie der Komponente i	$J/kmol_i$
h	Flüssigkeits- oder Filmhöhe (Schichtenströmung)	m
h	spezifische Enthalpie	J/kg
h_{fg}	Verdampfungswärme	J/kg
$\tilde{h}_i$	partielle spezifische Enthalpie der Komponente i	J/kg_i
$\hslash$	Wärmeübergangszahl	W/m^2K
J_i	Molstromdichte	$kmol/m^2s$
J_u	Energiestromdichte	J/m^2s
j	Colburn j-Faktor	
$\langle j \rangle$	scheinbare Geschwindigkeit	m/s
j_g^*	dimensionslose Gasgeschwindigkeit	
j_i	Massendiffusionsstromdichte der Komponente i	kg_i/m^2s
K	Stoffübergangszahl	m/s
K_{mix}	Korrekturfaktor	
K_1	Funktion	kg/m^2Ks
K_2	Funktion	W/m^2K
$K_{\rho p}$	Funktion	s^2/m^2
$K_{\rho T}$	Funktion	kg/m^3K
k	Wärmeleitfähigkeit	W/mK
L	charakteristische Länge eines Turbulenzballens (large-eddy)	m

$L\{\}$	Laplaceoperator	
Le	Lewiszahl	
L_{pipe}	Rohrlänge	m
l	Länge	m
l_f	Filmlänge (Schwall- und Pfropfenströmung)	m
l_m	Mischzonenlänge (Schwall- und Pfropfenströmung), Mischungsweglänge	m
l_m^*	dimensionslose Mischungsweglänge	
l_s	Länge des Schwalls (Schwall- und Pfropfenströmung)	m
l_u	Zellenlänge (Schwall- und Pfropfenströmung)	m
M_i	Molekulargewicht der Komponente i	kg/kmol
$\mathcal{M}$	Masse	kg
m	Exponent	
m_i	Massenkonzentration der Komponente i	kg_i/kg
$\dot{m}$	Massenstrom	kg/s
$\mathbf{N}$	Vektor der Menge der Komponenten	kmol
N_i	Molmenge der Komponente i	$kmol_i$
Nu	Nusseltzahl	
n	Massenstromdichte	kg/m^2s
n	Exponent	
n	Anzahl der Komponenten	
$\mathbf{n}$	Einheitsvektor (auf der Oberfläche eines Kontrollvolumens)	
$\mathbf{n}$	Massenstromdichtenvektor	kg/m^2s
$\mathbf{n}_i$	Massenstromdichtenvektor der Komponente i	kg_i/m^2s
P	Umfang, auf den eine Spannung wirkt	m
Pr	Prandtlzahl	
p	Druck	N/m^2
p_r	reduzierter Druck	

Q	Volumenstrom	m^3/s
$\dot{Q}$	Wärmestrom	J/s
q	Energiestromdichte	J/m^2s
q	spezifische Wärmemenge	J/kg
R	Flüssigkeitsvolumenanteil (liquid holdup)	
$\mathcal{R}$	Universelle Gaskonstante	$J/kmolK$
R	Gaskonstante	J/kgK
R_z	Rohrrauhigkeit	m
Re	Reynoldszahl	
Re_t	Turbulenz-Reynoldszahl	
Re_t^*	charakteristische Turbulenz-Reynoldszahl	
Ri	Richardsonzahl	
r	Radius	m
S	Entropie	J/K
S_S	Breite der Phasengrenzfläche	m
Sc	Schmidtzahl	
Sh	Sherwoodzahl	
St	Stantonzahl	
s	spezifische Entropie	J/kgK
T	Temperatur	K
T'	dimensionslose Temperatur	
T	Zeitintervall	s
$\mathcal{T}$	charakteristische Zeiteinheit für Turbulenzballen (large-eddy)	kg
t	Zeit	s
U	innere Energie	J
U	charakteristische Geschwindigkeit	m/s
u	spezifische innere Energie	J/kg
V	charakteristische Geschwindigkeit der Turbulenzballen (large-eddy)	m/s

V	Volumen	m^3
$\dot{V}$	Volumenstrom	m^3/s
V_d	mittlere Driftgeschwindigkeit (Schwall- und Pfropfenströmung)	m/s
V_N	Blasenfrontgeschwindigkeit (Schwall- und Pfropfenströmung)	m/s
V_M	Gemischgeschwindigkeit (Schwall- und Pfropfenströmung)	m/s
V_s	mittlere Geschwindigkeit des Fluids im Schwall (Schwall- und Pfropfenströmung)	m/s
V_t	Schwallfrontgeschwindigkeit (Schwall- und Pfropfenströmung)	m/s
V_1	erste zeitliche Temperaturableitung	K/s
V_2	zweite zeitliche Temperaturableitung	K/s^2
v	spezifisches Volumen	m^3/kg
v	Geschwindigkeit	m/s
$\mathbf{v}$	Geschwindigkeitsvektor	m/s
v^*	Schubspannungsgeschwindigkeit	m/s
$\langle v_{Vj} \rangle$	mittlere Driftgeschwindigkeit	m/s
$\overline{v'^2}$	zeitlicher Mittelwert der turbulenten Geschwindigkeitsschwankungen	m^2/s^2
$\overline{v_x' v_y'}$	turbulente Schubspannungen (Reynolds stress)	m^2/s^2
$\dot{W}$	Arbeit pro Zeit (Leistung)	J/s
We	Weberzahl	
X	Martinellizahl	
x	Dampfgehalt	
x_i	Molkonzentration der Komponente i	$kmol_i/kmol$

Griechische Buchstaben

α	Temperaturleitzahl	m^2/s

α	Dampfvolumenanteil (void fraction)	
β	thermischer Ausdehnungskoeffizient	1/K
β	Volumenstromdampfgehalt	
Γ	Gamma-Funktion	
γ	Winkel	°
Δ	Differenz	
Δh^*	Ableitung der spezifischen Enthalpie bezüglich m_1	J/kg_1
ΔT_g	charakteristische Temperaturdifferenz eines Turbulenzballens	K
δ	Grenzschichtdicke	m
δ	Filmdicke (Ringströmung)	m
ε	turbulente Dissipationsenergie	m^2/s^3
ε_τ	turbulente Impulsaustauschgröße	m^2/s
ζ	Ackermann-Korrekturfaktor	
η	dynamische Viskosität	kg/ms
Θ	Rohrneigungswinkel	°
ϑ	Temperaturdifferenz	K
λ	Verhältnis	
μ	Verhältnis	
μ_i	chemisches Potential der Komponente i	$J/kmol_i$
ν	kinematische Viskosität	m^2/s
ν_s	Schwallfrequenz	1/s
ξ	Reibungsbeiwert	
ρ	Dichte	kg/m^3
ρ_i	Partialdichte der Komponente i	kg_i/m^3
Σ	inverse Eötvöszahl	
σ	Oberflächenspannung	N/m
σ_{ij}	Spannungstensor	N/m^2
σ_c	Kondensations- oder Verdampfungskoeffizient	

τ	Schubspannung	N/m^2
Φ	Stoffstromdichtenverhältnis von konvektivem zu molekularem Transport	
Φ	Zweiphasen-Multiplikator	
φ	allgemeine zeitlich veränderliche Größe wie z.B. Masse oder Impuls	
φ	Energiestromdichtenverhältnis von konvektivem zu molekularem Transport	

Indizes

A	Oberfläche eines Kontrollvolumens, Anfang eines Prozesses
a	allein, Austritt eines Stoffes
air	Kühlluft
b	Rohrboden (Ringströmung), Ausbruch, Flüssigkeitshauptströmung
C	Gaskern (Ringströmung)
c	charakteristisch, Verflüssiger
con	Wärmestromdichte
conduction	Wärmeleitung
convection	Konvektion
D	Diffusion
E	Entrainment (Ringströmung), Turbulenzballen, Überschuß, Ende eines Prozesses, Exzeß-Term
Eintritt	Eintrittszustand des Arbeitsmittels
e	Aufnahmestelle, Austausch, Eintritt eines Stoffes
F	Film
f	Film, Reibung
G	Gas, Graviation
g	Gas

g	Stoffübergang
h	Wärmeübergang
i	Komponente, Zählindex
in	Eintrittsbedingung
interdiffusion	Diffusion
k	Kolmogorov
L	Flüssigkeit
l	laminar, Flüssigkeit
M	Hauptstrom
m	Impuls
ne	Nichtgleichgewicht
pipe	Rohr
prod	Produktion
S	Oberfläche (Dampf-Flüssigkeits-Phasengrenzfläche)
s	Schwall
sat	Sättigung
sup	scheinbar
T	Temperatur
TP	zweiphasig
t	turbulent, Rohroberseite (Ringströmung)
total	gesamt
V	Dampf/Gas
vapor	Dampf/Gas
W	Wand
x	Koordinate
y	Koordinate
z	Koordinate (in Strömungsrichtung oder in Richtung des Erdbeschleunigungsvektors)

0	Kühlmedium an der Rohraußenwand, Index einer Konstanten, bei t=0
1	leichter flüchtige Komponente eines Zweikomponentengemisches
2	schwerer flüchtige Komponente eines Zweikomponentengemisches
1Φ	einphasig
δ	Film (Ringstömung)
Φ	Zweiphasen-Multiplikator
$\leftarrow$	positiv, wenn ins System gerichtet

1 Einleitung

Turbulente Gas-Flüssigkeits-Strömungen, die von Wärme- und Stoffübergangsprozessen an der Phasengrenzfläche bestimmt werden, sind allgegenwärtig in der Natur wie auch in verfahrenstechnischen und kältetechnischen Anlagen. In vielen dieser Prozesse, wie Verdampfung, Verflüssigung oder Absorption, wird der Wärme- und Stofftransport durch den Diffusionsprozeß in der Flüssigkeitsphase nahe der Phasengrenzfläche limitiert. Für die ingenieurmäßige Auslegung kommt daher dem Verständnis dieser Transportprozesse nahe der Phasengrenzfläche große Bedeutung zu.

Trotz des häufigen Vorkommens von zweiphasigen Mehrkomponentenströmungen ist die Analyse dieser Strömungen noch relativ gering entwickelt, vergleicht man sie mit anderen Gebieten der Fluiddynamik. Das fehlende Verständnis von Mehrphasenströmungen kann daher zum vollständigen Versagen einer neukonzipierten Anlage oder zu ernsten Unfällen führen. Meistens jedoch ist das mangelnde Verständnis der Grund dafür, daß Anlagen konstruiert werden, die unbefriedigende Ergebnisse oder mangelnde Qualität liefern. Dies wiederum führt zu kostspieligen Verbesserungsmaßnahmen oder zu Wettbewerbsnachteilen des Anlagenbetreibers. Folge dieser Unsicherheiten bezüglich Mehrphasenströmungen sind daher oft die Überdimensionierung von Anlagen (manchmal mit unerwünschten Nebeneffekten) wie auch sehr aufwendige Versuchsreihen, die einer Anlagenplanung vorauszugehen haben (siehe Hanratty[1]).

1.1 Anwendungshintergrund

Neben der erwähnten Verfahrenstechnik bildet die Kältetechnik den zweiten wichtigen Bereich, in dem zweiphasige Strömungen von Gemischen auftreten. Seit jeher hat die Thermodynamik entscheidende Anstöße von der Kältetechnik empfangen. Dienel[2] traf sogar die Aussage, daß die bedeutendsten Thermodynamiker des späten 19. und frühen 20. Jahrhunderts überwiegend von kältetechnischen Fragen ausgehend auf neue thermodynamische Forschungsfelder geführt wurden, etwa Mollier, Nusselt, Jakob, Gröber, Plank, Merkel und Bosnjakovic. So promovierte Rudolf Plank 1909 mit einer Arbeit über Absorptionsmaschinen. Diese Arbeit war die erste systematische Beschäftigung mit der Absorptionskältemaschine an einer Technischen Hochschule und leitete eine Renaissance dieses (im Vergleich zur Kompressionsmaschine älteren) Kälteverfahrens ein. In den 1920er Jahren forschten Friedrich Merkel und Franjo Bosnjakovic über Zweistoffgemische. Durch die Kohlennot in dieser Zeit waren die Absorptionsmaschinen, die mit Abdampf geheizt werden konnten, in das Blickfeld der Wärmewirtschaftler gekommen und erlebten eine neue Blüte in Deutschland. Bedingt durch

---

[1] Hanratty, T. J.: Gas-Liquid Flow in Pipelines. PCH PhysicoChemical Hydrodynamics, 1987, Vol. 9, Nr. 1-2, S. 101-114.

[2] Dienel, H. L.: Kältetechnik an Technischen Hochschulen, Teil 1: Die Dresdener Schule der Thermodynamik und Kältetechnik. Ki Klima-Kälte-Heizung, 1993, Vol. 21, Nr. 6, S. 233-237.

das wachsende Bewußtsein um die Umweltbelastung durch Ozonzerstörungs- und Treibhauseffekte rücken in jüngster Zeit die Absorptionsmaschinen wiederum in den Blickpunkt des
Interesses.

Trotz intensiver Forschung auf der Suche nach neuen Arbeitsstoffpaarungen werden auch
heute noch Absorptionsmaschinen überwiegend entweder mit dem Stoffpaar Wasser-
Lithiumbromid oder mit dem Stoffpaar Ammoniak-Wasser betrieben, wobei letzteres den
Vorteil des weiteren Einsatzbereiches hat, da auch Verdampfungstemperaturen deutlich unter
0°C möglich sind. Der Grund dafür, daß sich neben diesen Stoffpaaren noch keine anderen
durchsetzen konnten, liegt im wesentlichen in den sehr hohen thermodynamischen
Wirkungsgraden, die mit diesen beiden Stoffpaaren erreichbar sind.

1. 2   Ziel des Buches

Das Ziel dieses Buches ist die Untersuchung und Beschreibung des Wärme- und Stoffüberganges in Dampf-Flüssigkeits-Strömungen von Zweistoffgemischen. Das Buch beschränkt
sich im wesentlichen auf horizontale Rohrströmungen mit Wärmeabfuhr, wie sie in Verflüssigern und Absorbern z.B. von Absorptionskältemaschinen vorkommen. Diese Strömungen
werden durch Wärmeübergangsprozesse an der Rohrwand und an der Phasengrenzfläche sowie
durch Stofftransportprozesse über die Phasengrenzfläche bestimmt. Aufgrund der großen
Verbreitung des Stoffpaares Ammoniak-Wasser werden die Ergebnisse exemplarisch mit
diesem Stoffpaar diskutiert.

Es wird ein sogenanntes *Zweifluidmodell* hergeleitet, welches Stoff- und Energieerhaltungs-
gleichungen separat für die flüssige und gasförmige Phase formuliert. Bei der Simulation von
Zweiphasenströmungen kommt der Modellierung des Wärme- und Stoffüberganges über die
Phasengrenzfläche besondere Bedeutung zu, da hiervon der Phasenübergang entscheidend
bestimmt wird. Diese Phasenübergangsterme kommen als Koppelung in beiden Sets von
Erhaltungsgleichungen vor und sind sowohl von der Ausdehnung der Phasengrenzfläche wie
auch von der Wärme- bzw. Stoffstromdichte abhängig (siehe Ishii und Mishima [3]). Die Wär-
me- bzw. Stoffstromdichte ist proportional eines Wärme- bzw. Stoffübergangskoeffizienten
und einer treibenden Temperatur- bzw. Konzentrationsdifferenz. Abb. 1 wurde einer Arbeit
von Taitel und Dukler [4] entnommen und zeigt die wesentlichen Strömungsformen, die in einer
horizontalen Gas-Flüssigkeits-Rohrströmung auftreten können. Man unterscheidet zwischen
glatter und welliger Schichtenströmung, Schwall- und Pfropfenströmung, Ringströmung mit
und ohne Flüssigkeitströpfchen im Gaskern und Blasenströmung. Es ist offensichtlich, daß sowohl die Ausdehnung der Phasengrenzfläche als auch die Wärme- und Stoffstromdichten stark
von der im jeweiligen Rohrabschnitt herrschenden Strömungsform abhängen. Somit wird es
notwendig, die Strömungsform lokal zu bestimmen und für die jeweils auftretende Strömungsform die Phasengrenzfläche und die Stromdichten festzulegen.

---

[3]   Ishii, M., und Mishima, K.: Two-fluid model and analysis of interfacial area. May 31, 1980,
        ANL/RAS/LWR 80-3, Reactor Analysis and Savety Division, Argonne National Laboratory, 9700
        South Cass Avenue, Argonne, Illinois 60439, USA, S. 1-2.
[4]   Taitel, Y., und Dukler, A. E.: A model for predicting flow regime transitions in horizontal and near
        horizontal gas-liquid flow. A.I.Ch.E. J., 1976, Vol. 22, No. 1, S. 47-55.

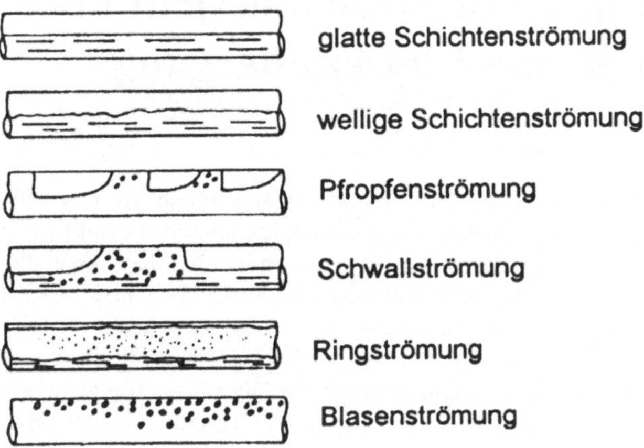

Abb. 1:   *Strömungsformen in einer horizontalen Gas-Flüssigkeits-Rohrströmung* [4]

Das vorliegende Buch gliedert sich in folgende Abschnitte: Kapitel 1 skizziert in einer Einführung den Anwendungshintergrund und definiert das Ziel des Buches. Bedingt durch die große Flut von Veröffentlichungen gibt Kapitel 2 eine bewußt kurzgehaltene Literaturübersicht über Forschungsergebnisse bezüglich der Untersuchung der oben erwähnten Phasenübergangsterme. In Kapitel 3 werden die für die Herleitung in Kapitel 4 notwendigen allgemeinen Erhaltungsgleichungen zusammengestellt. Ausgehend von diesen Erhaltungsgleichungen für Stoff und Energie und spezifischen Annahmen wird in Kapitel 4 ein Zweifluidmodell als Satz von Differentialgleichungen entwickelt. Kapitel 5 diskutiert die Möglichkeiten, die im Rohrabschnitt herrschende Strömungsform festzulegen, während Kapitel 6 die verwendeten Beziehungen zur Bestimmung des Zweiphasendruckabfalls enthält. Abhängig von der Strömungsform werden in Kapitel 7 die Wandwärmeübergangsbeziehungen für die flüssige und die gasförmige Phase zusammengestellt, wobei für Schichten-, Schwall- und Pfropfenströmungen neue Relationen entwickelt werden. Berechnungsmethoden für die strömungsformabhängige Phasengrenzfläche bzw. für die Phasengrenzflächenkonzentration, die im wesentlichen auf Veröffentlichungen der letzten 10 - 15 Jahre beruhen, werden in Kapitel 8 gegeben. Kapitel 9 beinhaltet die ebenfalls strömungsformabhängige Beschreibung und Analyse des Stoff- und Wärmeübergangs über die Phasengrenzfläche. Hier wird eine neue Theorie, die auf dem Konzept der Oberflächenerneuerung (surface renewal theory) beruht, zum flüssigkeitsseitigen Stoff- und Wärmeübergang nahe der Phasengrenzfläche vorgestellt. In Kapitel 10 werden skizzenhaft die notwendigen thermodynamischen Stoffdatenrelationen zusammengestellt. Ein exemplarischer Vergleich der Vorhersagen des hier vorgestellten Zweifluidmodells mit Meßdaten ist in Kapitel 11 zu finden, während in Kapitel 12 Beispiel-Rechenergebnisse einer praxisrelevanten Parametervariation präsentiert werden. Kapitel 13 schließt das Buch mit einer Zusammenfassung ab.

2   Eine kurze Literaturübersicht über Arbeiten zum Phasenübergang

Da eine umfangreiche Literaturübersicht über Forschungsergebnisse zu Phasenübergangsphänomen ein eigenes Buch füllen würde, soll in diesem Kapitel nur eine bewußt kurzgehaltene Übersicht über Veröffentlichungen zu diesem Thema gegeben werden. Man kann die Arbeiten in eine Gruppe, die sich schwerpunktmäßig mit der Geometrie der Strömung beschäftigt, und eine andere Gruppe, die Stoff- und Wärmeübergangsphänomene untersucht, einteilen. In der ersten Gruppe wird die Ausdehnung der Phasengrenzfläche oft in Form einer auf das Rohrvolumen bezogenen Grenzflächenkonzentration mit der Dimension 1/m angegeben. In der zweiten Gruppe konzentriert sich die Arbeit meist auf die Bestimmung von Wärme- und Stoffübergangskoeffizienten. Für die einzelnen Strömungsformen werden im folgenden die wesentlichen Arbeiten der beiden Gruppen zusammengestellt.

2.1   Blasenströmung

2.1.1   Phasengrenzfläche

Die Phasengrenzfläche einer Blasenströmung ist proportional dem Verhältnis Dampfvolumenanteil zu mittlerem Blasenradius, r_S. Die Verdampfungs- oder Kondensationsrate einer einzelnen Blase ($\beta(t) = r_S(t)/r_S(0)$) wurde von vielen Autoren untersucht, z.B. von Scriven [5], van Stralen [6], Durst und Beer [7], Theofanous et al. [8], Florschuez und Chao [9], Delmas und Angelino [10], Moalem und Sideman [11], Voloshko [12], Dimic [13], Akiyama [14] und Sonnekalb [15].

[5]   Scriven, L. E.: On the dynamics of phase growth. Chemical Engineering Science, 1959, Vol. 10, S. 1-13.

[6]   Stralen, S. J. D. van: The growth rate of vapour bubbles in superheated pure liquids and binary mixtures. Part I + II, Int. J. Heat and Mass Transfer, 1968, Vol. 11, S. 1467-1512.

[7]   Durst, F., und Beer, H.: Blasenbildung an Düsen bei Gasdispersionen in Flüssigkeiten. Chemie-Ingenieur-Technik, 1969, Vol. 41, S. 1000-1006.

[8]   Theofanous, T., Biasi, L., Isbin, H. S., und Fauske, H.: A theoretical study on bubble growth in constant and time-dependent pressure fields. Chemical Engineering Science, 1969, Vol. 24, S. 885-897.

[9]   Florschuetz, L. W., und Chao, B. T.: On the Mechanics of Bubble Collapse. J. Heat Transfer, 1965, Vol. 87, S. 209-220.

[10]   Delmas, H., und Angelino, H.: Vapor Bubble Collapse - The Influence of the Initial Radius and of Subcooling. Chemical Engineering Science, 1977, Vol. 32, S. 723-727.

[11]   Moalem, D., und Sideman, S.: The Effect of Motion on Bubble Collapse. Int. J. Heat and Mass Transfer, 1973, Vol. 16, S. 2321-2329.

[12]   Voloshko, A. A.: Condensation of Vapor Bubbles in Liquid. Theoreticheaki Osnovy Khimicheskoi, Tekhndogii, 1973, Vol. 7, S. 269-272.

[13]   Dimic, M.: Collapse of One-Component Vapor Bubbles with Translatory Motion. Int. J. Heat and Mass Transfer, 1977, Vol. 20, S. 1322-1325.

Eine Beziehung zwischen dem Dampfvolumenanteil und dem volumetrischen Dampfgehalt wird von Collier [16] gegeben. Zur Bestimmung des ebenso benötigten Anfangsblasenradius, $r_S(0)$, können Arbeiten von Hinze [17], Sevik und Park [18], Thomas [19] und Colin et al. [20] herangezogen werden.

2.1.2   Wärme- und Stoffübergang

Experimentelle und theoretische Ergebnisse bezüglich des Wärmeübergangskoeffizienten an der Phasengrenzfläche von Blasenströmungen werden von Kou-Shing Liang [21] gegeben. Ein Berechnungsmodell für den Wärme- und Stoffübergang an der Blasen-Phasengrenzfläche, basierend auf Temperaturprofilannahmen und Gleichgewichtsbedingung an der Phasengrenzfläche, wird von Murdock [22] vorgestellt. Bornhorst und Hatsopoulos [23] erweiterten dieses Modell und ließen Nichtgleichgewicht am Blasenrand zu.

2.2   Glatte Schichtenströmung

2.2.1   Phasengrenzfläche

Ausdrücke für die Phasengrenzfläche in einer glatten Schichtenströmung werden von verschiedenen Autoren hergeleitet, wobei Abhängigkeiten von dem Dampfvolumenanteil, dem Dampfgehalt oder dem Schlupf entwickelt werden. Hierbei sind insbesondere die Arbeiten von Wang und Touber [24], Hancox und Nicoll [25], Levy [26], Zivi [27], Marchaterre und Hoglund [28],

14   Akiyama, M.: Bubble Collapse in Subcooled Boiling. Bulletin of the JSME, 1973, Vol. 16, 93, S. 530-575.

15   Sonnekalb, M.: Absorption von Ammoniak-Gas in einer wässrigen Ammoniaklösung im Absorber einer Absorptions-Kältemaschine. Diplomarbeit, Technische Hochschule Darmstadt, 1990.

16   Collier, J. G.: Convective Boiling and Condensation. McGraw-Hill, New York, 1981, 2nd ed., S. 72-75.

17   Hinze, J. O.: Fundamentals of the Hydrodynamic Mechanism of Splitting in Dispersion Processes, A.I.Ch.E. J., 1955, Vol. 1, Nr. 3, S. 289-295.

18   Sevik, M., und Park, S. H.: The Splitting of Drops and Bubbles by Turbulent Fluid Flow. J. Fluids Engineering, Trans ASME, 1973, S. 53-60.

19   Thomas, R. M.: Bubble Coalescence inTurbulent Flows. Int. J. Multiphase Flow, 1981, Vol. 7, Nr. 6, S. 709-717.

20   Colin, C., Fabre, J., und Dukler, A. E.: Gas-Liquid Flow at Microgravity Conditions - I Dispersed Bubble and Slug Flow. Int. J. Multiphase Flow, 1991, Vol. 17, Nr. 4, S. 533-544.

21   Kou-Shing Liang: Experimental and Analytical Study of Direct Contact Condensation of Steam in Water. Ph.D. Thesis, Massachusetts Institute of Technology, Cambridge, 1991.

22   Murdock, J. W.: An Investigation of High Velocity Flashing Flow in a Straight Tube. Ph.D. Thesis, Massachusetts Institute of Technology, Cambridge, 1967.

23   Bornhorst, W. J., und Hatsopoulos, G. N.: Bubble-Growth Calculation Without Neglect of Interfacial Discontinuities. J. Applied Mechanics - Transactions of the ASME, Dec. 1967, S. 847-853.

24   Wang, H., und Touber, S.: Distributed and non-steady-state modeling of an air cooler. Int. J. Refrig., 1991, Vol. 14, S. 98-111.

25   Hancox, W. T., und Nicoll, W. B.: A general technique for the prediction of void distributions in non-steady two-phase forced convection. Int. J. Heat and Mass Transfer, 1971, Vol. 14, S. 1377-1394.

Bankoff[29], Stephan[30], Johannessen[31], Cheremisinoff und Davis[32] sowie Steiner[33] zu nennen. Alle Modelle basieren auf vereinfachenden Annahmen, die physikalisch sinnvoll erscheinen wie z.B. gleicher Druckverlust in beiden Phasen oder minimale Entropieproduktion.

2.2.2   Wärme- und Stoffübergang

Theofanous[34] leitete einen Wärme- und Stoffübergangskoeffizienten an der Phasengrenzfläche her. Mit Hilfe einer laminaren und turbulenten Impulsaustauschgröße berechneten Grossman und Heath[35] den Wärme- und Stoffübergang für den Fall der Gasabsorption in einen Flüssigkeitsfilm, der an einer Wand abläuft. Dabei gingen sie von der Annahme aus, daß die turbulenten Austauschgrößen für Impuls, Stoff und Wärme gleichgesetzt werden können. Rashidi et al.[36] untersuchten experimentell glatte Schichtenströmungen und beobachteten Ausbrüche und Auswürfe sowohl an der Wand als auch an der Phasengrenzfläche. Basierend auf den gemessenen Intervallzeiten zwischen den Auswürfen entwickelten sie Beziehungen für den Stoffübergangskoeffizient für glatte Oberflächen mit und ohne Schubspannung.

2.3   Wellige Schichtenströmung

2.3.1   Phasengrenzfläche

Andritsos und Hanratty[37] verbesserten eine ursprünglich von Taitel und Dukler[38] gegebene Theorie zur Berechnung der Filmhöhe und des Druckverlustes einer welligen Schichten-

26   Levy, S.: Stream slip - theoretical prediction from momentum model. J. Heat Transfer, 1960, S. 113-123.

27   Zivi, S. M.: Estimation of steady-state steam void-fraction by means of the principle of minimum entropy production. J. Heat Transfer, 1964, Vol. 86, S. 247-252.

28   Marchaterre, J. F., und Hoglund, B. M.: Correlation for two-phase flow. Nucleonics, 1962, Vol. 20, S. 142.

29   Bankoff, S. G.: A variable density single-fluid model for two-phase flow with particular reference to steam-water-flow. J. Heat Transfer, Trans ASME, Ser. C, 1960, Vol. 82, S. 265-276.

30   Stephan, K.: Wärmeübertragung beim Kondensieren und Sieden. Springer, Heidelberg, 1988, S. 57-59.

31   Johannessen, T.: A theoretical solution of the Lockhart and Martinelli flow model for calculating two-phase flow pressure and hold-up. Int. J. Heat and Mass Transfer, 1972, Vol. 15, S. 1443-1449.

32   Cheremisinoff, N. P., und Davis, E. J.: Stratified Turbulent-Turbulent Gas-Liquid Flow. A.I.Ch.E. J., 1979, Vol. 25, S. 48-56.

33   Steiner, D.: Wärmeübertragung beim Sieden gesättigter Flüssigkeiten. VDI-Wärmeatlas, Düsseldorf, 1988, 5th ed., S. Hbb3-Hbb7.

34   Theofanous, T. G.: Modeling of Basic Condensation Processes. The Water Reactor Safety Research Workshop on Condensation, Silver Springs, MD, May 24-25, 1979.

35   Grossman, G., und Heath, M. T.: Simultaneous heat and mass transfer in absorption of gases in turbulent liquid films. Int. J. Heat and Mass Transfer, 1984, Vol. 24, S. 2365-2376.

36   Rashidi, M., Hetsroni, G., und Banerjee, S.: Mechanisms of heat and mass transport at gas-liquid interfaces. Int. J. Heat and Mass Transfer, 1991, Vol. 34, S. 1799-1810.

37   Andritsos, N., und Hanratty, T. J.: Influence of Interfacial Waves in Stratified Gas-Liquid Flows. A.I.Ch.E. J., 1987, Vol. 33, S. 444-454.

38   Taitel, Y., und Dukler, A. E., 1976, a.a.O.

strömung. Sie benutzten dabei genauere Schubspannungsbeziehungen an der Phasengrenze und an der flüssigkeitsseitigen Wand, die aus Experimenten gewonnen werden konnten.

2.3.2   Wärme- und Stoffübergang

Murata et al. [39] untersuchten den Wärmeübergang bei der direkten Kondensation eines unterkühlten Dampfes an einer welligen Wasseroberfläche in einer Rechteckkanalströmung. Um den Wärme- und Stoffübergang vorherzusagen, benutzten und verglichen sie drei verschiedene Modelle: ein Wärmeleitungsmodell, ein modifiziertes k-ε-Modell und ein Oberflächenerneuerungs-Modell (surface renewal model). Hierbei lieferten die letzten beiden ähnlich gute Ergebnisse bei deutlichen Rechenzeitvorteilen für das Oberflächenerneuerungs-Modell.

2.4   Ringströmung

2.4.1   Phasengrenzfläche

Grundlagen für die Berechnung der Geometrie von Ringströmungen können der Arbeit von Ishii und Mishima [40] entnommen werden. Die Phasengrenzfläche ist z.B. abhängig von dem Dampfvolumenanteil, der Flüssigkeitsfilmhöhe und dem Tropfen-Entrainment in den Gaskern. Ausdrücke für den Dampfvolumenanteil werden beispielsweise von Wallis [41] oder Nabizadeh-Araghi [42] gegeben. Die Forschungsergebnisse verschiedener Autoren, etwa Henstock und Hanratty [43], Fisher und Pearce [44], Laurinat und Hanratty [45], Butterworth [46], [47], Luninski et al. [48] sowie Fukano und Ousaka [49], geben Auskunft über die Strömungsgeometrie und hier insbesondere über die Höhe des Flüssigkeitsfilms. Das Entrainment der Tröpfchen in den Gas-

[39]   Murata, A., Hihara, E., und Saito, T.: Prediction of heat transfer by direct contact condensation at a steam-subcooled water interface. Int. J. Heat and Mass Transfer, 1992, Vol. 35, S. 101-109.

[40]   Ishii, M., und Mishima, K., 1980, a.a.O.

[41]   Wallis, G. B.: One dimensional two phase flow. McGraw-Hill, New York, 1969, S. 324-325.

[42]   Nabizadeh-Araghi, H.: Modellgesetze und Parameteruntersuchungen für den volumetrischen Dampfgehalt in einer Zweiphasenströmung. Dissertation, Technische Universität Hannover, 1977.

[43]   Henstock, W. H., und Hanratty, T. J.: The Interfacial Drag and the Heigth of the Wall Layer in Annular Flows. A.I.Ch.E. J., 1976, Vol. 22, S. 990-1000.

[44]   Fisher, S. A., und Pearce, D. L.: A Theoretical Model for Describing Horizontal Annular Flows. Interface Transport in Liquid Films. Central Electricity Research Laboratories, Leatherhead, England, 1979.

[45]   Laurinat, J. E., Hanratty, T. J., und Jepson, W. P.: Film Thickness Distribution for Gas-Liquid Annular Flow in a Horizontal Pipe. PCH PhysicoChemical Hydrodynamics, 1985, Vol. 6, Nr. 1/2, S. 179-195.

[46]   Butterworth, D.: Air-Water Annular Flow in a Horizontal Tube. Int. Symp. on Research in Co-current Gas-Liquid Flow, University of Waterloo, Ontario, 1968.

[47]   Butterworth, D.: Note on fully-developed, horizontal, annular two-phase flow. Chemical Engineering Science, 1969, Vol. 24, S. 1832-1834.

[48]   Luninski, Y., Barnea, D., und Taitel, Y.: Film Thickness in Horizontal Annular Flow. Canadian J. Chemical Engineering, 1983, Vol. 61, S. 621-626.

[49]   Fukano, T., und Ousaka, A.: Prediction of the Circumferential Distribution of Film Thickness in Horizontal and Near-Horizontal Gas-Liquid Annular Flows. Int. J. Multiphase Flow, 1989, Vol. 15, Nr. 3, S. 403-419.

kern einer Ringstömung wurde experimentell und theoretisch hinsichtlich Geometrie, Anteil des Tröpfchenmassenstroms am gesamten Flüssigkeitsmassenstrom und Geschwindigkeitverhältnis untersucht. Hierbei sind insbesondere die Autoren Hutchinson und Whalley [50], Ambrosini et al. [51] sowie Paras und Karabelas [52] zu nennen.

2.4.2   Wärme- und Stoffübergang

Murdock [53] entwickelte einen Phasengrenzflächen-Wärmeübergangskoeffizienten für eine Ringströmung. Seine Beziehung ergibt Werte, die in der gleichen Größenordnung von entsprechenden Meßwerten liegen, jedoch zeigt sie eine ansteigende Tendenz, wo die Meßdaten eine abfallende Tendenz erkennen lassen.
Henstock and Hanratty [54] präsentierten eine Methode zur Bestimmung von Absorptionsraten eines Gases in einen ringförmigen Film, der einer Rohrwand entlangströmt. Die von ihnen entwickelte Stoffübergangsbeziehung basiert auf der Annahme, daß für den Prozeß turbulente Wirbel verantwortlich sind, deren charakteristische Abmaße und Geschwindigkeiten von der Hauptströmungsturbulenz bestimmt werden. Nahe der Phasengrenzfläche werden die Turbulenzen jedoch durch Viskositätseffekte gedämpft.

2.5   Schwall- und Pfropfenströmung

2.5.1   Phasengrenzfläche

Die Kalkulation der Phasengrenzfläche bei Schwall- und Pfropfenströmungen kann auf Untersuchungen bezüglich der Schwall- oder Pfropfengeometrie und der Schwallfrequenz zurückgreifen. Hierzu sind insbesondere in jüngerer Zeit einige Arbeiten veröffentlicht worden, z.B. die von Moalem Maron et al. [55], Dukler et al. [56], Dukler und Hubbard [57], Taitel und Dukler [58], Nicholson et al. [59], Moalem Maron et al. [60], Aziz et al. [61], Ruder et al. [62], Ruder und

[50]   Hutchinson, P., und Whalley, P. B.: A possible characterization of entrainment in annular flow. Chem. Eng. Sci., 1973, Vol. 28, S. 974-975.

[51]   Ambrosini, W., Andreussi, P., und Azzopardi, B. J.: A Physically Based Correlation for Drop Size in Annular Flow. Int. J. Multiphase Flow, 1991, Vol. 17, Nr. 4, S. 497-507.

[52]   Paras, S. V., und Karabelas, A. J.: Droplet Entrainment and Deposition in Horizontal Annular Flow. Int. J. Multiphase Flow, 1991, Vol. 17, Nr. 4, S. 455-468.

[53]   Murdock, J. W., 1967, a.a.O.

[54]   Henstock, W. H., und Hanratty, T. J.: Gas Absorption by a Liquid Layer Flowing on the wall of a Pipe. A.I.Ch.E. J., 1979, Vol. 25, S. 122-131.

[55]   Moalem Maron, D., Yacoub, N., Brauner, N., und Naot, D.: Hydrodynamic mechanisms in the horizontal slug pattern. Int. J. Multiphase Flow, 1991, Vol. 17, Nr. 2, S. 227-245.

[56]   Dukler, A. E., Moalem Maron, D., und Brauner, N.: A physical model for predicting the minimum stable slug length. Chemical Engineering Science, 1985, Vol. 40, Nr. 8, S. 1379-1385.

[57]   Dukler, A. E., und Hubbard, M. G.: A Model for Gas-Liquid Slug Flow in Horizontal and Near Horizontal Tubes. Ind. Eng. Chem., Fundam., 1975, Vol. 14, Nr. 4, S. 337-347.

[58]   Taitel, Y., und Dukler, A. E.: A model for slug frequency during gas-liquid flow in horizontal and near horizontal pipes. Int. J. Multiphase Flow, 1977, Vol. 3, S. 585-596.

[59]   Nicholson, M. K., Aziz, K., und Gregory, G. A.: Intermittent Two Phase Flow in Horizontal Pipes: Predictive Models. Canadian J. Chemical Engineering, 1978, Vol. 56, S. 653-663.

Hanratty [63], Gregory und Scott [64] und Greskovich und Shrier [65]. Normalerweise werden durch Turbulenzeffekte kleine Blasen in den Schwall mit eingeschlossen. Entsprechend der Arbeit von Andreussi and Berdiksen [66] kann man diesen Strömungsabschnitt wie eine Blasenströmung behandeln und analysieren. Um die Phasengrenzfläche berechnen zu wollen, benötigt man unter Umständen den Gesamtdampfvolumenanteil. Angaben hierüber können Arbeiten von Wallis [67] oder Collier [68] entnommen werden.

2.5.2   Wärme- und Stoffübergang

Eine relativ geringe Zahl an Publikationen liegen zum Thema Wärme- und Stoffübergangskoeffizienten in Schwall- und Pfropfenströmungen vor. Eine der wenigen Arbeiten ist die von Oliver und Wright [69], die Meßdaten des Wandwärmeübergangs von Schwallströmungen wiedergibt. Kürzlich präsentierten Tien et al. [70] ein neues physikalisches Modell, welches in geschlossener Form eine Korrelation für die Kondensation in Schwall- und Pfropfenströmungen liefert. Für relativ kurze Längsblasen könnte man auch Beziehungen heranziehen, die von Einzelblasen abgeleitet worden sind. Hierbei könnten die Arbeiten von Frössling [71], Higbie [72], Hammerton und Garner [73] und Johnson et al. [74] hilfreiche Abschätzungen der Größenordnung der Übergangskoeffizienten liefern.

[60]   Moalem Maron, D., Yacoub, N., und Brauner, N.: New Thoughts on the Mechanism of Gas-Liquid Slug Flow. Letters in Heat and Mass Transfer, 1982, Vol. 9, S. 333-342.

[61]   Aziz, K., Gregory, G. A., und Nicholson, M.: Some Observations on the Motion of Elongated Bubbles in Horizontal Pipes. Canadian J. Chemical Engineering, 1974, Vol. 52, S. 695-702.

[62]   Ruder, Z., Hanratty, P. J., und Hanratty, T. J.: Necessary Conditions for the Existence of Stable Slugs. Int. J. Multiphase Flow, 1989, Vol. 15, Nr. 2, S. 209-226.

[63]   Ruder, Z., und Hanratty, T. J.: A Definition of Gas-Liquid Plug Flow in Horizontal Pipes. Int. J. Multiphase Flow, 1990, Vol. 16, Nr. 2, S. 233-242.

[64]   Gregory, G. A., und Scott, D. S.: Correlation of Liquid Slug Velocity and Frequency in Horizontal Cocurrent Gas-Liquid Slug Flow. A.I.Ch.E. J., 1969, Vol. 15, Nr. 6, S. 933-935.

[65]   Greskovich, E. J., und Shrier, A. L.: Slug Frequency in Horizontal Gas-Liquid Slug Flow. Ind. Eng. Chem., Process Des. Develop., 1972, Vol. 11, Nr. 2, S. 317-318.

[66]   Andreussi, P., und Bendiksen, K.: An Investigation of Void Fraction in Liquid Slugs for Horizontal and Inclined Gas-Liquid Pipe Flow. Int. J. Multiphase Flow, 1989, Vol. 15, Nr. 6, S. 937-946.

[67]   Wallis, G. B., 1969, a.a.O., S. 299-302.

[68]   Collier, J. G., 1981, a.a.O., S. 75-77.

[69]   Oliver, D. R., und Wright, S. J.: Pressure drop and heat transfer in gas-liquid slug flow in horizontal tubes. British Chemical Engineering, 1964, Vol. 9, Nr. 9., S. 590-596.

[70]   Tien, C. L., Chen, S. L., und Peterson, P. F.: Condensation Inside Tubes. EPRI Report Nr. NP-5700, Research Project 1160-3, 1988.

[71]   Frössling, N.: Gerlands Beiträge zur Geophysik, 1938, Vol. 52, S. 170.

[72]   Higbie, R.: The rate of absorption of a pure gas into a still liquid during short periods of exposure. Trans. Amer. Inst. Chem. Engrs., 1935, Vol. 31, S. 365-388.

[73]   Hammerton, D., und Garner, F. H.: Gas Absorption from Single Bubbles. Trans. Instn. Chem. Engrs., 1954, Vol. 32, S. S18-S24.

[74]   Johnson, A. I., Besik, F., und Hamielec, A. E.: Mass Transfer from a Single Rising Bubble. Canadian J. Chemical Engineering, 1969, Vol. 47, S. 559-564.

3   Die Erhaltungsgleichungen in integraler Form

In diesem Kapitel werden die für die Entwicklung eines Zweifluidmodells notwendigen Bilanzgleichungen der Thermofluiddynamik sowie einige weitere Ableitungen zusammengestellt. Die Erhaltungsgleichungen werden nur in der integralen Form benötigt, daher wird hier auf die differenzielle Darstellung verzichtet. Interessanterweise wird in den meisten Lehrbüchern den Erhaltungsgleichungen in differenzieller Form mehr Raum gegeben; insbesondere wird die integrale Energiegleichung für Mehrstoffgemische vernachlässigt. Aus diesem Grund soll die Energiegleichung an dieser Stelle etwas ausführlicher angesprochen werden.

Betrachtet wird eine bestimmte Anzahl von Materieteilchen in einem Fluid, die als materielle Punkte abstrahiert werden können. Die Gesamtmenge dieser Flüssigkeitsteilchen, die auch "Körper" genannt wird, befindet sich in einem materiellen Volumen, das durch eine materielle Oberfläche begrenzt ist. Mit Hilfe des Reynoldsschen Transporttheorems

$$\frac{D}{Dt} \int_{V(t)} \varphi \, dV = \int_V \frac{\partial \varphi}{\partial t} dV + \int_A \varphi \, \mathbf{v} \cdot \mathbf{n} \, dA = \frac{\partial}{\partial t} \int_V \varphi \, dV + \int_A \varphi \, \mathbf{v} \cdot \mathbf{n} \, dA \tag{1}$$

lassen sich für den so definierten Körper die Erhaltungsgleichungen von der Betrachtungsweise bezüglich des materiellen und veränderlichen Volumens V(t) in die Betrachtungsweise bezüglich eines festen Kontrollvolumens V, das zur Zeit t = 0 mit dem materiellen Volumen übereinstimmt, überführen, wie dies z.B. bei Spurk [75] beschrieben wird.

In obiger Gleichung wurden weiterhin die folgenden Bezeichnungen verwendet: φ - allgemeine zeitlich veränderliche Erhaltungsgröße, wie z.B. Masse oder Impuls, $\frac{\partial}{\partial t}$ - partielle zeitliche Ableitung, $\frac{D}{Dt}$ - substantielle oder auch materielle Ableitung, $\mathbf{v}$ - Geschwindigkeitsvektor der Masse (bezüglich eines festen Koordinatensystems gemessen), $\mathbf{n}$ - Einheitsvektor, der senkrecht auf der Oberfläche A des Kontrollvolumens steht und positiv nach außen zeigt.

Im folgenden werden alle Erhaltungsgleichungen in der Kontrollvolumen-Betrachtungsweise diskutiert.

---

[75]   Spurk, J. H.: Strömungslehre. Einführung in die Theorie der Strömungen. Springer-Verlag, Berlin, 1987, Kap. 1 und 2, insbesondere Gl. (1.94) und (1.95).

3. 1 Erhaltungssatz der Masse

Die zeitliche Änderung der Masse in einem Kontrollvolumen, V, ist gleich der Differenz der pro Zeiteinheit durch die Oberfläche des Kontrollvolumens, A, ein- und ausfließenden Massen (siehe z.B. Spurk [76]).

$$\frac{\partial}{\partial t}\int_V \rho\,dV + \int_A \rho\,\mathbf{v}\cdot\mathbf{n}\,dA = 0 \tag{2}$$

In dieser Gleichung bezeichnet das Symbol ρ die Dichte.

3. 2 Erhaltungssatz des Impulses

In einem Inertialsystem ist die zeitliche Änderung des Impulses eines Körpers gleich der Summe der auf diesen Körper wirkenden Kräfte (siehe z.B. Spurk [77]).

$$\frac{\partial}{\partial t}\int_V \rho\,\mathbf{v}\,dV + \int_A \rho\,\mathbf{v}(\mathbf{v}\cdot\mathbf{n})\,dA = \sum \mathbf{F} \tag{3}$$

Der Term $\sum \mathbf{F}$ ist die Vektorsumme aller Kräfte, die auf das Kontrollvolumen wirken. Die Kräfte kann man in zwei grundsätzliche Klassen unterteilen: die Massen- bzw. Volumenkräfte und die Oberflächen- bzw. Kontaktkräfte. Das wichtigste Beispiel für die Volumenkraft, die auf alle Massenteilchen innerhalb des Kontrollvolumens wirkt, ist die Gravitationskraft. Im Gegensatz hierzu wirken Oberflächenkräfte nur an den Oberflächen des Kontrollvolumens. Sie werden von der Umgebung durch Spannungen, die an den äußeren Flächen des Kontrollvolumens herrschen, ausgeübt. Zu diesen Spannungen tragen sowohl der hydrostatische Druck, p, als auch auch die viskositätsbedingten Spannungen des Spannungstensors, τ, (siehe z.B. White [78]) bei:

$$\sigma_{ij} = \begin{vmatrix} -p + \tau_{xx} & \tau_{yx} & \tau_{zx} \\ \tau_{xy} & -p + \tau_{yy} & \tau_{zy} \\ \tau_{xz} & \tau_{yz} & -p + \tau_{zz} \end{vmatrix} \tag{4}$$

[76]   Spurk, J. H., 1987, a.a.O., S. 36-38.
[77]   Spurk, J. H., 1987, a.a.O., S. 39-46.
[78]   White, F. M.: Fluid Mechanics. McGraw-Hill, New York, 1986, S. 206, Gl. (4.24).

Für **laminare** Strömungen eines Newtonischen Fluids mit der Viskosität η sieht ein typisches Nichtdiagonalelement wie folgt aus:

$$\tau_{xy} = \tau_{xy}^{\,l} = \eta \left(\frac{\partial v_x}{\partial y} + \frac{\partial v_y}{\partial x} \right) \tag{5}$$

Turbulente Strömungen kann man sich als Überlagerung von einer Grundströmung mit einer ungeordneten, stochastischen Schwankungsbewegung vorstellen. Auch heute noch wird bei der Berechnung von turbulenten Strömungen der Weg gewählt, der schon von Reynolds vorgeschlagen wurde, als er die lokalen Geschwindigkeiten und Drücke in gemittelte und Schwankungskomponenten unterteilte (siehe z.B. Panton [79]).

$$v_z = \bar{v}_z + v_z' \tag{6}$$

$$p = \bar{p} + p' \tag{7}$$

Hierbei ist die gemittelte Komponente definiert als zeitlicher Mittelwert über eine Periode T, die lange genug ist, um einen genauen Mittelwert zu bekommen, aber kurz genug, um eventuelle instationäre Veränderungen der Strömung nicht herauszufiltern. Der Querstrich, der die Mittelung andeutet, soll jedoch aus Gründen der Übersichtlichkeit nur an dieser Stelle verwendet werden, da sich das vorliegende Buch fast ausschließlich mit turbulenten Strömungen beschäftigt.

$$\bar{v}_z = \frac{1}{T} \int_0^T v_z \, dt \tag{8}$$

Führt man die Reynolds-Aufteilung in die Erhaltungssätze von Masse und Impuls ein, so ändert sich die Massenbilanz nur insofern, als daß die tatsächlichen Größen von den Mittelwerten ersetzt werden. In der Impulsbilanz müssen jedoch noch turbulenzbedingte Spannungen berücksichtigt werden. Aus den konvektiven Termen in der Impulsbilanz ergeben sich die sogenannten turbulenten oder Reynolds-Spannungen, die mit Hilfe der Wirbelviskosität, ε_τ , wie folgt geschrieben werden können

$$\tau_{xx}^{\,t} = -\rho \, \overline{v_x' v_x'} \; ; \; \tau_{xy}^{\,t} = -\rho \, \overline{v_x' v_y'} = \rho \, \varepsilon_\tau \frac{\partial \bar{v}_x}{\partial y} \; , \tag{9}$$

[79]   Panton, R. L.: Incompressible Flow. Wiley, New York, 1984, S. 711.

und zu den viskositätsbedingten Spannungen hinzuaddiert werden müssen

$$\tau = \tau^l + \tau^t .$$ (10)

3. 3   Erhaltungssatz der Komponente i

Ähnlich der Erhaltungbilanz der Gesamtmasse kann auch die Massenbilanz für eine Komponente i formuliert werden, mit dem Unterschied, daß eine Komponente auch erzeugt oder zerstört werden kann, weshalb hier zusätzlich ein Produktionsterm r_i mit der Dimension $[kg_i/m^3\ s]$ eingeführt werden muß (siehe z.B. Lienhard [80]).

$$\frac{\partial}{\partial t} \int\limits_V \rho\, m_i\, dV + \int\limits_A \rho\, m_i\, (v_i \cdot n)\, dA = \int\limits_V r_i\, dV$$ (11)

In dieser Gleichung steht v_i für den Geschwindigkeitsvektor der i-ten Komponenten und m_i für die Massenkonzentration, die wie folgt mit der Partialdichte ρ_i definiert ist:

$$m_i = \frac{\rho_i}{\rho}$$ (12)

Eine Beziehung für die Massenstromdichte der Komponente i kann z.B. Lienhard [81] entnommen werden, wobei hier n für den Vektor der Gesamtmassenstromdichte steht und nicht für den Einheitsvektor auf einer Oberfläche.

$$n_i = \rho_i\, v_i = \rho\, m_i\, v_i = \rho_i\, v + j_i = \rho\, m_i\, v + j_i = m_i\, n + j_i$$ (13)

Eingesetzt in die Erhaltungsbilanz folgt

$$\frac{\partial}{\partial t} \int\limits_V \rho\, m_i\, dV + \int\limits_A \rho\, m_i\, (v \cdot n)\, dA + \int\limits_A j_i \cdot n\, dA = \int\limits_V r_i\, dV$$ (14)

---

[80]   Lienhard, J. H.: A Heat Transfer Textbook. Prentice-Hall, Englewood Cliffs, 1987, S. 522-543, Gln. (12.19), (12.22), (12.31) und (12.59).
[81]   Lienhard, J. H., 1987, a.a.O., S. 523, Gl. (12.22).

Hier bezeichnet j_i den Vektor für die Massendiffusionsstromdichte gemessen relativ zur mittleren Geschwindigkeit **v** der Gesamtmasse. Vernachlässigt man für **laminare** Strömungen Überlagerungseffekte, wie z.B. die Thermodiffusion (Soret-Effekt), so kann man mit Hilfe des Diffusionskoeffizienten $\mathcal{D}_{ij}$ folgende konstitutive Gleichung für die Massendiffusionsstromdichte schreiben, welche auch als Ficksches Gesetz der Diffusion bekannt ist:

$$\mathbf{j}_i = \mathbf{j}_i^{\,l} = -\rho\,\mathcal{D}_{ij}\,\nabla\,m_i \tag{15}$$

In einer **turbulenten** Strömung führt man die Reynolds-Zerlegung für die Geschwindigkeit und die Massenkonzentration durch und bekommt dadurch einen zusätzlichen Term in der Erhaltungsgleichung, die turbulente Massendiffusionsstromdichte (siehe z.B. Jischa [82])

$$\mathbf{j}_i^{\,t} = \rho\,\overline{\mathbf{v}'\,m_i'}\ , \tag{16}$$

die sich zu der laminaren zur Gesamtmassendiffusionsstromdichte hinzuaddiert.

$$\mathbf{j}_i = \mathbf{j}_i^{\,l} + \mathbf{j}_i^{\,t} \tag{17}$$

In der Analyse vieler konvektiver Stoffübertragungsprobleme hat es sich als sehr sinnvoll erwiesen, die Massendiffusionsstromdichte als Produkt eines Stoffübergangskoeffizienten, g mit der Dimension [kg /m^2 s], und einer charakteristischen Differenz der Massenkonzentration auszudrücken. Als charakteristische Massenkonzentrationsdifferenz verwendet man normalerweise die Differenz zwischen den Konzentrationen der Hauptströmung, m_{iM}, und der Stelle S, wo der Stoffübergang stattfindet, meist eine Wand, Oberfläche oder Phasengrenzfläche, m_{iS} (siehe Lienhard [83]).

$$j_{iS} = g_S\,(m_{iS} - m_{iM}) \tag{18}$$

Die dimensionslose Form des Stoffübergangskoeffizienten, die Sherwoodzahl, Sh, kann in Abhängigkeit einer reinen Stoffgröße, der Schmidtzahl, Sc, und der Reynoldszahl, Re, ausgedrückt werden. Die Reynoldszahl charakterisiert die betrachtete Strömungform, da sie für diese ein typisches Verhältnis von Trägheitskräften zu Zähigkeitskräften bzw. konvektivem zu molekularem Quertransport darstellt. Sie wird mit einer charakteristischen Länge, L, und Geschwindigkeit, U, der Strömung gebildet.

---

[82]   Jischa, M.: Konvektiver Impuls-, Wärme- und Stoffaustausch. Vieweg, Braunschweig, 1982, S. 254-256.

[83]   Lienhard, J. H., 1987, a.a.O., S. 557-560, Gl. (12.88).

$$\text{Sh} = \frac{\beta_s\, L}{\rho\, \mathcal{D}} = f\left(\text{Re} = \frac{\rho\, U\, L}{\eta}, \text{Sc} = \frac{\eta}{\rho\, \mathcal{D}}\right) \tag{19}$$

3. 4   Erhaltungssatz der Energie

Betrachtet sei ein System von mehreren Stoffkomponenten, wie es bei Gyftopoulos und Beretta [84] definiert ist. Tauscht dieses System mit seiner Umgebung Arbeit, Wärmeenergie und Masse aus, so setzt sich die zeitliche Änderung der Gesamtenergie des Systems aus der Summe der Energieströme über die Systemgrenzen (Leitung, Konvektion, Stoffströme) zuzüglich aller Arbeiten, die über die Systemgrenze geleistet werden, sowie aller Wärmequellen in dem System zusammen (vergleiche hierzu z.B. die Ausführungen von Jischa [85], Gyftopoulos und Beretta [86], Edwards et al. [87] oder Bejan [88]).

$$\frac{\partial}{\partial t}\int_V \rho\, e\, dV = \sum_{j=1}^{l} \dot{Q}^{\leftarrow}_{con,j} + \sum_{j=1}^{m} \dot{m}^{\leftarrow}_{j}\left(h_j + \frac{v_j^2}{2} + g_j\, z_j\right) + \sum_{j=1}^{o} \dot{W}^{\leftarrow}_{j} + \sum_{j=1}^{p} \dot{Q}^{\leftarrow}_{prod,j} \tag{20}$$

In dieser Gleichung bezeichnen $\dot{Q}^{\leftarrow}$ und $\dot{W}^{\leftarrow}$ den Wärmestrom und die pro Zeiteinheit geleistete Arbeit, wobei der hochgestellte Pfeil $\leftarrow$ andeutet, daß die betreffende Größe positive Werte annimmt, wenn der Massen- bzw. Wärmestrom in das System gerichtet ist.

Die fünf in der Energiegleichung vorkommenden Terme werden im folgenden näher angesprochen.

1) Die zeitliche Änderung der Gesamtenergie, E, des Systems

Betrachtet wird das (offene) System eines Mehrstoffgemisches, das alle definierenden Eigenschaften, die von Gyftopoulos und Beretta [89] genannt werden, eines (geschlossenen) 'Einfachen Systems' (simple system) aufweist und zudem noch einem konstanten Gravitationsfeld ausgesetzt ist. Für alle Zustände, die das System einnehmen kann, werden die Größen: Menge

84   Gyftopoulos, E. P., und Beretta, G. P.: Thermodynamics: Foundations and Applications. Macmillan, New York, 1991, Kapitel 2.1.

85   Jischa, M., 1982, a.a.O., S. 16-21.

86   Gyftopoulos, E. P., und Beretta, G. P., 1991, a.a.O., Kapitel 14.12 und 22.1 bis 22.3.

87   Edwards, D. K., Denny, V. E., und Mills, A. F.: Transfer Processes. McGraw-Hill, New York, 1979, S. 350-352.

88   Bejan, A.: Advanced Engineering Thermodynamics. Wiley, New York, 1988, S. 18-23.

89   Gyftopoulos, E. P., und Beretta, G. P., 1991, a.a.O., Kapitel 17.1.

der n Bestandteile (oder Komponenten), Volumen, Energie, Entropie, Masse, Geschwindigkeit und Höhe der Massenpartikel im festen Koordinatensystem in dieser Reihenfolge mit den Symbolen N, V, E, S, $\mathcal{m}$, $\mathbf{v}$ und $\mathbf{z}$ bezeichnet. Weiterhin berücksichtigt der Term E_{other} sonstige Formen der makroskopischen Energiespeicherung, wie z.B. Federenergie, die von Art und Aufbau des betrachteten Systems abhängen.

Es besteht ein funktioneller Zusammenhang zwischen der Energie E und der Entropie S, der Menge der n Systemkomponenten N, dem Volumen V, der Gesamtmasse $\mathcal{m}$, und der Schwerpunktsgeschwindigkeit und Höhe der Massenpartikel $\mathbf{v}$ und $\mathbf{z}$, sowie anderen Formen E_{other} makroskopischer Energiespeicherung.

$$E = \int_V \rho e \, dV = f\left(U(S, V, N),\; \mathcal{m},\; \frac{v^2}{2},\; \sum_{i=1}^{n} m_i g_i z_i,\; E_{other} \right) \qquad (21)$$

mit der Gesamtmasse des Systems

$$\mathcal{m} = \int_V \rho \, dV \qquad (22)$$

Hierin ist $U(S, V, N)$ die Zustandsgleichung, die eine Relation zwischen der inneren Energie U, der Entropie S, dem Volumen V und der Menge der Komponenten N eines 'Einfachen Systemes' herstellt, wobei dieses *geschlossene* 'Einfache System' aus denselben Bestandteilen besteht wie das hier betrachtete *offene* System und zudem die gleichen Werte für die Entropie und das Volumen besitzt.

Es lassen sich nun spezifische Größen für die Gesamtenergie und die innere Energie definieren (siehe z.B. Gyftopoulos und Beretta [90]) zu:

$$e = \lim_{\Delta\mathcal{m}\to 0} \frac{\Delta E}{\Delta\mathcal{m}} = u + \frac{v^2}{2} + \sum_{i=1}^{n} m_i g_i z_i + e_{other} \qquad (23)$$

$$u = \lim_{\Delta\mathcal{m}\to 0} \frac{\Delta U(S, V; N)}{\Delta\mathcal{m}} \qquad (24)$$

Mit Hilfe der eben eingeführten massenspezifischen Größen von innerer, kinetischer und potentieller Energie (u, $v^2/2$, and $\Sigma m_i g_i z_i$) ergibt sich somit für die zeitliche Änderung der Gesamtenergie des Systems :

---

[90]   Gyftopoulos, E. P., und Beretta, G. P., 1991, a.a.O., Kapitel 22.1.

$$\frac{\partial}{\partial t}\int_V \rho\, e\, dV = \frac{\partial}{\partial t}\int_V \rho\left(u + \frac{v^2}{2} + \sum_{i=1}^{n} m_i g_i z_i + e_{other}\right)dV \tag{25}$$

Führt man nun als weitere Größen die spezifische Enthalpie h und die spezifische freie Enthalpie g ein, so kann man diese durch die folgenden Relationen mit der spezifischen inneren Energie u in Beziehung setzen (siehe z.B. Gyftopoulos und Beretta [91]). An dieser Stelle sei angemerkt, daß in den folgenden Gleichungen das spezifische Volumen mit dem Symbol v bezeichnet wird. Dies ist nicht zu verwechseln mit der Geschwindigkeit, die ebenfalls mit den Symbol v bezeichnet wird. Weiterhin bezeichnet μ_i das chemische Potential der Komponente i.

$$u = T\,s - p\,v + \sum_{i=1}^{n} \frac{1}{M_i}\,\mu_i\,m_i \tag{26}$$

$$h = u + p\,v = u + \frac{p}{\rho} \tag{27}$$

$$g = h - T\,s \tag{28}$$

Mit der Gibbs-Duhem Beziehung

$$s\,dT - v\,dp + \sum_{i=1}^{n} \frac{1}{M_i}\,m_i\,d\mu_i = 0 \tag{29}$$

lassen sich die totalen Differentiale der obigen Funktionen ausdrücken.

$$du = \left(\frac{\partial u}{\partial s}\right)_{v,m_i} ds + \left(\frac{\partial u}{\partial v}\right)_{s,m_i} dv + \sum_{i=1}^{n} \frac{1}{M_i}\left(\frac{\partial U}{\partial N_i}\right)_{S,V,N_{j\neq i}} dm_i \tag{30}$$

In dieser Gleichung bedeutet der Ausdruck $N_{j\neq i}$, daß für die partielle Ableitung nach der Stoffmenge der Komponente i die Stoffmengen aller anderen Komponenten N_j konstant gehalten werden.

---

[91]   Gyftopoulos, E. P., und Beretta, G. P., 1991, a.a.O., Kapitel 17.3.

$$du = T\,ds - p\,dv + \sum_{i=1}^{n} \frac{1}{M_i} \mu_i\,dm_i \qquad \text{(Gibbs-Relation)} \tag{31}$$

$$dh = \left(\frac{\partial h}{\partial s}\right)_{p,m_i} ds + \left(\frac{\partial h}{\partial p}\right)_{s,m_i} dp + \sum_{i=1}^{n} \frac{1}{M_i} \left(\frac{\partial H}{\partial N_i}\right)_{S,p,N_j \neq i} dm_i \tag{32}$$

$$dh = T\,ds + v\,dp + \sum_{i=1}^{n} \frac{1}{M_i} \mu_i\,dm_i \tag{33}$$

$$dg = \left(\frac{\partial g}{\partial T}\right)_{p,m_i} dT + \left(\frac{\partial g}{\partial p}\right)_{T,m_i} dp + \sum_{i=1}^{n} \frac{1}{M_i} \left(\frac{\partial G}{\partial N_i}\right)_{T,p,N_j \neq i} dm_i \tag{34}$$

$$dg = - s\,dT + v\,dp + \sum_{i=1}^{n} \frac{1}{M_i} \mu_i\,dm_i \tag{35}$$

Ebenso kann man ein totales Differential für die spezifische Entropie ausschreiben (siehe z.B. Falk und Ruppel [92]).

$$ds = \left(\frac{\partial s}{\partial T}\right)_{p,m_i} dT + \left(\frac{\partial s}{\partial p}\right)_{T,m_i} dp + \sum_{i=1}^{n} \frac{1}{M_i} \left(\frac{\partial S}{\partial N_i}\right)_{T,p,N_j \neq i} dm_i \tag{36}$$

Mit Hilfe der Maxwell-Relationen der spezifischen freien Enthalpie sowie die Definition der spezifischen Wärmekapazität bei konstantem Druck c_p lassen sich die partiellen Differentiale der Entropie ausdrücken (vergleiche z.B. mit Callen [93]).

$$\left(\frac{\partial}{\partial p}\left(\frac{\partial g}{\partial T}\right)_{p,m_i}\right)_{T,m_i} = \left(\frac{\partial}{\partial T}\left(\frac{\partial g}{\partial p}\right)_{T,m_i}\right)_{p,m_i} \tag{37}$$

---

[92]	Falk, G., und Ruppel, W.: Energie und Entropie. Springer, Berlin, 1976, S. 296.
[93]	Callen, H. B.: Thermodynamics and an Introduction to Thermostatistics. Wiley, New York, 1985, Kapitel 3-9 und 7-1.

$$\left(\frac{\partial}{\partial N_i} \left(\frac{\partial G}{\partial T} \right)_{p,m_i} \right)_{T,p,N_j \neq i} = \left(\frac{\partial}{\partial T} \left(\frac{\partial G}{\partial N_i} \right)_{T,p,N_j \neq i} \right)_{p,m_i} \tag{38}$$

$$\left(\frac{\partial s}{\partial T} \right)_{p,m_i} = \frac{c_p}{T} \tag{39}$$

$$\left(\frac{\partial s}{\partial p} \right)_{T,m_i} = - \left(\frac{\partial v}{\partial T} \right)_{p,m_i} \tag{40}$$

$$\left(\frac{\partial S}{\partial N_i} \right)_{T,p,N_j \neq i} = - \left(\frac{\partial \mu_i}{\partial T} \right)_{p,m_i} \tag{41}$$

Mit Hilfe der Gln. (33), (36), und (39) bis (41) kann man nun die Änderung der spezifischen Enthalpie in Abhängigkeit von der Änderung der Temperatur, des Druckes und der Massenkonzentration für ein offenes System bestimmen (siehe z.B. Jischa [94])

$$dh = c_p \, dT + \left(v - T \left(\frac{\partial v}{\partial T} \right)_{p,m_i} \right) dp + \sum_{i=1}^{n} \tilde{h}_i \, dm_i \tag{42}$$

oder

$$dh = \left(\frac{\partial h}{\partial T} \right)_{p,m_i} dT + \left(\frac{\partial h}{\partial p} \right)_{T,m_i} dp + \sum_{i=1}^{n} \frac{1}{M_i} \left(\frac{\partial H}{\partial N_i} \right)_{T,p,N_j \neq i} dm_i \quad . \tag{43}$$

Die drei partiellen Differentiale der Enthalpie, die in oben stehender Gleichung auftreten, sind im einzelnen:

1) Die spezifische Wärmekapazität bei konstantem Druck

$$\left(\frac{\partial h}{\partial T} \right)_{p,m_i} = c_p \qquad \left[\frac{J}{kg_{Total} K} \right] \tag{44}$$

2) Der Druck-Term, der den Einfluß des Druckes auf die Enthalpie berücksichtigt, kann nach Prausnitz et al. [95] wie folgt geschrieben werden.

---

[94]   Jischa, M., 1982, a.a.O., S. 20, Gl. (1.38).

[95]   Prausnitz, J. M., Lichtenthaler, R. N., und Azevedo, E. G. de: Molecular Thermodynamics of Fluid-Phase Equilibria. Prentice-Hall, Englewood Cliffs, 1986, S. 13, Tabelle (2-1).

$$\left(\frac{\partial h}{\partial p}\right)_{T,m_i} = v - T\left(\frac{\partial v}{\partial T}\right)_{p,m_i}$$

$$\left(\frac{\partial h}{\partial p}\right)_{T,m_i} = v - T\left(\frac{v\ \partial(\ln v)}{T\ \partial(\ln T)}\right)_{p,m_i} = \frac{1}{\rho}\left\{1 - \left(\frac{\partial(\ln v)}{\partial(\ln T)}\right)_{p,m_i}\right\} \tag{45}$$

Bei **inkompressiblen** Fluiden hängt das spezifische Volumen (oder die Dichte) nicht von der Temperatur ab, so daß gilt:

$$\left(\frac{\partial v}{\partial T}\right)_{p,m_i}, \left(\frac{\partial(\ln v)}{\partial(\ln T)}\right)_{p,m_i} = 0$$

3) Die partielle spezifische Enthalpie der Komponenten i, $\tilde{h}_i$, wird z.B. bei Jischa [96] diskutiert und kann gemäß Gl. (435) ausgedrückt werden zu

$$\frac{1}{M_i}\left(\frac{\partial H}{\partial N_i}\right)_{T,p,N_j \neq i} = \frac{1}{M_i}H_i = \tilde{h}_i = \frac{1}{M_i}\left(\mu_i - T\left(\frac{\partial \mu_i}{\partial T}\right)_{p,m_j}\right) \qquad \left[\frac{J}{kg_i}\right] . \tag{46}$$

2) Der Energiestrom infolge eines Wärmestromes

Den Energiestrom infolge von Wärmeströmen über alle l umrandenden Oberflächen des betrachteten Systems kann mit Hilfe der Wärmestromdichten geschrieben werden.

$$\sum_{j=1}^{l} \dot{Q}^{\leftarrow}_{con,\,j} = - \int_A \mathbf{q} \cdot \mathbf{n}\ dA = - \int_V \nabla \cdot \mathbf{q}\ dV \tag{47}$$

Nach Carrington und Sun [97] können Energieströme infolge von Konzentrationsunterschieden im System in den meisten Fällen vernachlässigt werden. Diesen Überlagerungseffekt bezeichnet man als Diffusionsthermik oder nach seinem Entdecker als Dufour-Effekt. Man kann daher für **laminare** Strömungen die Wärmestromdichte durch das Fouriersche Gesetz der Wärmeleitung (siehe z.B. Lienhard [98]), mit der Wärmeleitfähigkeit k [W/m K], ausdrücken.

---

[96]   Jischa, M., 1982, a.a.O., S. 20, Gl. (1.37).

[97]   Carrington, C. G., und Sun, Z. F.: Second law analysis of combined heat and mass transfer phenomena. Int. J. Heat and Mass Transfer, 1991, Vol. 34, Nr. 11, S. 2767-2773.

[98]   Lienhard, J. H., 1987, a.a.O., S. 42, Gl. (2.2) und S. 296, Gl. (7.35).

$$q = q^l = q_{conduction} = - k \, \nabla T \tag{48}$$

Betrachtet man **turbulente** Strömungen, so steuern nach der Reynoldsschen Zerlegung die Temperaturschwankungsterme einen (mit Ausnahme der unmittelbaren Wandnähe) nicht zu vernachlässigenden Beitrag zur Wärmeübertragung bei (siehe z.B. Jischa [99]).

$$q^t = \rho \, c_p \, \overline{v' \, T'} \tag{49}$$

Der Gesamtwärmestromvektor ergibt sich somit als Summe der laminaren und turbulenten Anteile.

$$q = q^l + q^t \tag{50}$$

Wie Lienhard [100] darlegt, ist es bei konvektiven Wärmeübertragungsproblemen oft nützlich, die Gesamtwärmestromdichte als Produkt eines Wärmeübergangskoeffizienten, der in diesem Buch mit dem Symbol h [W/m² K] bezeichnet wird, und einer charakteristischen Temperaturdifferenz auszudrücken. Als charakteristische Temperaturdifferenz einer Strömung wird meist die Differenz der Temperatur T_S, die an der Stelle S des Wärmeübergangs, meist eine Wand, Oberfläche oder Phasengrenzfläche, herrscht, minus der Temperatur der ungestörten Hauptströmung T_M gewählt.

$$q_{convection \; S} = h_S (T_S - T_M) \tag{51}$$

Die dimensionslose Form des Wärmeübertragungskoeffizienten wird als Nusseltzahl, Nu, bezeichnet und kann, abhängig von der jeweiligen Strömung, mit der Reynolds- und der Prandtlzahl in Beziehung gesetzt werden. Hierbei stellt die Prandtlzahl einen reinen Stoffwert des Fluids dar. Die Reynoldszahl wird mit charakteristischen Längen- und Geschwindigkeitsgrößen (L und U) der zu beschreibenden Strömung gebildet.

$$Nu = \frac{h_S \, L}{k} = f \left(Re = \frac{\rho \, U \, L}{\eta} \, , \, Pr = \frac{\eta \, c_p}{k} \right) \tag{52}$$

3) Der Energiestrom infolge von Massen- und Stoffströmen

Mit der Definition von Entropie, innerer Energie und Enthalpie entsprechend der Gln. (24), (26) und (27) und des Massenstromes

[99]   Jischa, M., 1982, S. 254-256.
[100]   Lienhard, J. H., 1987, a.a.O., S. 16, Gl. (1.16).

$$\dot{m}^{\leftarrow} = \lim_{\Delta t \to 0} \frac{\Delta m^{\leftarrow}}{\Delta t} \quad \left[\frac{kg}{s}\right] \tag{53}$$

spricht man nach Gyftopoulos und Beretta [101] dann von einer Massenstrom-Wechselwirkung zwischen zwei Systemen, wenn es zu einem Energie-, Entropie- und Massenaustausch infolge eines Stofftransportes zwischen beiden Systemen kommt. Der Energie- und Entropieaustausch, auch als spezifischer Fluß der entsprechenden Größe bezeichnet, hängt natürlich von dem Zustand des übertragenen Stoffes ab, wobei hier keine makroskopischen Formen der Energiespeicherung berücksichtigt werden.

$$\lim_{\Delta m \to 0} \frac{\Delta E^{\leftarrow}}{\Delta m^{\leftarrow}} = \left(h + \frac{v^2}{2} + gz \right)^{\leftarrow} \tag{54}$$

$$\lim_{\Delta m \to 0} \frac{\Delta S^{\leftarrow}}{\Delta m^{\leftarrow}} = s^{\leftarrow} \tag{55}$$

$$\lim_{\Delta m \to 0} \frac{\Delta N_i^{\leftarrow}}{\Delta m^{\leftarrow}} = \left(\frac{x_i}{M} \right)^{\leftarrow} = \left(\frac{m_i}{M_i} \right)^{\leftarrow} \tag{56}$$

Mit Ausnahme der Massenströme soll im folgenden aus Gründen der Übersichtlichkeit der Pfeil $\leftarrow$ für Größen, die den Zustand des über die Systemgrenze tretenden Stoffes beschreiben, weggelassen werden.

Bei dem Energiestrom infolge eines Massen- oder Stofftransportes kann man drei grundsätzliche Beiträge unterscheiden, die im folgenden angesprochen werden. Die hierbei auftretenden Summen über j umfassen alle Oberflächen, über die das System Masse austauscht, und alle vorkommenden Stoffkomponenten.

$$\sum_{j=1}^{m} \dot{m}_j^{\leftarrow} \left(h_j + \frac{v_j^2}{2} + g_j z_j \right) =$$

$$\sum_{j=1}^{m} \dot{m}_j^{\leftarrow} h_j + \sum_{j=1}^{m} \dot{m}_j^{\leftarrow} \frac{v_j^2}{2} + \sum_{j=1}^{m} \dot{m}_j^{\leftarrow} g_j z_j \tag{57}$$

---

[101] Gyftopoulos, E. P., und Beretta, G. P., 1991, a.a.O., Kapitel 22.2.

I Konvektion und Diffusion (wobei die Summe über i alle auftretenden n Stoffkomponenten umfaßt)

$$\sum_{j=1}^{m} \dot{m}_j^{\leftarrow}\, h_j = -\int_A \left(\sum_{i=1}^{n} \rho_i\, \tilde{h}_i\, \mathbf{v}_i \right) \cdot \mathbf{n}\, dA$$

Die hier auftretenden partiellen spezifischen Enthalpien nach Gl. (46) können mit Hilfe der Massenkonzentrationen in Beziehung zu der spezifischen Enthalpie des Gemisches gesetzt werden.

$$h = \Sigma\, m_i\, \tilde{h}_i \quad \text{oder} \quad \rho\, h = \Sigma\, \rho_i\, \tilde{h}_i \tag{58}$$

Benutzt man nun die Relation, die in Gl. (13) für die Massenstromdichte angegeben wurde,

$$\mathbf{n}_i = \rho_i\, \mathbf{v}_i = \rho_i\, \mathbf{v} + \mathbf{j}_i \quad , \tag{59}$$

so kann man man den Enthalpiestrom in einen konvektiven und einen Diffusionsbeitrag unterteilen.

$$\sum_{j=1}^{m} \dot{m}_j^{\leftarrow}\, h_j = -\int_A \left(\rho\, h\, \mathbf{v} + \sum_{i=1}^{n} \tilde{h}_i\, \mathbf{j}_i \right) \cdot \mathbf{n}\, dA \tag{60}$$

II Kinetischer Energie

$$\sum_{j=1}^{m} \dot{m}_j^{\leftarrow}\, \frac{v_j^2}{2} = -\int_A \rho\, \frac{v^2}{2}\, (\mathbf{v} \cdot \mathbf{n})\, dA \tag{61}$$

III Potentieller Energie

$$\sum_{j=1}^{m} \dot{m}_j^{\leftarrow}\, g_j\, z_j = -\int_A \sum_{i=1}^{n} \rho_i\, g_i\, z_i\, (\mathbf{v}_i \cdot \mathbf{n})\, dA \tag{62}$$

4) Die am System geleistete Arbeit

Der Term $\overset{\bullet}{W}\!{}^{\leftarrow}$ in Gl. (20) hat einen positiven Wert, wenn Arbeit von der Umgebung an dem System geleistet wird. Hierbei können verschiedene Arten von Arbeit auftreten, z.B. Arbeit, die mittels einer Welle (shaft work) in das System eingebracht wird, oder Arbeit, die durch Schubspannungen (shear work), welche an der Oberfläche des Systems angreifen und eine Bewegung zur Folge haben, an das System übertragen wird.

$$\sum_{j=1}^{o} \dot{W}_{j}^{\leftarrow} = \sum \left(\dot{W}_{shaft}^{\leftarrow} + \dot{W}_{shear}^{\leftarrow} + \dot{W}_{other}^{\leftarrow} \right) \tag{63}$$

mit

$$\dot{W}_{shear}^{\leftarrow} = \int_{A} \left(\tau \cdot \mathbf{v} \right) \cdot \mathbf{n}\, dA \tag{64}$$

5) Die Wärmequellen

Wärme- oder Energiequellen, die der Term $\dot{Q}_{prod}^{\leftarrow}$ repräsentiert, können z.B. durch elektrische Widerstandsheizungen oder durch Absorption von elektromagnetischer Strahlung vorkommen. Oft wird der Quellterm mittels einer Produktionsrate, q_{prod}''' [W/m³], pro Volumen ausgedrückt.

$$\sum_{j=1}^{p} \dot{Q}_{prod,\,j}^{\leftarrow} = \int_{V} \sum_{j=1}^{p} q_{prod,\,j}''' \, dV \tag{65}$$

Fügt man nun die Information, die von den Gln. (25) bis (65) gegeben wird, in Gl. (20) ein und vernachlässigt die Beiträge von potentieller und kinetischer Energie sowie alle Oberflächenarbeiten und alle sonstigen Formen makroskopischer Energie, so lautet die Gleichung für die zeitliche Änderung der inneren Energie eines offenen Systems in der Kontrollvolumenbeschreibung wie folgt:

$$\frac{\partial}{\partial t} \int_V \rho \, u \, dV \;=\; - \int_A \mathbf{q} \cdot \mathbf{n} \, dA \; - \int_A \rho \, h \, \mathbf{v} \cdot \mathbf{n} \, dA$$

$$- \int_A \sum_{i=1}^{n} \tilde{h}_i \, \mathbf{j}_i \cdot \mathbf{n} \, dA \; + \int_V \sum_{j=1}^{p} q_{prod,\,j}''' \; dV \tag{66}$$

Man kann eine Gesamtenergiestromdichte, die aus der Wärmestromdichte und der Enthalpie-diffusionsstromdichte besteht, definieren:

$$\mathbf{q}_{total} = \left(\mathbf{q} + \sum_{i=1}^{n} (\tilde{h}_i \, \mathbf{j}_i) \right) \tag{67}$$

Betrachtet man nun nur den laminaren Fall, so kann man, unter Vernachlässigung des Dufour-Effektes, die Wärmestromdichte mit Hilfe des Fourierschen Gesetzes der Wärmeleitung aus-schreiben.

$$\mathbf{q}_{total} = \mathbf{q}_{conduction} + \mathbf{q}_{interdiffusion} \tag{68}$$

mit

$$\mathbf{q}_{conduction} = - k \, \nabla T \tag{69}$$

Die Enthalpiediffusionsstromdichte läßt sich weiter umformen.

$$\mathbf{q}_{interdiffusion} = \sum_{i=1}^{n} (\tilde{h}_i \, \mathbf{j}_i) \tag{70}$$

Zuerst erfolgt eine Beschränkung auf nur zwei Komponenten ($n = 2$), da dies der weitaus häufigste Anwendungsfall ist.

$$\mathbf{q}_{interdiffusion} = \tilde{h}_1 \, \mathbf{j}_1 + \tilde{h}_2 \, \mathbf{j}_2 \tag{71}$$

Die Massendiffusionsstromdichte der Komponenten 1 und 2 wird relativ zur mittleren Fluidge-schwindigkeit gemessen und mit Hilfe des Konzentrationsgradienten ausgedrückt.

$$j_2 = -j_1 = (\rho \, \mathcal{D}_{12} \, \nabla m_1)_{laminar} \tag{72}$$

Für nur zwei Komponenten gilt folgende Beziehung zwischen Konzentrationsänderungen bzw. -gradienten:

$$dm_2 = -dm_1 \quad ; \qquad \nabla m_2 = -\nabla m_1 \tag{73}$$

Die partielle spezifische Enthalpie nach Gl. (46) hängt für ein Zweikomponentengemisch von der Temperatur T, dem Druck p und der Massenkonzentration der leichter flüchtigen Komponente m_1 ab.

$$\tilde{h}_i = \tilde{h}_i(T,p,m_1)$$

Bejan [102] gibt Relationen an, mit welchen die partiellen spezifischen Enthalpien der Komponenten, $\tilde{h}_1$ und $\tilde{h}_2$, zu der spezifischen Enthalpie des Gemisches, h, in Beziehung gesetzt werden können:

$$\tilde{h}_1 = h(T,p,m_1) - m_1 \left(\frac{\partial h}{\partial m_1}\right)_{T,p} + \left(\frac{\partial h}{\partial m_1}\right)_{T,p}$$

$$\tilde{h}_2 = h(T,p,m_1) - m_1 \left(\frac{\partial h}{\partial m_1}\right)_{T,p} = \tilde{h}_1 - \left(\frac{\partial h}{\partial m_1}\right)_{T,p} = \tilde{h}_1 - \Delta h^* \tag{74}$$

mit der Abkürzung

$$\Delta h^* = \Delta h^*(T,p,m_1) = \left(\frac{\partial h}{\partial m_1}\right)_{T,p} \tag{75}$$

Nun kann die Enthalpiediffusionsstromdichte für ein Zweikomponentengemisch geschrieben werden zu:

$$q_{interdiffusion} = \sum_{i=1}^{2} (\tilde{h}_i \, j_i) = \Delta h^* \, j_1 \tag{76}$$

und für laminare Strömung ergibt sich somit

---

[102]   Bejan, A., 1988, a.a.O., S. 195-197, Gln. (4.113) und (4.114).

$$q_{\text{interdiffusion}} = - \Delta h^* \, \rho \, \mathscr{D}_{12} \, \nabla m_1 \tag{77}$$

**Größenordnungsabschätzung
des Verhältnisses von Wärme- zu Enthalpiediffusionsstromdichte**

Um die Frage beantworten zu können, ob die Enthalpiediffusionsstromdichte gegenüber der Wärmestromdichte vernachlässigt werden kann, muß eine Größenordnungsabschätzung des Verhältnisses der beiden Terme durchgeführt werden. Dies soll hier am Beispiel des Arbeitsstoffpaares Ammoniak-Wasser demonstriert werden.

$$\frac{q_{\text{conduction}}}{q_{\text{interdiffusion}}} = \frac{k \, \nabla T}{\Delta h^* \, \rho \, \mathscr{D}_{12} \, \nabla m_1} = \, ?$$

Die in diesem Quotienten vorkommenden Gradienten ∇m_1 und ∇T können mit Hilfe charakteristischer Differenzen von Massenkonzentration und Temperatur und der Grenzschichtdicken des Stoff- und Wärmeüberganges, δ_D und δ_T, abgeschätzt werden.

$$\frac{\nabla m_1}{\dfrac{\Delta m_1}{\delta_D}} = O \, (1)$$

$$\frac{\nabla T}{\dfrac{\Delta T}{\delta_T}} = O \, (1)$$

Mit diesen Abschätzungen läßt sich der Quotient von Wärme- zu Enthalpiediffusionsstromdichte weiter umformen.

$$\frac{\dfrac{q_{\text{conduction}}}{q_{\text{interdiffusion}}}}{k \dfrac{\Delta T}{\delta_T}} \, \Bigg/ \, \Delta h^* \, \rho \, \mathscr{D}_{12} \frac{\Delta m_1}{\delta_D} = \frac{\dfrac{q_{\text{conduction}}}{q_{\text{interdiffusion}}}}{c_p \dfrac{k}{\rho \, c_p \, \mathscr{D}_{12}} \dfrac{\Delta T}{\delta_T}} \, \Bigg/ \, \Delta h^* \frac{\Delta m_1}{\delta_D} = O \, (1)$$

Benutzt man nun die Definition der Lewiszahl

$$Le = \frac{k}{\rho\, c_p\, \delta_{12}} = \frac{\alpha}{\delta_{12}} \qquad (78)$$

so folgt

$$\frac{\dfrac{q_{conduction}}{q_{interdiffusion}}}{\dfrac{c_p\, Le\left(\dfrac{\delta_D}{\delta_T}\right)\Delta T}{\Delta h^*\, \Delta m_1}} = O\,(1) \qquad (1)$$

Bei Jischa [103] ist eine Relation zu finden, die die Lewiszahl in Beziehung zu den Grenzschichtdicken setzt, wobei der Exponent n für laminare Strömung zu 0.5 und für turbulente Strömung zu 0.4 zu setzen ist.

$$Le^n\left(\frac{\delta_D}{\delta_T}\right) = O\,(1) \qquad (79)$$

Somit ergibt sich schließlich:

$$\frac{\dfrac{q_{conduction}}{q_{interdiffusion}}}{\dfrac{c_p\, Le^{1-n}\,\Delta T}{\Delta h^*\, \Delta m_1}} = O\,(1) \qquad (80)$$

Für das Beispiel des Arbeitsstoffpaares Ammoniak-Wasser lassen sich charakteristische Werte für die in diesem Quotienten vorkommenden Größen bestimmen, wobei ein für Verflüssigungs- oder Absorptionsprozesse typischer Temperaturbereich von $T \approx 310...320\,K$ angenommen wurde.

Flüssigkeit (z.B. bei 15 bar):   Dampf (z.B. bei 3 bar):

$c_p \approx 4.8\ [kJ\,/\,kg_{gesamt}\,K]$ $c_p \approx 2.3\ [kJ\,/\,kg_{gesamt}K]$
$Le \approx 80$ $Le \approx 1.5$
$\Delta T \approx 10\ [K]$ $\Delta T \approx 10\ [K]$
$\Delta m_1 \approx -0.2\ [kg_1\,/\,kg_{gesamt}]$ $\Delta m_1 \approx -0.01\ [kg_1\,/\,kg_{gesamt}]$
$\Delta h^* \approx 660\ [kJ\,/\,kg_1]$ $\Delta h^* \approx -1130\ [kJ\,/\,kg_1]$

---

[103]   Jischa, M., 1982, a.a.O., S. 67 und S. 145.

Hieraus lassen sich die folgenden Größenordnungen bestimmen.

$$\left(\frac{c_p \, Le^{1-n} \, \Delta T}{\Delta h^* \, \Delta m_1}\right)_L = 3.25 \qquad\qquad \left(\frac{c_p \, Le^{1-n} \, \Delta T}{\Delta h^* \, \Delta m_1}\right)_V = 1.08 \tag{81}$$

Schlußfolgerung dieser beispielhaften Größenordnungsbetrachtung: Für laminare Strömung eines Ammoniak-Wasser-Gemisches können die Wärme- und Enthalpiediffusionsstromdichten von der gleichen Größenordnung sein, so daß die Enthalpiediffusionsstromdichte in der Energiebilanz nicht vernachlässigt werden darf. Eine Abschätzung für turbulente Strömungen mittels Wärme- und Stoffübergangskoeffizienten und der Analogie zwischen Wärme- und Stoffaustausch verläuft analog und liefert das gleiche Ergebnis, wobei für den Exponenten n der Wert 0.4 an Stelle von 0.5 einzusetzen ist (siehe Fullarton und Schlünder [104]).

---

[104]   Fullarton, D., und Schlünder, E. U.: Filmkondensation von Gemischen ohne und mit Inertgasen. VDI-Wärmeatlas, VDI-Verlag, Düsseldorf, 5. Auflage, 1988, S. Jb3.

4   Ein Zweifluidmodell

In diesem Kapitel werden die wesentlichen Elemente eines typischen Zweifluidmodells zur Berechnung einer Zweiphasenströmung in einem horizontalen Rohr entwickelt. Die betrachtete Strömung eines Gemisches aus zwei Komponenten soll von außen gekühlt werden.

Ganz generell betrachtet ein Zweifluidmodell die beiden Phasen als zwei künstlich voneinander getrennte Ströme: einen reinen Flüssigkeitsstrom und einen reinen Dampfstrom. In der einfachsten Form besitzt jeder Strom eine charakteristische mittlere Geschwindigkeit. Collier [105] erwähnt, daß seit der klassischen Veröffentlichung über Gas-Flüssigkeits-Strömungen von Lockhard und Martinelli aus den 40er Jahren, das Zweifluidmodell ein sehr beliebtes Werkzeug zur Berechnung von Zweiphasenströmungen ist. Natürlich gibt es eine ganze Reihe verschieden aufwendiger Ansätze für Zweifluidmodelle (siehe z.B. Kelly und Kazimi [106]). Das hier vorgestellte ist als eine Möglichkeit, die mit vertretbaren Aufwand auf einem PC zu implementieren ist, zu verstehen. Es hat insbesondere zum Ziel, die Verläufe von Temperatur und Massenkonzentration über der Rohrlänge zu bestimmen. Als Gemisch wird, wie schon erwähnt, beispielhaft mit dem häufig verwendeten Arbeitsstoffpaar Ammoniak-Wasser gerechnet.

4.1   Annahmen

Die wesentlichen Annahmen, auf denen das Zweifluidmodell basiert, sind physikalisch sinnvoll und in der Fachwelt akzeptiert:

1)   Dampf und Flüssigkeit sind inkompressibel und die Strömung ist im zeitlichen Mittel stationär.

2)   Oberflächenkrümmungseffekte sind klein und können vernachlässigt werden. Der Druck ist konstant über dem Rohrquerschnitt. Die Druckänderung in Hauptströmungsrichtung kann entsprechend den aus der Literatur bekannten Ansätzen für Zweiphasenströmungen berechnet werden. Diese Ansätze berücksichtigen Reibungs-, Gravitations- und Impulsänderungseinflüsse. Weiterhin wird immer vorausgesetzt, daß die Summe der Rohrquerschnittsflächen, die von Dampf und Flüssigkeit eingenommen werden, in allen Fällen gleich der Gesamtrohrquerschnittsfläche ist.

3)   Man kann sowohl für die flüssige als auch für die dampfförmige Phase typische mittlere Werte für Geschwindigkeit, Temperatur und Massenkonzentration angeben, die die Strömung in ihrem wesentlichen Charakter beschreiben (siehe Abb. 2). Die Änderung

---

[105]   Collier, J. G., 1981, a.a.O., S. 26-27 und 35-36.

[106]   Kelly, J. E., und Kazimi, M. S.: Development of the Two-Fluid Multi Dimensional Code THERMIT for LWR Analysis. A.I.Ch.E. Symposium Series, 1980, Nr. 199, Vol. 76, S. 149-162.

der typischen Werte von Temperatur und Massenkonzentration sowie die Massenstromdichte über die Phasengrenzfläche lassen sich durch Massen- und Energiebilanzen für beide Phasen entlang der Rohrlänge ermitteln.

4)   Thermodynamisches Gleichgewicht wird an der Phasengrenzfläche angenommen (siehe hierzu die Abschätzung von Kapitel 9. 3. 1).

5)   Die Absorptions- bzw. Kondensationswärme wird an der Phasengrenzfläche frei und verteilt sich auf Flüssigkeit und Dampf entsprechend der örtlichen Wärme- und Enthalpiestromdichten in den beiden Phasen.

6)   Für das exemplarisch betrachtete Arbeitsstoffpaar Ammoniak-Wasser liegen die Prandtlzahlen von Flüssigkeit und Dampf beide in der Größenordnung von eins, wohingegen die Lewiszahl der Flüssigkeit wesentlich größer ist als die des Dampfes. Für die Flüssigkeit liegt ihr Wert etwa zwischen zehn und hundert und für den Dampf etwa bei eins. Dies bedeutet, daß der unter Punkt 5 genannte Prozeß einerseits nur von Stoffübertragungsprozessen auf der Flüssigkeitsseite der Phasengrenzfläche und andererseits sowohl von Stoff- als auch von Wärmeübertragungsprozessen auf der Dampfseite der Phasengrenzfläche bestimmt wird.

7)   Der flüssigkeitsseitige Stoffübergang an der Phasengrenzfläche ist proportional der Ausdehnung der Phasengrenzfläche und einer treibenden Kraft.
Die Ausdehnung der Phasengrenzfläche wird von der herrschenden Strömungsform festgelegt, d.h. von Parametern wie Dampfvolumenanteil, Blasendurchmesser, Filmdicke oder Schwallfrequenz und -länge.
Die treibende Kraft ist proportional zu einem Phasengrenzflächen-Stoffübergangskoeffizienten und einer charakteristischen Differenz der Massenkonzentration zwischen Phasengrenzfläche und ungestörter Hauptströmung. Der Stoffübergangskoeffizient wird von der Strömungsform und zudem von dem Turbulenzgrad der Strömung bestimmt, der wiederum von charakteristischen Geschwindigkeits- und Längenmaßstäben der Strömung abhängt.

8)   Der dampfseitige Wärmeübergang an der Phasengrenzfläche verhält sich gemäß bekannter Einphasen-Wärmeübergangsbeziehungen, die entsprechend des Phasenumwandlungs-Stoffstromes korrigiert werden. Der korrespondierende Stoffübergang läßt sich mit Hilfe der Analogie zwischen Wärme- und Stoffübergang ermitteln.

9)   Der Wärmeübergang zur Rohrwand wird nicht durch Stofftransportprozesse beinflußt, da diese nahe einer stoffundurchlässigen Wand gegen null gehen, und kann gemäß Einstoffbeziehungen mit der lokal herrschenden treibenden Temperaturdifferenz zwischen Hauptströmung bzw. Phasengrenzfläche und Wand berechnet werden.

Es wird eine eindimensionale Analyse der vorgegebenen Zweiphasenströmung eines Gemisches aus zwei Komponenten in einem horizontalen Rohr durchgeführt. Das System mit den wesentlichen Bezeichnungen ist vereinfacht in Abb. 2 dargestellt. Die Strömung ist als Schichtenströmung gezeichnet, um die Erhaltungsgleichungen für den allgemeinsten Fall herzuleiten, für den beide Phasen in direktem Kontakt mit der Rohrwand stehen. Es soll aber an dieser Stelle ausdrücklich erwähnt werden, daß das Modell nicht auf diese Strömungsform beschränkt, sondern für beliebige Strömungsformen gültig ist. Wie aus Abb. 2 zu entnehmen ist, besteht zwischen beiden Phasen über die Phasengrenzfläche ein Wärme- und Stoffaustausch. Darüberhinaus kann jede Phase auch mit der Rohrwand Wärme austauschen. Für geometrisch kompliziertere Strömungsformen, wie Schwall-, Pfropfen- oder Blasenströmungen, empfiehlt es sich, die Ausdehnung der Phasengrenzfläche in Form einer volumenbezogenen Oberflächenkonzentration, a_S mit der Dimension: flächenmäßige Ausdehnung der Phasengrenzfläche pro Strömungsvolumen [m^{-1}], anzugeben.

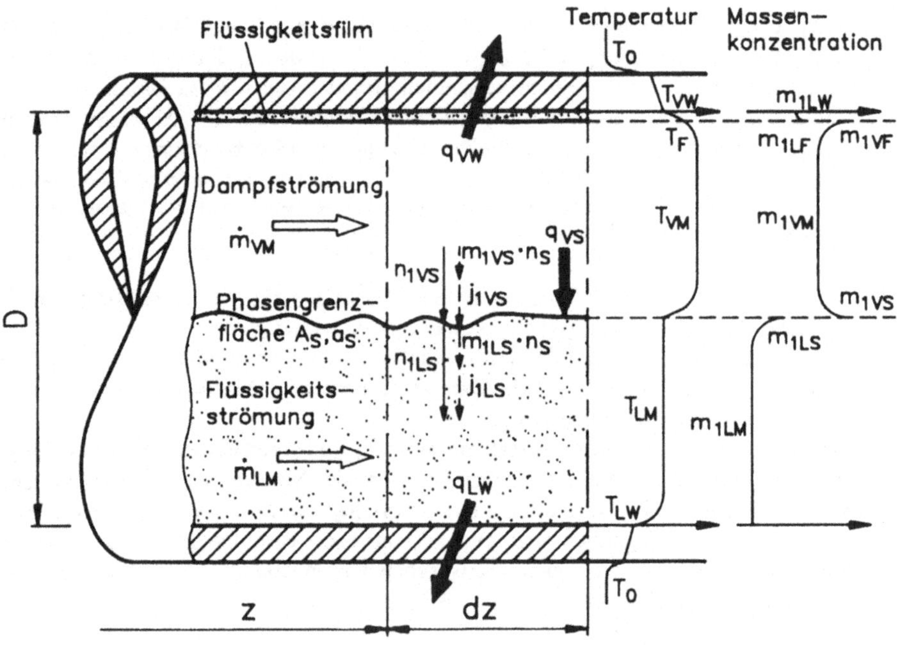

Abb. 2:   *Eine idealisierte Zweiphasenströmung*

Bevor die Analyse fortgesetzt wird, ist es jedoch sinnvoll, ein kurzes Kapitel über die hier verwendeten Bezeichnungskonventionen, die sich überwiegend an der englischsprachigen Literatur orientieren, einzuschieben.

4. 2   Bezeichnungen

Der Gesamtmassenstrom in [kg/s] wird in dieser Arbeit mit dem Symbol $\dot{m}$ bezeichnet. Man findet jedoch auch häufig in der Literatur das Symbol W. Der Gesamtmassenstrom setzt sich aus der Summe der Massenströme der beiden Phasen (Flüssigkeit: Index L für *liquid* und Dampf: Index V für *vapor*) zusammen.

$$\dot{m} = \dot{m}_L + \dot{m}_V \tag{82}$$

Für den Volumenstrom in [m^3/s] wird das Symbol Q verwendet. Die folgenden Beziehungen zwischen Massen- und Volumenstrom der beiden Phasen sind offensichtlich.

$$Q = Q_L + Q_V \tag{83}$$

$$Q_L = \frac{\dot{m}_L}{\rho_L} \tag{84}$$

$$Q_V = \frac{\dot{m}_V}{\rho_V} \tag{85}$$

Zu jeder Zeit ist das gesamte Strömungsfeld entweder von der einen oder von der anderen Phase gefüllt. Der Dampfvolumenanteil (void fraction) repräsentiert den mittleren Volumenanteil des Dampfes in einem Strömungsabschnitt und wird mit dem Symbol α bezeichnet. Normalerweise wird α über den gesamten Strömungsquerschnitt und einen ausreichend langen Rohrabschnitt gemittelt, um lokale Schwankungen zu eliminieren. Das heißt, isoliert man einen Rohrabschnitt der Länge L_{pipe} und des Querschnittes A durch plötzliches Schließen von Ventilen an beiden Enden, kann das Volumen des Dampfes V_V im Rohr bestimmt werden. Der gemittelte Wert des Dampfvolumenanteils ergibt sich zu (die spitzen Klammern < > deuten an, daß es sich bei α um einen gemittelten Wert handelt):

$$<\alpha> = \frac{V_V}{A\,L_{pipe}} = \frac{A_V}{A} \quad , \qquad A = A_V + A_L \tag{86}$$

Bei Verdampfungs- und Verflüssigungsproblemen ist es oft nützlich, den Anteil am Gesamtmassenstrom, der nur aus Dampf besteht, zu benutzen. Daher wird der Dampfgehalt x (quality) definiert zu:

$$x = \frac{\dot{m}_V}{\dot{m}_L + \dot{m}_V} \quad , \qquad (1 - x) = \frac{\dot{m}_L}{\dot{m}_L + \dot{m}_V} \tag{87}$$

Die Massenstromdichte in Hauptströmungsrichtung z wird in der englischsprachigen Literatur als *mass velocity* bezeichnet und mit dem Symbol G versehen.

$$G = \frac{\dot{m}}{A} = \rho\, v_z \tag{88}$$

$$\dot{m}_L = G\,A\,(1-x) \;, \qquad\qquad \dot{m}_V = G\,A\,x \tag{89}$$

$$v_{zL} = \frac{Q_L}{A_L} = \frac{G\,A\,(1-x)}{\rho_L\,A_L} \;, \qquad\qquad v_{zV} = \frac{Q_V}{A_V} \tag{90}$$

Es kommt vor, daß an Stelle des Dampfvolumenanteils der Anteil des Dampfvolumenstromes am Gesamtvolumenstrom einer Strömung angegeben wird. Dieser Anteil wird Volumenstrom-dampfgehalt (volumetric quality) genannt und mit dem Symbol $<\beta>$ belegt.

$$<\beta> = \frac{Q_V}{Q_L + Q_V} \;, \qquad\qquad (1 - <\beta>) = \frac{Q_L}{Q_L + Q_V} \tag{91}$$

Die Relation zwischen $<\beta>$ und x kann durch folgende Gleichung ausgedrückt werden.

$$<\beta> = \frac{\dfrac{x\,\dot{m}}{\rho_V}}{\dfrac{x\,\dot{m}}{\rho_V} + \dfrac{(1-x)\,\dot{m}}{\rho_L}} = \frac{1}{1 + \dfrac{1-x}{x}\dfrac{\rho_V}{\rho_L}} \tag{92}$$

Teilt man den jeweiligen Volumenstrom durch die <u>gesamte</u> Rohrquerschnittsfläche, so erhält man die sogenannte scheinbare Geschwindigkeit oder auch *superficial velocity*, für die das Symbol $<j>$ benutzt wird.

$$<j> = \frac{Q}{A}, \qquad\qquad <j_V> = \frac{Q_V}{A} = <\alpha>\,v_{zV}, \qquad <j_L> = \frac{Q_L}{A} = (1 - <\alpha>)\,v_{zL} \tag{93}$$

Massenstromdichte und scheinbare Geschwindigkeit sind durch die jeweiligen Dichten ver-knüpft.

$$G_V = <j_V>\,\rho_V = G\,x\,, \quad G_L = <j_L>\,\rho_L = G\,(1-x)\,, \quad G = G_V + G_L \tag{94}$$

4. 3 Gesamtmassenbilanz der Rohrströmung

Betrachtet man eine Zweiphasenströmung eines Gemisches aus zwei Komponenten, wie sie schematisch in Abb. 2 skizziert ist, so kann man Gl. (2) auf das Dampfvolumen anwenden, um eine Relation für die Entwicklung der Dampfmasse in Hauptströmungsrichtung z zu erhalten. Das Kontrollvolumen des betrachteten Systems wird dabei von folgenden Flächen begrenzt: die dampfseitigen Rohrquerschnittsflächen an den Stellen z und z+dz, die dampfseitige Rohraußenwand, durch die keine Masse hindurchtritt, und die Phasengrenzfläche a_S dV, wobei dV das Rohrvolumen zwischen den Querschnittsflächen an den Stellen z und z+dz beschreibt. Mit einer Taylorreihenentwicklung kann man aus der Massenbilanz die folgende Gleichung für die Änderung des Dampfmassenstromes $\dot{m}_{VM}$ in Hauptströmungsrichtung z angeben:

$$\dot{m}_{VM} - \left(\dot{m}_{VM} + \frac{d\dot{m}_{VM}}{dz}\,dz \right) - n_S\,dA_S - n_F\,dA_{VW} = 0 \tag{95}$$

In dieser Gleichung bezeichnen A_S und A_{VW} die flächenmäßigen Ausdehnungen der Phasengrenzfläche und der dampfseitigen Rohrwand. Die Massenstromdichte n_S tritt an der Phasengrenzfläche auf, wohingegen n_F die Massenstromdichte zu dem Kondensatfilm beschreibt, der an der dampfseitigen Rohrwand abläuft und der durch die Gl. (186) oder (189) definiert ist. Die Flächen A_S und A_{VW} lassen sich mitttels des Rohrdurchmessers D und den volumenbezogenen Flächenkonzentrationen der Phasengrenzfläche und der dampfseitigen Rohrwand a_S und a_{VW} ausdrücken.

$$dA_S = a_S\,\frac{\pi}{4}\,D^2\,dz \tag{96}$$

$$dA_{VW} = a_{VW}\,\frac{\pi}{4}\,D^2\,dz \tag{97}$$

Die hier auftretende dampfseitige Rohrwandkonzentration a_{VW} sowie die im folgenden noch auftretende flüssigkeitsseitige Rohrwandkonzentration a_{LW} sind wie folgt definiert, wobei V das gesamte Rohrvolumen darstellt:

$$a_{VW} = \frac{A_{VW}}{V} \tag{98}$$

$$a_{LW} = \frac{A_{LW}}{V} \tag{99}$$

Zwischen den beiden besteht folgende Beziehung:

$$a_{VW} + a_{LW} = \frac{4}{D} \, . \tag{100}$$

Mit dem Dampfgehalt x nach Gl. (87), dem Gesamtmassenstrom (Dampf plus Flüssigkeit) $\dot{m}$ im Rohr, und der Gesamtmassenstromdichte in Hauptströmungsrichtung G können die oben stehenden Gleichungen nach der Massenstromdichte der Phasengrenzfläche n_S aufgelöst werden.

$$n_S = -\frac{4\,\dfrac{d\dot{m}_{VM}}{dz}}{a_S\,\pi\,D^2} - n_F\,\frac{a_{VW}}{a_S} = -\frac{4\,\dot{m}\,\dfrac{dx}{dz}}{a_S\,\pi\,D^2} - n_F\,\frac{a_{VW}}{a_S} = -\frac{G}{a_S}\frac{dx}{dz} - n_F\,\frac{a_{VW}}{a_S} \tag{101}$$

Für die Flüssigkeit der Rohrströmung, welche sich in dem verbleibenden Volumen des betrachteten Rohrsegmentes $\pi/4\,D^2\,dz$ befindet, kann ganz analog eine Massenerhaltungsbilanz für den Flüssigkeitsmassenstrom $\dot{m}_{LM}$ aufgestellt werden.

$$n_S = \frac{4\,\dfrac{d\dot{m}_{LM}}{dz}}{a_S\,\pi\,D^2} - n_F\,\frac{a_{VW}}{a_S} = -\frac{4\,\dot{m}\,\dfrac{dx}{dz}}{a_S\,\pi\,D^2} - n_F\,\frac{a_{VW}}{a_S} = -\frac{G}{a_S}\frac{dx}{dz} - n_F\,\frac{a_{VW}}{a_S} \tag{102}$$

4. 4 Massenbilanz für Komponente 1 an der Phasengrenzfläche

Für die Komponente 1 des Gemisches (die leichter flüchtige) kann an der Phasengrenzfläche folgende Bilanz aufgestellt werden: Die gesamte Dampfmasse der Komponente 1, die an der Phasengrenzfläche ankommt, muß diese als Flüssigkeit verlassen. Mit Hilfe von Gl. (13) kann die Gesamtmassenstromdichte von dampfförmiger und flüssiger Phase mittels eines konvektiven und eines Diffusionsanteils ausgedrückt werden.

$$n_{1VS} = n_{1LS} \tag{103}$$

$$n_{1VS} = m_{1VS}\,n_S + j_{1VS} \tag{104}$$

$$n_{1LS} = m_{1LS}\,n_S + j_{1LS} \tag{105}$$

Die Diffusionsmassenstromdichten der flüssigen und der dampfförmigen Phase von Komponente 1 j_{1LS} und j_{1VS} können durch Gl. (18) mit einem Stoffübergangskoeffizienten ϱ_S an der jeweiligen Seite der Phasengrenzfläche und einer charakteristischen Differenz der Massenkonzentration zwischen Hauptströmung und Phasengrenzfläche beschrieben werden.

$$j_{1VS} = \varphi_{VS} (m_{1VM} - m_{1VS}) \tag{106}$$

$$j_{1LS} = \varphi_{LS} (m_{1LS} - m_{1LM}) \tag{107}$$

Basierend auf der schon erwähnten Analogie zwischen Wärme- und Stoffübergang [107] kann der Stoffübergangskoeffizient der Gasphase mittels des entsprechenden Wärmeübergangskoeffizienten bestimmt werden, wie es an späterer Stelle in dieser Arbeit mit Hilfe der Gln. (399), (401), (404) und (405) erläutert wird. Der Stoffübergangskoeffizient in der flüssigen Phase wird durch Gl. (359) ermittelt.

Die Lewiszahl der Flüssigkeit eines Ammoniak-Wasser-Gemisches ist wesentlich größer als eins, d.h. die Wärmeübergangsprozesse laufen deutlich schneller ab als die Stoffübergangsprozesse. Dies hat zur Folge, daß zwischen Phasengrenzfläche und Flüssigkeitshauptströmung ein nicht zu vernachlässigender Unterschied in der Massenkonzentration, nicht aber in der Temperatur auftreten wird. Somit ist es legitim, die Temperatur der Phasengrenzfläche gleich der der Flüssigkeitshauptströmung zu setzen ($T_{Phasengrenzfläche} = T_{LM}$). Geht man weiterhin davon aus, daß thermodynamisches Gleichgewicht an der Phasengrenzfläche herrscht, so können die Massenkonzentrationen von Dampf und Flüssigkeit durch die Zustandsgleichung als Funktionen von Druck und Temperatur ausgedrückt werden (vergleiche auch Gln. (419) und (420) von Kapitel 10).

$$m_{1LS} = m_{1LS} (T_{LM}, p) \tag{108}$$

$$m_{1VS} = m_{1VS} (T_{LM}, p) \tag{109}$$

Mit Hilfe der oben stehenden Gleichungen ist es nun möglich, eine weitere Beziehung zur Bestimmung der Massenstromdichte an der Phasengrenzfläche zu entwickeln.

$$n_S = \frac{\varphi_{LS}(m_{1LS} - m_{1LM}) - \varphi_{VS}(m_{1VM} - m_{1VS})}{m_{1VS} - m_{1LS}} \tag{110}$$

4. 5   Massenbilanz für Komponente 1 in der Dampfphase

Wendet man Gl. (14) für die leichter flüchtige Komponente in der Dampfphase in gleicher Weise auf das Kontrollvolumen des Dampfes an, wie es schon mit Gl. (2) für die Gesamtmasse des Dampfes getan wurde, so erhält man die folgende Beziehung:

---

[107]   Fullarton, D., und Schlünder, E. U., 1988, a.a.O.

$$m_{1VM}\,\dot{m}_{VM} - \left(m_{1VM}\,\dot{m}_{VM} + \frac{d\,(\,m_{1VM}\,\dot{m}_{VM}\,)}{dz}\,dz \right) - n_{1VS}\,dA_S - n_{1VF}\,dA_{VW} = 0 \qquad (111)$$

In dieser Gleichung wird die Massenstromdichte zu dem an der dampfseitigen Rohrwand ablaufenden Kondensatfilm verwendet.

$$n_{1VF} = m_{1VF}\,n_F + j_{1VF} \qquad (112)$$

Hierbei wird die Diffusionsmassenstromdichte

$$j_{1VF} = \beta_{VF}\,(m_{1VM} - m_{1VF})\ . \qquad (113)$$

mit dem Stoffübergangskoeffizienten nach Gl. (179) gebildet. Durch Einführen der Gln. (96) und (104) und Umstellen ergibt sich als Zwischenschritt:

$$\dot{m}_{VM}\,\frac{d\,m_{1VM}}{dz} + m_{1VM}\,\frac{d\,\dot{m}_{VM}}{dz} + m_{1VS}\,n_S\,a_S\,\frac{\pi}{4}\,D^2 + j_{1VS}\,a_S\,\frac{\pi}{4}\,D^2$$

$$+ m_{1VF}\,n_F\,a_{VW}\,\frac{\pi}{4}\,D^2 + j_{1VF}\,a_{VW}\,\frac{\pi}{4}\,D^2 = 0\ .$$

Verwendet man weiterhin die Gln. (87), (88) und (101), so läßt sich obige Gleichung wie folgt weiter umformen:

$$x\,G\,\frac{d\,m_{1VM}}{dz} + (\,m_{1VM} - m_{1VS}\,)\,G\,\frac{d\,x}{dz} + (\,m_{1VF} - m_{1VS}\,)\,n_F\,a_{VW}$$

$$+ j_{1VS}\,a_S + j_{1VF}\,a_{VW} = 0 \qquad (114)$$

4.6 Massenbilanz für Komponente 1 in der Flüssigkeitsphase

Analog zum vorausgehenden Kapitel läßt sich für die leichter flüchtige Komponente auch eine Massenbilanz in der Flüssigkeitsphase aufstellen.

$$m_{1LM}\,\dot{m}_{LM} - \left(m_{1LM}\,\dot{m}_{LM} + \frac{d\,(m_{1LM}\,\dot{m}_{LM})}{dz}\,dz\right) + n_{1LS}\,dA_S + n_{1VF}\,dA_{VW} = 0$$

Mit Hilfe der Gln. (87), (88), (96), (101), (103) und (104) kann man auch diese Gleichung entsprechend umformen zu:

$$- (1 - x)\, G\,\frac{d\,m_{1LM}}{dz} + (m_{1LM} - m_{1VS})\, G\,\frac{d\,x}{dz} + j_{1VS}\,a_S$$

$$+ (m_{1VF} - m_{1VS})\, n_F\,a_{VW} + j_{1VF}\,a_{VW} = 0 \ . \qquad (115)$$

4. 7   Energiebilanz an der Phasengrenzfläche

Wie schon angesprochen, wird angenommen, daß die gesamte Absorptions- oder Kondensationswärme an der Phasengrenzfläche frei wird und sich von dort in den Dampf und die Flüssigkeit entsprechend der Wärme- und Enthalpiediffusionsstromdichten verteilt. Somit läßt sich eine Energiebilanz entsprechend Gl. (66) an der Phasengrenzfläche formulieren.

$$n_S\,h_{LS} + q_{LS} + \sum_{i=1}^{n} \tilde{h}_{iL}\,j_{iLS} = n_S\,h_{VS} + q_{VS} + \sum_{i=1}^{n} \tilde{h}_{iV}\,j_{iVS} \qquad (116)$$

Auf der linken Seite der Gleichung stehen alle flüssigkeitsseitigen Terme und auf der rechten Seite alle dampfseitigen Terme. Betrachtet man nun speziell die Dampfseite, so kann man die Wärmestromdichte q_{VS} als einen konvektiven Wärmeübergang gemäß Gl. (51) mit einem dampfseitigen Wärmeübergangskoeffizienten h_{VS} und einer treibenden Temperaturdifferenz beschreiben.

$$q_{VS} = h_{VS}\,(T_{VM} - T_{LM}) \qquad (117)$$

Da hier nicht nur ein Wärmeübergang, sondern überlagert auch ein Stoffübergang auftritt, ist es notwendig, daß daß h_{VS} entsprechend der Gln. (397) bis (399) korrigiert wird. Weiterhin vereinfacht sich für ein Zweistoffgemisch die Enthalpiediffusionsstromdichte gemäß der Gln. (72), (74), (75) und (76) wie folgt:

$$\sum_{i=1}^{2} \tilde{h}_{iV}\, j_{iVS} \;=\; \Delta h_{VS}{}^{*}\, j_{1VS} \;=\; \Delta h_{VS}{}^{*}\, \dot{g}_{VS}\,(m_{1VM} - m_{1VS}) \tag{118}$$

$$\sum_{i=1}^{2} \tilde{h}_{iL}\, j_{iLS} \;=\; \Delta h_{LS}{}^{*}\, j_{1LS} \tag{119}$$

4. 8   Energiebilanz für die Flüssigkeitsphase

Formt man eine Energiebilanz gemäß Gl. (66) für das schon erwähnte System der Flüssigkeit, so erhält man mit Gl. (119) für ein Zweistoffgemisch die folgende Beziehung:

$$\dot{m}_{LM}\, h_{LM} - \left(\dot{m}_{LM}\, h_{LM} + \frac{d\,(\dot{m}_{LM}\, h_{LM})}{dz}\, dz \right)$$

$$+\, (\, n_S\, h_{LS} + q_{LS} + \Delta h_{LS}{}^{*}\, j_{1LS}\,)\, dA_S - q_{LW}\, dA_{LW} + n_F\, h_F\, dA_{VW} = 0 \tag{120}$$

Die flüssigkeitsseitige Wärmestromdichte an der Rohrwand q_{LW} kann mit der Temperatur des Kühlmediums T_0 und einem Wärmeübergangskoeffizienten h_0 an der Außenrohrwand bestimmt werden.

$$q_{LW} = \frac{T_{LM} - T_0}{\dfrac{1}{h_{LW}} + \dfrac{1}{h_0}\dfrac{D}{D_0} + \dfrac{D}{2k_{pipe}} \ln\!\left(\dfrac{D_0}{D} \right)} \tag{121}$$

Diese Wärmestromdichte und der flüssigkeitsseitige Wärmeübergangskoeffizient legen die flüssigkeitsseitige Rohrwandtemperatur fest.

$$T_{LW} = T_{LM} - \frac{q_{LW}}{h_{LW}} \tag{122}$$

Eine Energiebilanz des dampfseitig an der Rohrwand abfließenden Kondensatfilmes liefert die spezifische Filmenthalpie h_F .

$$h_F = \frac{n_F h_{VF} + \zeta_h h_{1\Phi VF}(T_{VM} - T_F) + \Delta h^*_{VF} j_{1VF} - q_{VW}}{n_F} \tag{123}$$

Die dampfseitige Wärmestromdichte q_{VW} sowie die dampfseitige Rohrwandtemperatur T_{VW} können mit dem in einem der folgenden Kapitel hergeleiteten Korrekturfaktor K_{mix} entsprechend Gl. (177) bzw. (191) bestimmt werden.

$$q_{VW} = \frac{T_{VM} - T_0}{\dfrac{1}{K_{mix}h_{pureFilm}} + \dfrac{1}{h_0}\dfrac{D}{D_0} + \dfrac{D}{2k_{pipe}}\ln\!\left(\dfrac{D_0}{D}\right)} \quad \text{und} \quad T_{VW} = T_{VM} - \frac{q_{VW}}{K_{mix}h_{pureFilm}} \tag{124}$$

Unter Annahme von inkompressibler Strömung kann die Energiebilanz der Flüssigkeitsphase mit Hilfe der Gln. (42), (72), (73), (74), (75), (88), (101), (102), (116) und (118) umgeformt werden.

$$(1 - x)\,G\left\{ c_{pLM}\frac{d\,T_{LM}}{dz} + \frac{1}{\rho_{LM}}\frac{d\,p}{dz} + \Delta h_{LM}{}^*\frac{d\,m_{1LM}}{dz} \right\} - (h_{LM} - h_{VS})\,G\frac{d\,x}{dz}$$

$$- (q_{VS} + \Delta h_{VS}{}^*\, j_{1VS})\,a_S + q_{LW}\,a_{LW} - (h_F - h_{VS})\,n_F\,a_{VW} = 0 \tag{125}$$

4. 9 Energiebilanz für die Dampfphase

Analog zum vorherigen Kapitel kann die Energiebilanz nach Gl. (66) auch für die Dampfphase aufgestellt werden.

$$\dot{m}_{VM}\,h_{VM} - \left(\dot{m}_{VM}\,h_{VM} + \frac{d\,(\dot{m}_{VM}\,h_{VM})}{dz}\,dz \right)$$

$$- (n_S\,h_{VS} + q_{VS} + \Delta h_{VS}{}^*\, j_{1VS})\,dA_S - (q_{VW} + n_F\,h_F)\,dA_{VW} = 0 \tag{126}$$

Geht man auch hier von inkompressibler Strömung aus, so läßt sich die Gleichung der Energiebilanz entsprechend dem vorhergehenden Kapitel umstellen.

$$x \, G \left\{ c_{pVM} \frac{d \, T_{VM}}{dz} + \frac{1}{\rho_{VM}} \frac{d \, p}{dz} + \Delta h_{VM} * \frac{d \, m_{1VM}}{dz} \right\} + (h_{VM} - h_{VS}) \, G \frac{d \, x}{dz}$$

$$+ (q_{VS} + \Delta h_{VS} * j_{1VS}) \, a_S + [(h_F - h_{VS}) \, n_F + q_{VW}] \, a_{VW} = 0 \qquad (127)$$

4.10 System von Differentialgleichungen

Aus Gl. (101) kann man eine Beziehung, die die Änderung des Dampfgehaltes in Hauptströmungsrichtung z beschreibt, gewinnen.

$$\frac{d \, x}{dz} = - \frac{n_S \, a_S + n_F \, a_{VW}}{G} \qquad (128)$$

In dieser Gleichung treten die beiden Massenstromdichten an der Phasengrenzfläche und an der dampfseitigen Rohrwand n_S und n_F auf, die durch die Gln. (110) und (186) bzw. (189) bestimmt werden. Betrachtet man den isothermen Grenzfall, bei dem keine Relation zwischen Temperatur und Massenkonzentration im Strömungsmedium besteht, und schließt man weiterhin den direkten Kontakt des Dampfes mit der Rohrwand aus, so reduziert sich Gl. (128) zu der folgenden Beziehung:

$$\frac{d \, x}{dz} = - \frac{j_{1LS} \, a_S}{G \, (m_{1VS} - m_{1LS})} \qquad (129)$$

Diese Gleichung setzt thermodynamisches Gleichgewicht in der Dampfphase voraus, d.h. die Massenkonzentration des Dampfes hängt allein von dem als konstant angenommenen Druck ab ($m_{1VM} = m_{1VS}$). Die obige Relation stellt zwar den Grenzfall einer isothermen Strömung dar, doch zeigt sie exemplarisch, wie einzelne Größen den Gradienten des Dampfgehaltes in Hauptströmungsrichtung beeinflussen. So ist die Verminderung des Dampfgehaltes natürlich direkt proportional zu der Phasengrenzflächenkonzentration und zu der Massenstromdichte an der Phasengrenzfläche, d.h. der Masse, die verflüssigt oder absorbiert wird. Die Masse der leichter flüchtigen Komponente, die an der Phasengrenzfläche kondensiert, muß von dort abtransportiert werden, damit weitere Verflüssigung möglich ist. Dieser Abtransport geschieht durch Diffusionsmechanismen. Da die kondensierte Masse der leichter flüchtigen Komponente proportional der Gesamtmasse ist, die auskondensiert, wird die Gesamtmassenstromdichte über die Phasengrenzfläche von dem Diffusionsprozeß in der flüssigen Phase bestimmt. Da der gleichgewichtsbedingte Konzentrationsunterschied zwischen Dampfphase und flüssigkeitsseitiger Phasengrenzfläche die Menge der auskondensierten leichter flüchtigen Komponente stark beeinflußt, ist diese Konzentrationsdifferenz ein zusätzlicher nicht zu vernachlässigender Einflußparameter. Weiterhin ist natürlich auch die Gesamtmassenstromdichte in Hauptströmungsrichtung für die Änderung des Dampfgehaltes von entscheidender Bedeutung.

Mit dem nun bekannten Gradienten des Dampfgehaltes in Hauptströmungsrichtung können auch die entsprechenden Gradienten weiterer strömungscharakterisierender Größen, wie Temperatur und Massenkonzentration der Dampf- und Flüssigkeitshauptströmung, mit Hilfe der Gln. (114), (115), (125) und (127) hergeleitet werden.

$$\frac{d\,m_{1LM}}{dz} = \frac{(m_{1LM} - m_{1VS})}{(1-x)}\frac{d\,x}{dz} + \frac{j_{1VS}\,a_S + [(m_{1VF} - m_{1VS})\,n_F + j_{1VF}]\,a_{VW}}{(1-x)\,G} \tag{130}$$

$$\frac{d\,m_{1VM}}{dz} = -\frac{(m_{1VM} - m_{1VS})}{x}\frac{d\,x}{dz} - \frac{j_{1VS}\,a_S + [(m_{1VF} - m_{1VS})\,n_F + j_{1VF}]\,a_{VW}}{x\,G} \tag{131}$$

$$\frac{d\,T_{LM}}{dz} = -\frac{1}{c_{pLM}}\left\{ \frac{1}{\rho_{LM}}\frac{d\,p}{dz} - \frac{(h_{LM} - h_{VS})}{(1-x)}\frac{d\,x}{dz} + \Delta h_{LM}{}^*\frac{d\,m_{1LM}}{dz} \right.$$

$$\left. -\frac{(q_{VS} + \Delta h_{VS}{}^*\,j_{1VS})\,a_S - q_{LW}\,a_{LW} + (h_F - h_{VS})\,n_F\,a_{VW}}{(1-x)\,G} \right\} \tag{132}$$

$$\frac{d\,T_{VM}}{dz} = -\frac{1}{c_{pVM}}\left\{ \frac{1}{\rho_{VM}}\frac{d\,p}{dz} + \frac{(h_{VM} - h_{VS})}{x}\frac{d\,x}{dz} + \Delta h_{VM}{}^*\frac{d\,m_{1VM}}{dz} \right.$$

$$\left. +\frac{(q_{VS} + \Delta h_{VS}{}^*\,j_{1VS})\,a_S + [(h_F - h_{VS})\,n_F + q_{VW}]\,a_{VW}}{x\,G} \right\} \tag{133}$$

Zusammen mit dem Gradienten des Druckes nach Gl. (150) bilden die fünf obenstehenden Gleichungen als Kernstück des hier entwickelten Zweifluidmodells ein System von sechs Differentialgleichungen, das die strömungscharakterisierenden Größen Druck, Dampfgehalt, Temperatur und Massenkonzentration des Dampfes sowie Temperatur und Massenkonzentration der Flüssigkeit festlegt. Dieses System von sechs gewöhnlichen Differentialgleichungen erster Ordnung muß numerisch mit folgenden Anfangsbedingungen gelöst werden:

Anfangsbedingungen bei z = 0:

$$x = \frac{\dot{m}_{Dampfeintritt}}{\dot{m}_{Dampfeintritt} + \dot{m}_{Flüssigkeitseintritt}}$$

$$m_{1LM} \;=\; m_{1\,\text{Flüssigkeitseintritt}}$$

$$T_{LM} \;=\; T_{\text{Flüssigkeitseintritt}}$$

$$m_{1VM} \;=\; m_{1\,\text{Dampfeintritt}}$$

$$T_{VM} \;=\; T_{\text{Dampfeintritt}}$$

$$m_{1LS} \;=\; m_{1LS}\,(\,p,\,T_{LM}\,)_{\text{Sättigung}}$$

$$m_{1VS} \;=\; m_{1VS}\,(\,p,\,T_{LM}\,)_{\text{Sättigung}} \tag{134}$$

In dem Modell treten als zusätzliche Unbekannte die Wärme- und Stoffübergangskoeffizienten und die Oberflächenkonzentrationen auf. Daher sind die nächsten Kapitel dieser Arbeit der Bestimmung der noch verbleibenden Unbekannten gewidmet, welche in Abhängigkeit von sämtlichen möglichen Strömungsformen durchgeführt wird. Der Anwender bekommt somit ein vollständiges Paket von Gleichungen zur Verfügung gestellt, welches es ihm ermöglicht, die hier betrachteten Strömungskonfigurationen sehr detailliert vorherzusagen.

5   Die Strömungsformenkarte

Um, wie im vorhergehenden Kapitel angesprochen, die unbekannten Größen strömungsform-abhängig zu ermitteln, ist es notwendig, als ersten Schritt die lokal herrschende Strömungsform zu bestimmen. Hierzu wurden in den letzten zehn bis zwanzig Jahren Strömungsformenkarten entwickelt, in denen Umschlagsbereiche zwischen den Strömungsformen in Abhängigkeit von physikalisch relevante Kenngrößen (meistens) gemessen wurden. Besonders schwierig läßt sich die herrschende Strömungsform für Strömungen mit Phasenwechsel bestimmen, da im Verlaufe der Rohrströmung verschiedene Strömungsformen auftreten, was durch eine stetige Änderung des Dampfgehaltes bedingt ist. Insbesondere stellt sich die Frage, inwieweit Strömungsformen-karten, die für adiabate Strömungen aufgestellt wurden, auch für Strömungen mit Phasen-wechsel Gültigkeit besitzen.

5. 1   Taitel und Dukler

Das bekannte Taitel-Dukler-Modell [108], [109], das ursprünglich zur Bestimmung der Übergänge benachbarter Strömungsformen in adiabaten Strömungen ohne Phasenwechsel entwickelt wurde, ist von Breber et al. [110], Sardesai et al. [111] und Steiner [112] für Strömungen mit Phasenwechsel überprüft worden. Ihren Arbeiten ist zu entnehmen, daß die von Taitel und Dukler vorgeschlagenen Kenngrößen tatsächlich auch für Strömung mit Phasenwechsel benutzt werden können, um die herrschenden Strömungsformen festzulegen. Insbesondere für mittlere und große Rohrdurchmesser zeigte sich eine sehr gute Übereinstimmung ihrer Strömungsformenkarte mit Meßdaten. Für horizontale Rohrströmungen ließ sich eine Strö-mungsformenkarte mit Hilfe dimensionsloser Kenngrößen, die auf den folgenden Seiten angesprochen werden, konstruieren. Wie man Abb. 1 auf Seite 3 und Abb. 3 entnehmen kann, treten die folgenden wesentlichen Strömungsformen auf: Blasenströmung, glatte und wellige Schichtenströmung, Ringströmung mit und ohne Tröpfchen im Gas- bzw. Dampfkern und Schwall- bzw. Pfropfenströmung. Taitel und Dukler legten diese vier (fünf, wenn man zwischen glatter und welliger Schichtenströmung unterscheiden will) großen Strömungsformen fest und entwickelten eine Strömungsformenkarte (siehe Abb. 3), die das Verhältnis verschie-dener charakteristischer Kräfte mit dem flüssigen Volumenanteil in Verbindung setzt. Ihr Modell basiert auf der Kelvin-Helmholtz-Theorie für Welleninstabilitäten und wurde von verschiedenen Autoren verfeinert. Ursprünglich zog man nur Schwerkräfte, die der saugenden Wirkung der über den Wellenkämmen beschleunigten Gasströmung entgegenwirkten, in Be-

[108]   Taitel, Y., und Dukler, A. E., 1976, a.a.O.

[109]   Taitel, Y., und Dukler, A. E.: Transient Gas-Liquid Flow in Horizontal Pipes: Modeling the Flow Pattern Transitions. A.I.Ch.E. J., 1978, Vol. 24, Nr. 5, S. 920-934.

[110]   Breber, G., Palen, J. W., und Taborek, J.: Prediction of Horizontal Tubeside Condensation of Pure Components Using Flow Regime Criteria. J. Heat Transfer, 1980, Vol. 102, S. 471-476.

[111]   Sardesai, R. G., Owen, R. G., und Pulling, D. J.: Flow Regimes for Condensation of a Vapour Inside a Horizontal Tube. Chemical Engineering Science, 1981, Vol. 36, S. 1173-1180.

[112]   Steiner, D., 1988, a.a.O.

tracht. Später wurden noch Oberflächenspannungs-, Trägheits- und Reibungskräfte berücksichtigt (siehe z.B. Barnea und Taitel [113]). Eine gute Übersicht über experimentelle und theoretische Arbeiten zur Bestimmung der Strömungsformen wird von Spedding und Spence [114]
gegeben.

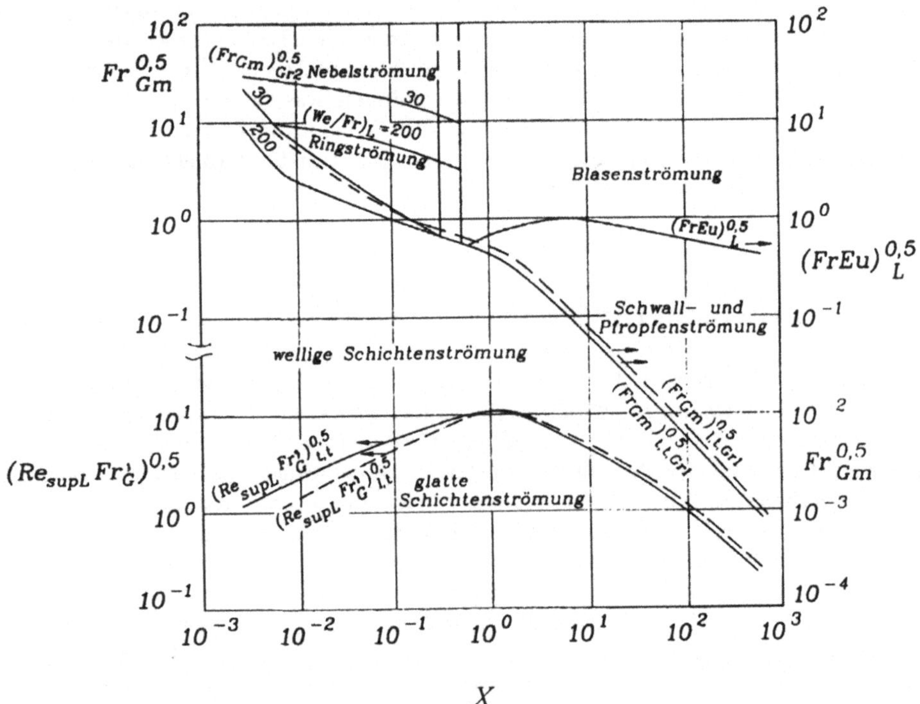

Abb. 3: *Allgemeine Strömungsformenkarte für horizontale Zweiphasenströmungen [112]*

Der flüssige Volumenanteil kann mit dem sogenannten Martinelliparameter X korreliert
werden, so daß dieser auf der Abszisse der Strömungsformenkarte aufgetragen wird. Der Martinelliparameter stellt das Verhältnis der Druckverluste dar, die aufträten, wenn Flüssigkeit und
Dampf allein im Rohr strömten, und ist folgendermaßen definiert:

[113]   Barnea, D., und Taitel, Y.: Kelvin-Helmholtz stability criteria for stratified flow: viscous versus non-
viscous (inviscid) approaches. Int. J. Multiphase Flow, 1993, Vol. 19, S. 639-649.

[114]   Spedding, P. L., und Spence, D. R.: Flow regimes in two-phase gas-liquid flow. Int. J. Multiphase
Flow, 1993, Vol. 19, S. 245-280.

$$X = \left(\frac{\left(\frac{dp}{dz}\right)_{La}}{\left(\frac{dp}{dz}\right)_{Ga}} \right)^{0.5} = \left(\frac{1-x}{x}\right)^{0.875} \cdot \left(\frac{\rho_G}{\rho_L}\right)^{0.5} \cdot \left(\frac{\eta_L}{\eta_G}\right)^{0.125} \tag{135}$$

Der erste Teil der oben stehenden Gleichung ist generell gültig, der zweite nur dann, wenn Dampf und Flüssigkeit turbulent sind.

Der Übergang zwischen welliger Schichtenströmung und Ring-, Schwall- oder Pfropfenströmung ist als eine Funktion von X und einer modifizierten Froudezahl Fr gegeben.

$$Fr_{Gm}^{0.5} = \left(\frac{G^2 x^2}{g\, D\, \rho_L\, \rho_G} \right)^{0.5} \tag{136}$$

Die Froudezahl ist das Verhältnis der Trägheitskräfte zu den Schwerkräften.

Der Übergang zwischen Ringströmung und Schwall- oder Pfropfenströmung vollzieht sich bei konstantem X.

Der Übergang zwischen glatter und welliger Schichtenströmung ist eine Funktion des Martinelliparameters, einer Reynoldszahl, die mit einer scheinbaren Flüssigkeitsgeschwindigkeit gebildet wird, und einer Froudezahl der Dampfströmung.

$$(Re_{supL}\, Fr'_G)^{0.5} = \left(\frac{G^3 x^2 (1-x)}{\rho_G\,(\rho_L - \rho_G)\, \eta_L\, g\, \cos\Theta} \right)^{0.5} \tag{137}$$

Der Übergang zwischen Blasenströmung und Schwall- oder Pfropfenströmung hängt von dem Martinelliparameter und den herrschenden Druck- und Schwerkräften ab.

$$(Fr\, Eu)_L^{0.5} = \left(\frac{\left(\frac{dp}{dz}\right)_L}{(\rho_L - \rho_G)\, g\, \cos\Theta} \right)^{0.5} = \left(\frac{\xi_L\, G^2 (1-x)^2}{2\, D\, \rho_L\, (\rho_L - \rho_G)\, g\, \cos\Theta} \right)^{0.5} \tag{138}$$

Die Eulerzahl Eu ist das Verhältnis der Druckkräfte zu den Trägheitskräften.

5. 2   Tandon, Varma und Gupta

In den letzten Jahren stellten Tandon et al. [115], [116] eine Strömungsformenkarte vor, die in
Abb. 4 dargestellt ist. Ihre relativ einfach zu handhabenden Kriterien zur Bestimmung der
herrschenden Strömungsform basieren auf experimentellen Untersuchungen und Beobachtungen von insgesamt 664 verschiedenen Strömungskonfigurationen. Ihre Strömungsformenkarte verwendet physikalisch sinnvolle Parameter, die die Strömung gut charakterisieren, und
zeigt hervorragende Übereinstimmung mit experimentellen Daten, die für erzwungene Kon-
vektionsströmungen von Ein- und Zweistoffgemischen mit Verflüssigung im horizontalen Rohr
gemessen wurden.

Einer ihrer Parameter ist die schon von Wallis [117] verwendete dimensionslose Dampfgeschwindigkeit $j_g{}^*$. Kondensationsströmungen werden entweder von den Reibungskräften oder den
Schwerkräften kontrolliert. Schreibt man die Bestimmungsgleichungen für den achsialen Rei-
bungsdruckgradienten und den radialen Gravitationsdruckgradienten hin, so ergeben sich folgende Relationen:

1   achsialer Reibungsdruckgradient der Dampfströmung:

$$F_f = \frac{dp_f}{dz} = \frac{2f_S G_V^2}{\rho_V D} \tag{139}$$

2   hydrostatischer Druckgradient (reduzierte Gravitationskonstante):

$$F_G = \frac{dp_G}{dr} = g(\rho_L - \rho_V) \tag{140}$$

Bildet man nun das Verhältnis von F_f zu F_G

$$\frac{F_f}{F_G} = \frac{2f_S G_V^2}{Dg\rho_V(\rho_L - \rho_V)} \; , \tag{141}$$

so läßt sich dieses mit der dimensionlosen Gas- oder Dampfgeschwindigkeit $j_g{}^*$ in Beziehung
setzen.

$$j_g{}^* = \frac{xG}{\sqrt{Dg\rho_V(\rho_L - \rho_V)}} = \left[\left(\frac{F_f}{F_G}\right)\left(\frac{1}{2f_S}\right)\right]^{0.5} \tag{142}$$

[115]   Tandon, T. N., Varma, H. K., und Gupta, C. P.: A New Flow Regime Map for Condensation Inside
           Horizontal Tubes. J. Heat Transfer, 1982, Vol. 104, S. 763-768.
[116]   Tandon, T. N., Varma, H. K., und Gupta, C. P.: Prediction of Flow Patterns During Condensation of
           Binary Mixtures in a Horizontal Tube. J. Heat Transfer, 1985, Vol. 107, S. 424-430.
[117]   Wallis, G. B., 1969, a.a.O., S. 113.

In dieser Beziehung tritt der Reibungsbeiwert der Phasengrenzfläche f_S auf, den man in erster Näherung als konstant annehmen kann, insbesondere dann, wenn die Phasengrenzfläche stark wellig ist. Das heißt, die von Wallis definierte dimensionslose Gasgeschwindigkeit $j_g{}^*$ ist direkt mit dem Verhältnis der herrschenden Kräfte gekoppelt und wird daher an Stelle von F_f/F_G als Ordinate von Abb. 4 verwendet.

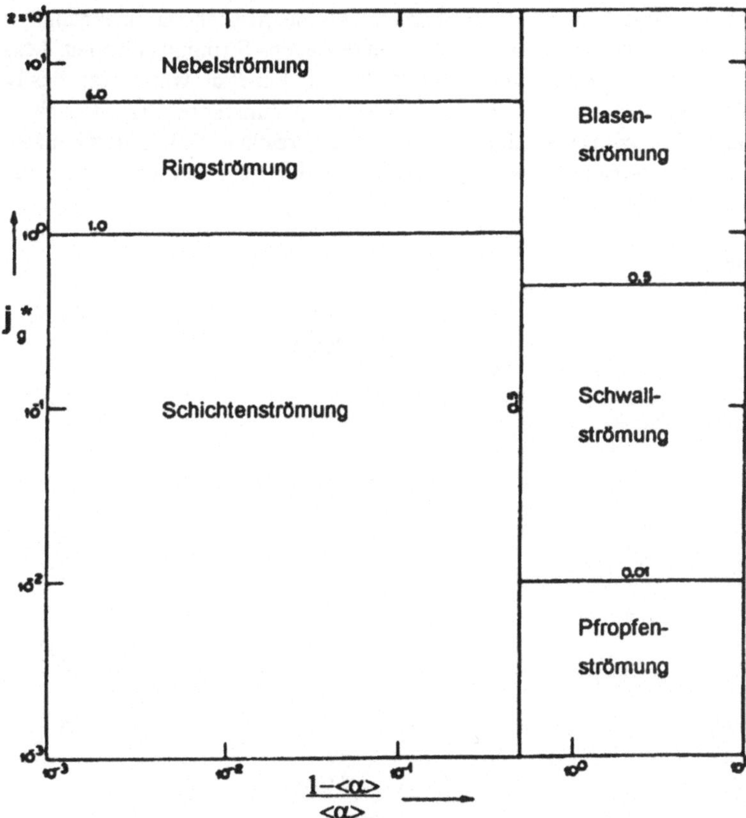

Abb. 4: *Kriterien zur Bestimmung der Strömungsform bei der Kondensation von Ein- und Zweistoffgemischen in horizontalen Rohrströmungen* [115]

Der zweite Parameter, der die Strömung wesentlich charakterisiert, ist der Dampfvolumenanteil $\langle\alpha\rangle$, der nach einer von Smith [118] angegebenen Funktion berechnet wird.

---

[118]   Smith, S. L.: Void Fraction in Two-Phase Flow: A Correlation Based Upon an Equal Velocity Model. Inst. of Mech. Engng., London, 1969-1970, Vol. 184, S. 647-657.

$$< \alpha > = \left\{ 1 + \left(\frac{\rho_v}{\rho_L} \right) \left(\frac{1-x}{x} \right) \left[0.4 + 0.6 \sqrt{\frac{\left(\frac{\rho_v}{\rho_L} \right) + 0.4 \left(\frac{1-x}{x} \right)}{1 + 0.4 \left(\frac{1-x}{x} \right)}} \right] \right\}^{-1} \tag{143}$$

Diese Beziehung wurde auf der Basis einer großen Menge experimenteller Daten von verschiedenen Autoren entwickelt. Smith behauptet, daß die Beziehung unabhängig von den herrschenden Strömungsverhältnissen, Austrocknungsgraden, Strömungsformen, Massenströmen und Drücken Gültigkeit besitzt. In der Arbeit von Tandon et al. wurde statt des Dampfgehaltes $<\alpha>$ das Verhältnis $(1 - <\alpha>)/<\alpha>$ als Korrelationsparameter benutzt, da sich damit eine bessere Auflösung (Spreizung) entlang der Abszisse erreichen ließ. Die Grenzen für die verschiedenen Strömungsregionen werden in Äbhängigkeit von diesen beiden Parametern (siehe Abb. 4) wie folgt festgelegt:

Schichtenströmung:

$$j_g^* \leq 1 \qquad\qquad\qquad \frac{(1 - <\alpha>)}{<\alpha>} \leq 0.5 \tag{144}$$

Ringströmung:

$$1 \leq j_g^* \leq 6 \qquad\qquad\qquad \frac{(1 - <\alpha>)}{<\alpha>} \leq 0.5 \tag{145}$$

Nebelströmung:

$$6 \leq j_g^* \qquad\qquad\qquad \frac{(1 - <\alpha>)}{<\alpha>} \leq 0.5 \tag{146}$$

Pfropfenströmung:

$$j_g^* \leq 0.01 \qquad\qquad\qquad 0.5 \leq \frac{(1 - <\alpha>)}{<\alpha>} \tag{147}$$

Schwallströmung:

$$0.01 \leq j_g^* \leq 0.5 \qquad\qquad\qquad 0.5 \leq \frac{(1 - <\alpha>)}{<\alpha>} \tag{148}$$

Blasenströmung:

$$0.5 \leq j_g^* \qquad\qquad\qquad 0.5 \leq \frac{(1 - <\alpha>)}{<\alpha>} \tag{149}$$

6 Der Druckverlust in einer Zweiphasenströmung

Die Druckänderung entlang der Hauptströmungsrichtung in einem Rohr wird für eine Zweiphasenströmung von drei wesentlichen Faktoren bestimmt: der Wandreibung, der Gravitation und der Impulsänderung. Die allgemeine Gleichung für den Gesamtdruckgradienten in Hauptströmungsrichtung z lautet daher (siehe z.B. Griffith [119]):

$$\frac{d\,p}{dz} = \frac{d\,p_f}{dz} + \frac{d\,p_G}{dz} + \frac{d\,p_m}{dz} \tag{150}$$

6.1 Reibungsdruckverlust

Es gibt z.Zt. keine umfassende Theorie, die den Reibungsdruckabfall in einer zweiphasigen, beliebig geneigten Rohrströmung für alle Strömungsformen und Betriebsbedingungen zufriedenstellend beschreibt. Alle bekannten Methoden sind mehr oder weniger auf bestimmte Anwendungsfälle beschränkt. So stellte z.B. Melber [120] kürzlich ein vielversprechendes Modell vor, das quasihomogene Gemischströmungen und ideal homogene Ringströmungen in beliebig geneigten Rohren beschreibt. Exemplarisch soll an dieser Stelle nur eine Methode zur Berechnung des Reibungsdruckverlustes in Zweiphasenströmungen vorgestellt werden. Eine detaillierte Beschreibung der grundlegenden theoretischen Konzepte zur Druckverlustbestimmung wird z.B. von Collier [121] gegeben, während eine umfassende aber knapp gehaltene Übersicht über verschiedene Möglichkeiten der Druckverlustberechnung für nichtadiabate Strömungen bei Melin [122] zu finden ist.

Für Betriebsdrücke in der Größenordnung des Atmosphärendruckes empfiehlt Griffith [123] für eine ganze Reihe von verschiedenen Fluiden das Berechnungsverfahren nach Martinelli, insbesondere dann, wenn die Stoffdaten des verwendeten Fluids ähnlich denen eines Luft-Wasser-Gemisches sind. Dieses Berechnungsverfahren unterscheidet zwar nicht nach Strömungsregionen, ist aber für eine enorm große Menge von experimentellen Daten von horizontalen Rohrströmungen mit Durchmessern zwischen 15 und 25.4 mm mit gutem Ergebnis ausgetestet. Hiernach wird der Zweiphasen-Rohrreibungsdruckverlust in einem ersten Schritt berechnet, indem man den Reibungsdruckverlust bestimmt, der sich ergeben würde, wenn entweder die

[119]   Griffith, P.: Two-Phase Flow. In: Rohsenow, W. M., Hartnett, J. P., und Ganic, E. N. (Ed.): Handbook of Heat Transfer Fundamentals. McGraw-Hill, New York, 1985, S. 13-2.

[120]   Melber, A.: Experimentelle und theoretische Untersuchungen über den Druckabfall von Zweiphasenströmungen in beliebig geneigten Rohren. Dissertation, TH Darmstadt, 1989.

[121]   Collier, J. G., 1981, a.a.O.

[122]   Melin, P. (Ed.): The Behaviour of HFC-134a, HFC-152a and HCFC-22 in Evaporators. Annex 17. Report Nr. HPP-AN17-1, IEA Heat Pump Centre, Sittard, The Netherlands, 1994, S. 27-43.

[123]   Griffith, P., 1985, a.a.O., S. 13-8 bis 13-10.

Flüssigkeit oder der Dampf allein (Index a) im Rohr strömen würde. Mit den Reibungsbeiwerten (Fanning friction factor f) nach Gln. (158) und (159), die auf den scheinbaren Massenstromdichten von Flüssigkeit und Dampf basieren, sind diese Druckgradienten gegeben durch:

$$\frac{d\,p_{La}}{dz} = -\frac{2\,f\,G_L^2}{\rho_L\,D} = -\frac{2\,f\,\rho_L\,<j_L>^2}{D} \tag{151}$$

$$\frac{d\,p_{Va}}{dz} = -\frac{2\,f\,G_V^2}{\rho_V\,D} = -\frac{2\,f\,\rho_V\,<j_V>^2}{D} \tag{152}$$

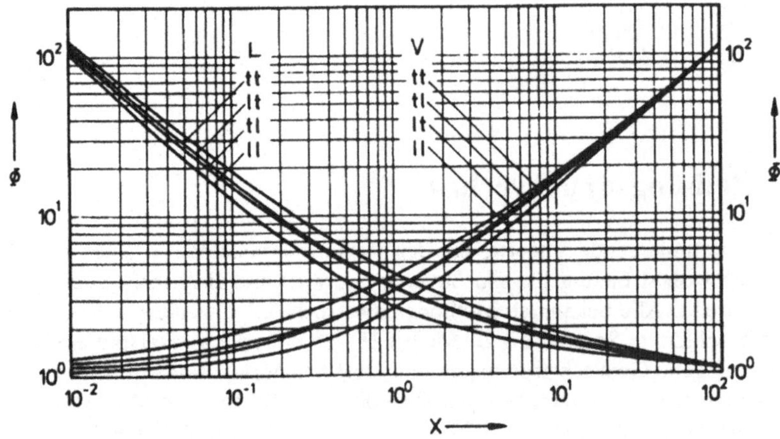

Abb. 5:   *Zweiphasenmultiplikator Φ für den Druckverlust nach Lockhart und Martinelli* [124]

Der tatsächliche Zweiphasendruckverlust wird dann dadurch bestimmt, daß man diesen nur-
Flüssigkeits- oder nur-Dampfdruckverlust mit einem geeigneten Zweiphasenmultiplikator Φ_L^2
oder Φ_V^2 multipliziert. Bei Mayinger [125] etwa kann man analytische Beziehungen für die Abhängigkeit dieser Multiplikatoren von dem Martinelliparameter X finden, wie sie in Abb. 5
dargestellt sind.

$$\Phi_L^2 = 1 + \frac{C_\Phi}{X} + \frac{1}{X^2} \tag{153}$$

$$\Phi_V^2 = 1 + C_\Phi\,X + X^2 \tag{154}$$

---

[124]   Lockhart, R. W., und Martinelli, R. C.: Proposed Correlation of Data for Isothermal Two-Phase
        Two-Component Flow in Pipes. Chem. Eng. Prog., 1947, Vol. 45, S. 39.
[125]   Mayinger F.: Strömungen und Wärmeübergang in Gas-Flüssigkeits-Gemischen. Springer, Wien,
        1982, S. 48-49.

Hierbei kann die Konstante C_Φ entsprechend den herrschenden Strömungverhältnissen nach Tab. 1 und der Martinelliparameter X nach Gl. (135) oder gemäß der folgenden Beziehung bestimmt werden (siehe ebenfalls Tab. 1 für die Koeffizienten C_L und C_V).

$$X^2 = \frac{\left(\frac{dp}{dz}\right)_{La}}{\left(\frac{dp}{dz}\right)_{Va}} = \left(\frac{Re_{supV}{}^m}{Re_{supL}{}^n}\right)\left(\frac{C_L}{C_V}\right)\left(\frac{\dot{m}_L}{\dot{m}_V}\right)^2\left(\frac{\rho_V}{\rho_L}\right) \tag{155}$$

Die weiterhin in Gl. (155) vorkommenden scheinbaren Reynoldszahlen Re_{supL} und Re_{supV} werden mit den scheinbaren Massenstromdichten G_L und G_V von Flüssigkeit und Dampf, wenn sie allein im Rohr strömen würden, gebildet.

$$Re_{supL} = \frac{G_L\, D}{\eta_L} \tag{156}$$

$$Re_{supV} = \frac{G_V\, D}{\eta_V} \tag{157}$$

Flüssigkeit	Dampf	Index	Re_{supL}	Re_{supV}	n	m	C_L	C_V	C_Φ
turbulent	turbulent	t t	>1000	>1000	0.25	0.25	0.0791	0.0791	20.0
laminar	turbulent	l t	<1000	>1000	1.0	0.25	16.0	0.0791	12.0
turbulent	laminar	t l	>1000	<1000	0.25	1.0	0.0791	16.0	10.0
laminar	laminar	l l	<1000	<1000	1.0	1.0	16.0	16.0	5.0

Tab. 1:   *Koeffizienten, die für verschiedene Strömungsverhältnisse gültig sind*

Mit den scheinbaren Reynoldszahlen für Flüssigkeit und Dampf kann nun auch der schon erwähnte Reibungsbeiwert (Fanning friction factor) f entsprechend einer der folgenden Gleichungen (Poiseuille für laminare und Blasius für turbulente Strömung, siehe Bird et al. [126]) berechnet werden.

$$f_{laminar} = \frac{16}{Re} \tag{158}$$

---

[126]   Bird, R. B., Stewart, W. E., und Lightfoot, E. N.: Transport Phenomena. Wiley, New York, 1960, S. 181-188.

$$f_{turbulent} = \frac{0.0791}{Re^{0.25}} \quad oder \quad \frac{0.046}{Re^{0.2}} \tag{159}$$

Je nachdem, ob der Flüssigkeits- oder der Dampfanteil in der Strömung überwiegt, wählt man entweder Gl. (151) oder Gl. (152) als Berechnungsgrundlage und bestimmt den Zweiphasendruckabfall. Liegt das Strömungsfluid z.B. überwiegend als Flüssigkeit vor und sind beide Phasen turbulent, so berechnet sich der Zweiphasendruckabfall zu

$$\frac{d\,p_f}{dz} = \frac{d\,p_{La}}{dz}\,\Phi_{Ltt}^2 \;. \tag{160}$$

Sind eine oder beide Phasen laminar (l t , t l or l l), so benutzt man die entsprechenden Konstanten aus Tab. 1, um den Zweiphasenmultiplikator festzulegen. Die Druckverlustbestimmung erfolgt dann wieder entsprechend Gl. (160).

6. 2   Gravitations- oder geodätische Druckdifferenz

Gemäß den Angaben von Whalley [127] berechnet man die Gravitations- oder geodätische Druckdifferenz mit Hilfe der Gesamtdichte der Strömung ρ und dem Dampfvolumenanteil $<\alpha>$. Der Druckgradient kann, je nachdem wie das Rohr zur Strömungsrichtung geneigt ist, null, positiv oder negativ sein, wobei der Neigungswinkel Θ in Strömungsrichtung positiv nach oben zur Horizontalen gemessen wird.

$$\rho = [\,<\alpha>\rho_V + (1 - <\alpha>)\,\rho_L\,] \tag{161}$$

$$\frac{d\,p_G}{dz} = -[\,<\alpha>\rho_V + (1 - <\alpha>)\,\rho_L\,]\,g\,\sin\Theta \tag{162}$$

6. 3   Impuls- oder Beschleunigungsdruckänderung

Die Impuls- oder Beschleunigungsdruckänderung resultiert aus einer Änderung des Gesamtvolumenstromes, der durch eine Phasenänderung bedingt durch Druckverlust oder Wärmeaustausch hervorgerufen werden kann. Bei Verdampfungsprozessen wird Energie benötigt, um das entstehende Dampfvolumen zu beschleunigen; dies hat eine Druckabsenkung zur Folge.

---

[127]   Whalley, P. B.: Boiling, Condensation, and Gas-Liquid Flow. Clarendon Press, Oxford, 1990, S. 44-45.

Bei Verflüssigungsvorgängen wird die Strömung durch die Volumenreduzierung verzögert, so daß man hier einen Druckrückgewinn verzeichnen kann. Basierend auf der Annahme von mittleren Geschwindigkeiten für Flüssigkeits- und Dampfphase und einer Impulsbilanz gemäß Gl. (3) gibt Chawla [128] eine Beziehung für den Beschleunigungsdruckgradienten an.

$$\frac{\pi}{4} D^2 \frac{d\,p_m}{dz} = -\frac{d\,(\,\rho_V\,v_{zV}^2\,A_V\,+\,\rho_L\,v_{zL}^2\,A_L\,)}{dz}$$

$$\frac{\pi}{4} D^2 \frac{d\,p_m}{dz} = -\frac{\pi}{4} D^2\,G^2 \frac{d}{dz}\left(\frac{x^2}{<\alpha>\,\rho_V} + \frac{(\,1-x\,)^2}{(\,1-<\alpha>\,)\,\rho_L}\right) \tag{163}$$

Geht man weiterhin von inkompressibler Strömung und thermodynamischem Gleichgewicht im Sättigungszustand aus, was hier vereinfachend für die Dampfphase angenommen wird, so kann mit Hilfe der Dichtebeziehung nach Gl. (445) der Beschleunigungsdruckgradient aufgelöst werden.

$$\frac{d\,p_m}{dz} = -\frac{G^2}{\rho_V}\left\{\left(2\left[\frac{x}{<\alpha>} - \frac{(1-x)}{(1-<\alpha>)}\frac{\rho_V}{\rho_L}\right] - \left[\left(\frac{x}{<\alpha>}\right)^2 - \left(\frac{1-x}{1-<\alpha>}\right)^2 \frac{\rho_V}{\rho_L}\right]\frac{d<\alpha>}{dx}\right)\frac{dx}{dz}\right.$$
$$\left. -\frac{x^2}{<\alpha>\,\rho_V}\left[K_{\rho T}\frac{d\,T_V}{dz} + K_{\rho p}\frac{d\,p}{dz}\right]\right\} \tag{164}$$

[128]   Chawla, J. M.: Druckverlust in durchströmten Verdampferrohren. VDI-Wärmeatlas, VDI-Verlag, Düsseldorf, 1988, S. Lg2.

7 Der Wandwärmeübergang in der Zweiphasenströmung

Im Vergleich zur Zweiphasenströmung eines reinen Stoffes wird gemäß der Theorie von Bennet und Chen [129] der Wandwärmeübergang in einer entsprechenden Zweistoffströmung nicht durch den zusätzlich auftretenden diffusiven Stofftransport beeinflußt, da Massendiffusion in der Nähe stoffundurchlässiger Wände zum Stillstand kommt. Was den Wandwärmeübergang jedoch ganz entscheidend beeinflußt und in den meisten Fällen beeinträchtigt, ist die tatsächlich herrschende treibende Temperaturdifferenz zwischen Phasengrenzfläche und Wand. Für Phasenübergangsvorgänge reiner Stoffe ist dies normalerweise die Differenz zwischen Sättigungstemperatur bei gegebenem Druck und Wandtemperatur, wobei die Temperatur der Dampfhauptströmung normalerweise identisch mit der Sättigungstemperatur ist. Meßtechnisch ist die Dampfhauptströmungstemperatur viel einfacher zugänglich als die Phasengrenzflächentemperatur, so daß man üblicherweise die Dampfhauptströmungstemperatur als Referenztemperatur zur Bestimmung des Wärmeüberganges nimmt. Bei Zweistoffgemischen ist die Temperatur durch den zusätzlich vorhandenen Parameter 'Konzentration' nicht mehr im Sättigungszustand an den Druck gebunden (siehe Gibbssche Phasenregel in Kapitel 10). Dies hat zur Folge, daß die Phasengrenzflächentemperatur ganz erheblich von der Dampfhauptströmungstemperatur abweichen kann. Das hier vorgestellte Zweifluidmodell berechnet die tatsächliche lokale Phasengrenzflächentemperatur, die gleich der Flüssigkeitshauptströmungstemperatur ist, so daß zur Bestimmung des Wandwärmeübergangs in der Flüssigkeit Nusseltbeziehungen von reinen Stoffen benutzt werden können. Zur Berechnung des dampfseitigen Wandwärmeüberganges müssen jedoch Korrekturen für Schichten-, Schwall- und Pfropfenströmungen, wo der Dampf in direktem Kontakt mit der Rohrwand steht, entsprechend der tatsächlichen Phasengrenzflächentemperatur des an der Wand ablaufenden Flüssigkeitsfilms vorgenommen werden, da die Oberflächentemperatur des Films nicht in jedem Fall mit der Dampfhauptströmungstemperatur identisch ist.

7.1 Blasenströmung

Blasenströmung liegt nur bei relativ hohen Massenstromdichten und Dampfvolumenanteilen unter 0.25 bis 0.3 vor. Zur Berechnung des konvektiven Wandwärmeüberganges mit Phasenwechsel schlägt Chen [130] eine Korrelation für den in Gl. (51) eingeführten Wärmeübergangskoeffizienten h_{LW} vor. Ursprünglich entwickelte Chen seine Theorie für vertikale Rohrströmungen; es zeigte sich, daß sie aber auch zur Berechnung von horizontalen Rohrströmungen gute Ergebnisse liefert. Die Beziehung, die Chen für Wasser überprüfte, wurde kürzlich von

[129]   Bennet, D. L., und Chen, J. C.: Forced Convection Boiling in Vertical Tubes for Saturated Pure Components and Binary Mixtures. A.I.Ch.E. J., 1980, Vol. 26, S. 454-461.

[130]   Chen, J. C.: Correlation for boiling heat transfer to saturated fluids in convective flow. I&EC Proc Des Dev, 1966, Vol. 5, S. 322-329.

Jung et al. [131] und Jung und Radermacher [132], [133] umgearbeitet, um damit Wärmeübergänge von Kältemitteln berechnen zu können.

Chens Theorie liegt die Annahme zugrunde, daß der Wärmeübergangskoeffizient h_{LW} durch die Dittus-Boelter-Gleichung (siehe z.B. Stephan [134] oder Collier [135])

$$h_{LW} = 0.023\ Re_{TP}^{0.8}\ Pr_{TP}^{0.4}\ \frac{k_{TP}}{D} \tag{165}$$

beschrieben werden kann, wobei die Wärmeleitfähigkeit k_{TP} sowie die Reynolds- und Prandtlzahl Effektivwerte der Zweiphasenströmung darstellen. Da die Wärme aber in einer dispersen Blasenströmung hauptsächlich zwischen Rohrwand und Flüssigkeit ausgetauscht wird, ist es der Argumentation Chens zufolge zulässig, die Werte für die flüssige Wärmeleitfähigkeit in Gl. (165) zu verwenden. Da die Prandtlzahlen von Dampf und Flüssigkeit normalerweise in der gleichen Größenordnung liegen, kann man auch für die Gesamtströmung den Wert für die flüssige Phase einsetzen. Allein der Reynoldszahleneinfluß der Zweiphasenströmung weicht beträchtlich von dem einer einphasigen Strömung ab, in der die Flüssigkeit allein im Rohr strömt. Aus diesem Grunde muß die Beziehung mit einem von Chen definierten Verstärkungsfaktor F multipliziert werden, wenn man mit der scheinbaren Reynoldszahl der Flüssigkeit rechnen will.

$$F = \left(\frac{Re_{TP}}{Re_{supL}}\right)^{0.8} = \left(\frac{Re_{TP}}{\dfrac{G\,(1-x)\,D}{\eta_L}}\right)^{0.8} \tag{166}$$

Mit der Massenstromdichte der Gesamtströmung G und dem Dampfgehalt x läßt sich Gl. (165) umschreiben:

$$h_{LW} = 0.023\ F \left(\frac{G\,(1-x)\,D}{\eta_L}\right)^{0.8} \left(\frac{\eta_L\,c_{pL}}{k_L}\right)^{0.4} \frac{k_L}{D} \tag{167}$$

oder mit der Nusseltzahl

[131]   Jung, D. S., McLinden, M., Radermacher, R., und Didion, D.: Horizontal flow boiling heat transfer experiments with a mixture of R22/R114. Int. J. Heat and Mass Transfer, 1989, Vol. 32, S. 131-145.

[132]   Jung, D. S., und Radermacher, R.: Prediction of evaporation heat transfer coefficient and pressure drop of refrigerant mixtures in horizontal tubes. Int. J. Refrig., 1993, Vol. 16, S. 201-209.

[133]   Jung, D. S., und Radermacher, R.: Prediction of evaporation heat transfer coefficient and pressure drop of refrigerant mixtures. Int. J. Refrig., 1993, Vol. 16, S. 330-338.

[134]   Stephan, K., 1988, a.a.O., S. 198, Gl. (13.64).

[135]   Collier, J. G., 1981, a.a.O., S. 216-218.

$$Nu_{LW} = \frac{h_{LW}\,D}{k_L} = 0.023\,F\,Re_{supL}^{0.8}\,Pr_L^{0.4} \tag{168}$$

Die einzige Unbekannte in den Gln. (167) und (168) ist der Verstärkungsfaktor F. Dieser Faktor wird hauptsächlich durch die vom Dampf auf die Flüssigkeit ausgeübte Schubspannung bestimmt und läßt sich daher, wie Chen zeigte, durch den Martinelliparameter X_{tt}, der durch die Gln. (135) oder (155) gegeben ist, ausdrücken. Rohsenow [136] veröffentlichte eine analytische Funktion für den Reynoldszahlfaktor F, der in Abb. 6 in Abhängigkeit von dem Martinelliparameter aufgetragen ist.

$$F = 1.0 \qquad\qquad\qquad\qquad \text{für} \quad \frac{1}{X_{tt}} < 0.10 \tag{169}$$

$$F = 2.35\left(\frac{1}{X_{tt}} + 0.213\right)^{0.736} \qquad \text{für} \quad \frac{1}{X_{tt}} > 0.10 \tag{170}$$

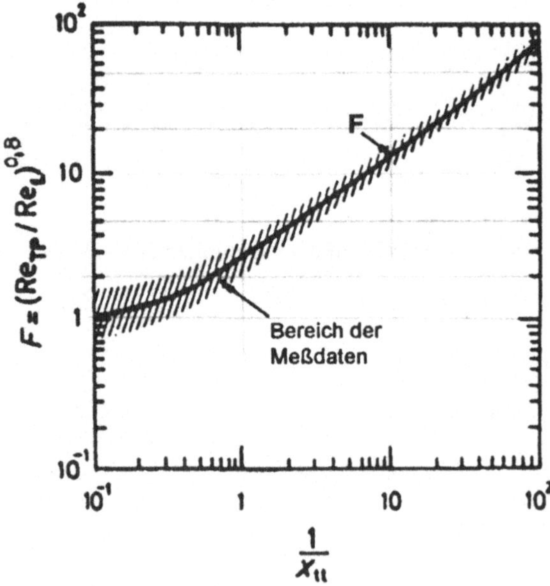

Abb. 6:   *Reynoldszahlfaktor F, ursprünglich angegeben durch Chen* [130]

---

[136]   Rohsenow, W. M.: Boiling. In: Rohsenow, W. M., Hartnett, J. P., und Ganic, E. N. (Ed.): Handbook of Heat Transfer Fundamentals. McGraw-Hill, New York, 1985, S. 12-46 und 12-47.

Seit Chen seine Theorie 1966 präsentierte, wurden in der Literatur eine Menge von Beziehungen für den Faktor F vorgeschlagen (siehe z.B. Whalley [137]), wobei eine höhere Genauigkeit meist mit höherer Komplexität erkauft werden muß. Chen selbst entdeckte mit einem Mitarbeiter einen Prandtlzahleinfluß (siehe Bennett und Chen [138]). Kürzlich berichteten Liu and Winterton [139] von einer erfolgreichen Verwendung ihrer Beziehung, die auf den Arbeiten von Bennet und Chen aufbaut.

$$F = \left[\frac{\left(\frac{dp}{dz}\right)_{TP}}{\left(\frac{dp}{dz}\right)_{La}} \right]^{0.444} = \left[1 + x\,Pr_L \left(\frac{\rho_L}{\rho_V} - 1 \right) \right]^{0.35} \tag{171}$$

7. 2   Schichtenströmung

Schichtenströmung trifft man bei relativ geringen Gas- oder Dampfgeschwindigkeiten und entsprechend kleinen Schubspannungen an der Phasengrenzfläche an. Bei Verflüssigungsvorgängen kann man davon ausgehen, daß ein dünner Kondensatfilm, der an der dampfseitigen Rohrwand anfällt, laminar an der Rohrwand herunterläuft und sich am Rohrboden als entsprechend dickere Flüssigkeitsschicht ansammelt. Man erkennt, daß für Schichtenströmungen zwischen zwei unterschiedlichen Wärmeübergangsmechanismen unterschieden werden muß: dem dampfseitigen Wärmeübergang zur Rohrwand, der mit der Kondensation eines laminar abströmenden Filmes verbunden ist, und dem flüssigen Wärmeübergang, der am Rohrboden zwischen der strömenden Flüssigkeit und der Wand auftritt.

Dampfseitiger Wandwärmeübergang

Der dampfseitige Wandwärmeübergang wird basierend auf einer charakteristischen Temperaturdifferenz zwischen Dampfhauptströmung und Rohrwand bestimmt. Im Gegensatz zur Verflüssigung eines reinen Stoffes, wo die Temperatur des Dampfes identisch ist mit der der Oberfläche des abströmenden Kondensatfilmes, unterscheidet sich für ein Zweistoffgemisch, bedingt durch Wärme- und Stoffübergangsprozesse an der Oberfläche, die dort herrschende Temperatur von der Dampfhauptströmungstemperatur. Aus diesem Grund wird der Wärmeübergang zur Rohrwand in zwei Schritten errechnet. Zuerst wird der tatsächliche Wandwärmeübergang des Filmes, basierend auf den tatsächlichen Temperaturen von Wand und Filmoberfläche ermittelt. Im zweiten Schritt wird dann dieser Wärmeübergang mit Hilfe eines Korrekturfaktors von der Temperaturdifferenz 'Filmoberfläche minus dampfseitige Rohrwand'

---

[137]   Whalley, P. B., 1987, a.a.O., S. 180.

[138]   Bennet, D. L., und Chen, J. C., 1980, a.a.O.

[139]   Liu, Z., und Winterton, R. H. S.: A general correlation for saturated and subcooled flow boiling in tubes and annuli, based on a nucleate pool boiling equation. Int. J. Heat and Mass Transfer, 1991, Vol. 34, Nr. 11, S. 2759-2766.

(T_F - T_{VW}) umgerechnet auf die Temperaturdifferenz 'Dampfhauptströmung minus dampfseitige Rohrwand' (T_{VM} - T_{VW}).

Erster Schritt - Bestimmung des tatsächlichen Wärmeüberganges über den Kondensatfilm:

Man kann davon ausgehen, daß der tatsächliche Wärmeübergang eines Zweistoffgemisches den gleichen physikalischen Gesetzmäßigkeiten folgt wie der eines reinen Stoffes, setzt man die herrschenden Temperaturen als bekannt voraus. Das heißt, man kann die Ergebnisse der Nusseltschen Wasserhauttheorie für laminare Filmkondensation an waagrechten Rohren heranziehen, wie sie z.B. bei Collier [140] oder Stephan [141] gut zusammengefaßt werden. Danach ergibt sich für den Wärmeübergangskoeffizienten eines kondensierenden **reinen Stoffes** (Index pureFilm):

$$h_{\text{pureFilm}} = F \left[\frac{\rho_L (\rho_L - \rho_V) g h'_{fg} k_L^3}{D \eta_L (T_F - T_{VW})} \right]^{\frac{1}{4}} \tag{172}$$

In dieser Beziehung steht h'_{fg} für eine modifizierte Verdampfungswärme, die auch die Effekte von Unterkühlung und nichtlinearer Temperaturverteilung im Film berücksichtigt, was von Rohsenow [142] zuerst vorgeschlagen wurde. Basierend auf seiner Theorie wurde eine verbesserte Beziehung von Sadasivan und Lienhard [143] vorgestellt.

$$h'_{fg} = h_{fg} \left[1 + \left(0.683 - \frac{0.228}{\text{Pr}_L} \right) \cdot \left(\frac{c_{pL}(T_F - T_{VW})}{h_{fg}} \right) \right] \tag{173}$$

Für **glatte Schichtenströmung** (Index smooth) hängt die Funktion F von dem Winkel γ (siehe Abb. 7) ab. An der Rohrdecke ist der Film sehr dünn, so daß dort der Wärmeübergang höher ist als weiter unten zum Rohrboden hin. Die Abhängigkeit der Funktion F von γ erhält man aus der numerischen Lösung von Nusselt, die durch folgendes Polynom approximiert werden kann.

$$F_{\text{smooth}} = -1.10\text{E}{-}11\,\gamma^4 + 9.97\text{E}{-}9\,\gamma^3 - 4.44\text{E}{-}6\,\gamma^2 + 1.30\text{E}{-}3\,\gamma + 0.728 \tag{174}$$

für $0° \leq \gamma \leq 360°$.

[140]   Collier, J. G., 1981, a.a.O., S. 328-346.
[141]   Stephan, K., 1988, a.a.O., S. 54-57.
[142]   Rohsenow, W. M.: Heat transfer and temperature distribution in laminar film condensation. Trans ASME, 1956, Vol. 78, S. 1645-1648.
[143]   Sadasivan, P., und Lienhard, J. H.: Sensible Heat Correction in Laminar Film Boiling and Condensation. J. Heat Transfer, 1987, Vol. 109.

Für **wellige Schichtenströmung** (Index wavy) wurde die Funktion F von Rosson und Myrs [144] untersucht. Je größer die Welligkeit der Schichtenströmung wird, umso mehr gewinnen die Schubspannungen in der Dampfphase an Bedeutung. Rosson und Myrs beobachteten große Unterschiede zwischen dem dampfseitigen und flüssigkeitsseitigen Wärmeübergang. Sie fanden einen Dampfschubspannungseinfluß, konnten aber keine Abhängigkeit von der Flüssigkeitshöhe, d.h. vom Winkel γ, feststellen, so daß sie die Funktion F mit der scheinbaren Massenstromdichte des Dampfes korrelierten.

$$F_{wavy} = 0.31 \left[\frac{G_V D}{\eta_V} \right]^{0.12} \tag{175}$$

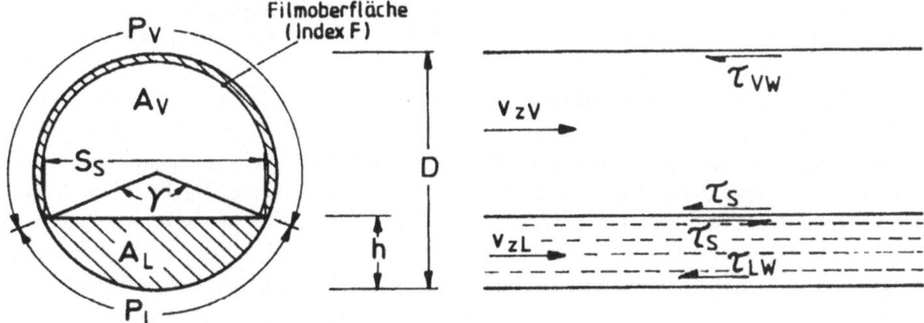

Abb. 7:   *Schichtenströmung im waagrechten Rohr*

Zweiter Schritt - Umrechnung auf eine bekannte charakteristische Temperaturdifferenz

Der erste Schritt wurde durchgeführt unter der Annahme, daß die treibende Temperaturdifferenz zwischen Filmoberfläche und Rohrwand bekannt ist. Bedingt durch Wärme- und Stoffübergangsprozesse nahe der Filmoberfläche kann für **Zweistoffgemische** die Filmoberflächentemperatur wesentlich von der Temperatur im Dampfhauptstrom abweichen. Da letztere die Bezugstemperatur für den Wärmeübergangskoeffizienten h_{VW} und erstere normalerweise nicht bekannt ist, muß nun im zweiten Schritt die Filmoberflächentemperatur bestimmt und eine Umrechnung bzw. Korrektur auf die Dampfhauptströmungstemperatur vorgenommen werden. Dies geschieht, indem ein Korrekturfaktor K_{mix} eingeführt wird, der wie folgt definiert ist:

---

[144]   Rosson, H. F., und Myers, J. A.: Point values of condensing film coefficients inside a horizontal tube. Heat Transfer-Cleveland, Chem. Engng. Prog. Symp. Series, Nr. 59, 1965, Vol. 61, S. 190-199.

$$h_{VW} = K_{mix}\, h_{pureFilm} \tag{176}$$

mit

$$K_{mix} = \frac{T_F - T_{VW}}{T_{VM} - T_{VW}} \tag{177}$$

In dieser Beziehung steht T_F für die unbekannte Oberflächentemperatur des Filmes und T_{VW} für die dampfseitige Rohrwandtemperatur, die durch Gl. (124) bestimmt werden kann.

Ein ähnlicher Korrekturfaktor wurde von Bennet und Chen [145] eingeführt, jedoch wurde ihre Theorie nur für Verdampfungsprozesse hergeleitet und berücksichtigt nur Diffusionsprozesse in der Flüssigkeit. Eine in ihrem Modell auftretende unbekannte Konstante wurde an Versuchsergebnisse von Verdampfsprozessen im vertikalen Rohr angepaßt. Eine etwas andere Theorie wurde von Tsotsas und Schlünder [146] vorgestellt, um den Korrekturfaktor zu bestimmen. Ihre Theorie ist für Verdampfung und Verflüssigung gültig, berücksichtigt aber nicht spezielle Gegebenheiten durch die verschiedenen Strömungsregionen. Ihre Theorie beruht wesentlich auf der Annahme, daß die Siede- und Taulinie des verwendeten Arbeitsstoffpaares in dem betrachteten Betriebspunkt parallel verlaufen. Diese Annahme ist nicht gültig für viele Anwendungsfälle und Arbeitsstoffpaare, insbesondere nicht für das hier exemplarisch betrachtete Arbeitsstoffpaar Ammoniak-Wasser. Kürzlich wurde von Murata und Hashizume [147] eine weitere Theorie vorgestellt, die auf einem Ansatz basiert, der dem von Bennet und Chen ähnlich ist. Ihre Theorie ist jedoch auf Verdampfungsprozesse in Ringströmungen beschränkt und geht von stark vereinfachenden Annahmen für die Oberflächentemperatur der Phasengrenzfläche und den Wärmeübergang zur Dampfphase aus.

Da die vorhandenen Theorien zur Bestimmung des tatsächlichen dampfseitigen Wandwärmeüberganges nicht für die vorgegebenen Anwendungen herangezogen werden können, wird im folgenden eine neue Theorie zur Bestimmung der Filmoberflächentemperatur und des Korrekturfaktors K_{mix} entwickelt. Hierzu wird unter Verwendung von Gl. (13) eine Massenbilanz für die leichter flüchtige Komponente an der Filmoberfläche (Index F) aufgestellt. Da die Filmoberfläche keine Masse speichern kann, muß zu jedem Zeitpunkt die Masse, die durch Konvektion und Diffusion vom Dampf zur Oberfläche befördert wird, auch in der Flüssigkeit durch Konvektions- und Diffusionsmechanismen abtransportiert werden.

$$m_{1VF}\, n_F + j_{1VF} = m_{1LF}\, n_F + j_{1LF}$$

[145]   Bennet, D. L., und Chen, J. C., 1980, a.a.O.

[146]   Tsotsas, E., und Schlünder, E. U.: Heat transfer during Evaporation and Condensation of Binary Mixtures. Chem. Eng. Process. , 1987, Vol. 21, S. 209-215.

[147]   Murata, K., und Hashizume, K.: Forced Convective Boiling of Nonazeotropic Refrigerant Mixtures Inside Tubes. J. Heat Transfer, Trans ASME, 1993, Vol. 115, S. 680-689.

Ersetzt man die Diffusionsmassenstromdichte der leichter flüchtigen Komponente j_1 durch eine Beziehung entsprechend Gl. (18), in der ein Stoffübergangskoeffizient und eine treibende Massenkonzentrationsdifferenz benutzt wird, so folgt:

$$m_{1VF}\, n_F + g_{VF}\,(m_{1VM} - m_{1VF}) = m_{1LF}\, n_F + g_{LF}\,(m_{1LF} - m_{1LW}) \tag{178}$$

Mit der schon erwähnten Analogie zwischen Wärme- und Stoffübergang lassen sich die Stoffübergangskoeffizienten mit Hilfe der Gln. (399), (401), (404) und (405) durch Wärmeübergangsbeziehungen für reine Stoffe ausdrücken. Unter der Annahme, daß sich der Wärmeübergang im Flüssigkeitsfilm durch die Beziehung von Gl. (172) beschreiben läßt und der Wärmeübergang an der dampfseitigen Filmoberfläche durch die entsprechend korrigierte Nusseltbeziehung einer einphasigen Strömung nach Gl. (409) ausgedrückt werden kann, ergibt sich

$$g_{VF} = \frac{\zeta_{,} h_{1\Phi VF}}{c_{pV} Le_V^{\,1-n_V}} \quad \text{und} \quad g_{LF} = \frac{h_{pureFilm}}{c_{pL} Le_L^{\,1-n_L}} \tag{179}$$

Somit folgt

$$m_{1VF}\, n_F + \frac{\zeta_{,} h_{1\Phi VF}}{c_{pV} Le_V^{\,1-n_V}}(m_{1VM} - m_{1VF}) = m_{1LF}\, n_F + \frac{h_{pureFilm}}{c_{pL} Le_L^{\,1-n_L}}(m_{1LF} - m_{1LW}) \; . \tag{180}$$

Geht man von einem gegebenen konstanten Druck sowie von thermodynamischem Gleichgewicht im Sättigungszustand aus, so kann man die Massenkonzentrationsdifferenz durch eine Temperaturdifferenz beschreiben, indem man die Massenkonzentration an einem beliebigen Punkt B durch eine Taylorreihenentwicklung um einen benachbarten Punkt A ausdrückt und in erster Näherung nur das erste Glied berücksichtigt.

$$(m_{1B} - m_{1A}) = \left(\frac{\partial m_1}{\partial T}\right)_p (T_B - T_A) \tag{181}$$

Nimmt man nun thermodynamisches Gleichgewicht des Sättigungszustandes sowohl an der Filmoberfläche als auch zumindest näherungsweise in der Dampfhauptströmung an, so läßt sich die Massenkonzentrationsdifferenz umschreiben.

$$(m_{1VM} - m_{1VF}) = \left(\frac{\partial m_{1V}}{\partial T}\right)_p (T_{VM} - T_F) \tag{182}$$

Die Filmflüssigkeit unmittelbar an der Rohrwand ist unterkühlt, so daß dort die Sättigungsbedingung nicht erfüllt ist und man Massenkonzentration und Temperatur nicht auf diese Weise miteinander in Beziehung setzen darf. Um die Massenkonzentration unmittelbar an der Wand zumindest abschätzen zu können, wird folgende Annahme getroffen: Der Flüssigkeitsfilm ist an dem Scheitel der Rohrdecke unendlich dünn, so daß dort der Dampf in direktem Kontakt mit der Rohrwand steht und die erste Flüssigkeit mit einer Massenkonzentration, die im Sättigungszustand durch Druck und Dampftemperatur bestimmt wird, auskondensiert und sich dann von Dampfhauptströmungstemperatur auf Wandtemperatur abkühlt. Indem diese Flüssigkeit, die an oberster Stelle der Rohrwand auskondensierte, an der Rohrwand abläuft, kondensiert noch mehr Flüssigkeit an dem Film aus, die Massenkonzentration unmittelbar an der Rohrwand bleibt jedoch nahezu unverändert identisch mit der am Scheitel der Rohrdecke, da Stofftransportvorgänge sehr nahe einer stoffundurchlässigen Wand gegen null gehen. Im Sättigungszustand verhalten sich Massenkonzentration und Temperatur gegenläufig, denn mit steigender Temperatur muß die Massenkonzentration der leichter flüchtigen Komponente sinken. Das heißt, die geringstmögliche Konzentration an der Rohrwand wird durch die höchste Temperatur in der Strömung, die Dampfhauptströmungstemperatur, bestimmt. Aus diesem Grund scheint es berechtigt, die Massenkonzentration unmittelbar an der Rohrwand durch die Sättigungsbedingungen an der Rohrdecke und die Dampfhauptströmungstemperatur auszudrücken und m_{1LW} in Beziehung zu T_{VM} zu setzen.

$$(m_{1LF} - m_{1LW}) = \left(\frac{\partial m_{1L}}{\partial T}\right)_p (T_F - T_{VM}) \tag{183}$$

Mit dieser Abschätzung kann man nun zurück in die ursprüngliche Massenbilanz der Filmoberfläche gehen und diese nach der Massenstromdichte, die an der Filmoberfläche auskondensiert, auflösen.

$$m_{1VF}\, n_F + \frac{\zeta_9\, h_{1\Phi VF}}{c_{pV} Le_V^{1-n_V} \left(\dfrac{\partial T}{\partial m_{1V}}\right)_p} (T_{VM} - T_F) =$$

$$m_{1LF}\, n_F - \frac{h_{pureFilm}}{c_{pL} Le_L^{1-n_L} \left(\dfrac{\partial T}{\partial m_{1L}}\right)_p} (T_{VM} - T_F) \tag{184}$$

$$n_F = -\left[\frac{h_{pureFilm}}{c_{pL} Le_L^{1-n_L} \left(\dfrac{\partial T}{\partial m_{1L}}\right)_p} + \frac{\zeta_9\, h_{1\Phi VF}}{c_{pV} Le_V^{1-n_V} \left(\dfrac{\partial T}{\partial m_{1V}}\right)_p}\right] \frac{(T_{VM} - T_F)}{(m_{1VF} - m_{1LF})} \tag{185}$$

Mit der Abkürzung K_1 folgt:

$$n_F = K_1 \, (1 - K_{mix}) \, (T_{VM} - T_{VW}) \quad ; \tag{186}$$

wobei für K_1 gilt:

$$K_1 = -\left[\frac{h_{pureFilm}}{c_{pL} Le_L^{\,1-n_L} \left(\dfrac{\partial T}{\partial m_{1L}} \right)_p} + \frac{\zeta_* h_{1\Phi VF}}{c_{pV} Le_V^{\,1-n_V} \left(\dfrac{\partial T}{\partial m_{1V}} \right)_p} \right] \frac{1}{(m_{1VF} - m_{1LF})} > 0 \tag{187}$$

Im nächsten Schritt wird mit Hilfe der Gln. (51), (66), (75) und (76) eine Energiebilanz an der Filmoberfläche aufgestellt, wobei auch hier von keiner Speichermöglichkeit der Filmoberfläche auszugehen ist. Das heißt, zu jeder Zeit muß alle Energie, die zur Oberfläche gebracht wird, auch wieder von dieser abtransportiert werden können.

$$n_F \, h_{VF} + \zeta_* h_{1\Phi VF} \, (T_{VM} - T_F) + \Delta h_{VF}{}^* \, j_{1VF}$$

$$= n_F \, h_{LF} + h_{pureFilm} \, (T_F - T_{VW}) + \Delta h_{LF}{}^* \, j_{1LF} \tag{188}$$

Der in dieser Gleichung auftretende Korrekturfaktor ζ_* wird nach Gl. (398) bestimmt, so daß keine neuen Unbekannten eingeführt werden müssen und die Energiebilanz eine zweite Bestimmungsgleichung für die an der Filmoberfläche auskondensierende Massenstromdichte n_F liefert.

$$n_F = [K_{mix} h_{pureFilm} - (\zeta_* h_{1\Phi VF} + K_2)(1 - K_{mix})] \frac{(T_{VM} - T_{VW})}{h_{fg}} \tag{189}$$

Hierin wurde die Abkürzung K_2 benutzt, für die gilt:

$$K_2 = \frac{\Delta h_{LF}^{\,*} h_{pureFilm}}{c_{pL} Le_L^{\,1-n_L} \left(\dfrac{\partial T}{\partial m_{1L}} \right)_p} + \frac{\Delta h_{VF}^{\,*} \zeta_* h_{1\Phi VF}}{c_{pV} Le_V^{\,1-n_V} \left(\dfrac{\partial T}{\partial m_{1V}} \right)_p} > 0 \tag{190}$$

Die Kombination der Gln. (186) und (189) liefert die Bestimmungsgleichung für den gesuchten Korrekturfaktor K_{mix}, der in Gl. (177) eingeführt wurde.

$$K_{mix} = \frac{1}{1 + \dfrac{h_{pureFilm}}{h_{fg}K_1 + \zeta_{\lambda} h_{1\Phi VF} + K_2}} \qquad (191)$$

Flüssigkeitsseitiger Wandwärmeübergang

Zur Berechnung des flüssigkeitsseitigen Wandwärmeübergangs am Rohrboden in der Schichtenströmung eines reinen Stoffes wurde von Tien et al. [148] eine Beziehung für die Nusseltzahl vorgeschlagen. Basierend auf der Von-Karman-Analogie zwischen Impuls- und Wärmeübertragung wurde der Wärmeübergangskoeffizient durch Integration des universellen Geschwindigkeitsprofils über die Flüssigkeitsströmung erhalten.

$$Nu_{LW} = \frac{h_{LW}D}{k_L} = \frac{\dfrac{D\rho_L}{\eta_L}\sqrt{\dfrac{\tau_{LW}}{\rho_L}}}{5 + \dfrac{5}{Pr_L}\ln(5\,Pr_L + 1)} \qquad (192)$$

Die in dieser Beziehung verwendete Wandschubspannung τ_{LW} ist eine mittlere flüssigkeitsseitige Schubspannung an der Rohrwand, die nach Gl. (231) bestimmt werden kann.

7.3   Ringströmung

Wesentliche Merkmale einer Ringströmung sind in Abb. 8 dargestellt. Zu einem Teil strömt die Flüssigkeit als dünner Film entlang der Rohrwand, zu einem anderen Teil wird sie, zu kleinen Tröpfchen zerstäubt, von der Gas/Dampfströmung im Kern mitgerissen. Die Oberfläche des Wandflüssigkeitsfilms ist in jedem Fall wellig. Die Wellen sind die wesentliche Quelle für das Entstehen von Tröpfchen, die in den Dampfkern mithineingerissen werden (Entrainment). Ringströmung tritt für Dampfvolumenanteile größer als 0.8 und für einen großen Bereich des Dampfgehaltes auf. Für Drücke in der Größenordnung des Umgebungsdrucks findet man Ringströmungen schon, wenn der Dampfgehalt lediglich einige Prozent beträgt.

---

[148]   Tien, C. L., Chen, S. L., und Peterson, P. F., 1988, a.a.O., S. 4-14 und 4-15.

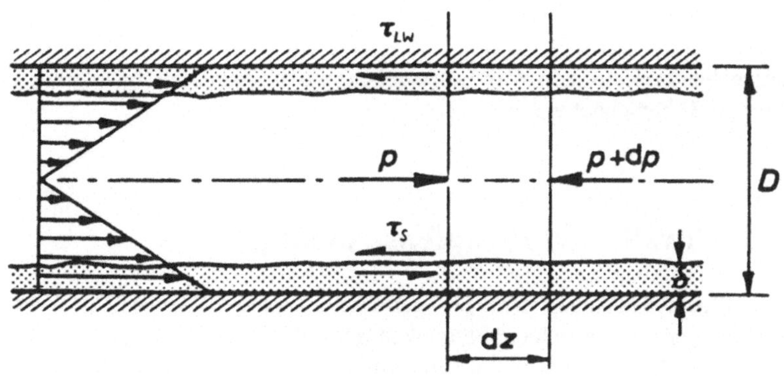

Abb. 8:   *Ringströmung in einem waagrechten Rohr*

Bae et al. [149] integrierten die Impulsgleichung über den dünnen Flüssigkeitsfilm und die Dampfströmung (ohne Tröpfchen), indem sie den Zweiphasen-Druckverlust nach der Methode von Lockhart und Martinelli berechneten und die Analogie zwischen Impuls- und Wärmeübertragung sowie die universelle Geschwindigkeitsverteilung für den Flüssigkeitsfilm benutzten. Das von ihnen entwickelte Computerprogramm benötigte, mit Ausnahme der Konstanten der Druckverlustberechnung, keine zusätzlichen Konstanten, die an Meßdaten angepaßt werden müßten, und berechnete mit guter Genauigkeit Kondensationsvorgänge von reinen Stoffen. Travis et al. [150] vereinfachten ihre Ansätze mit den folgenden Beziehungen für eine lokale Nusseltzahl:

$$Nu_{LW} = \frac{h_{LW}D}{k_L} = \frac{0.15\,Pr_L\,Re_{supL}^{0.9}}{F_2}\left[\frac{1}{X} + \frac{2.85}{X^{0.476}}\right] \tag{193}$$

Die scheinbare Reynoldszahl der Flüssigkeit Re_{supL} ist durch Gl. (156) definiert und der Martinelliparameter X_{tt} durch die Gl. (135) oder (155). Die Funktion F_2 ist für verschiedene Bereiche der scheinbaren Reynoldszahl definiert.

$$Re_{supL} < 50: \qquad F_2 = 0.707\,Pr_L\,Re_{supL}^{0.5} \tag{194}$$

$$50 < Re_{supL} < 1125: \qquad F_2 = 5\,Pr_L + 5\ln\left[1 + Pr_L\left(0.0964\,Re_{supL}^{0.585} - 1\right)\right] \tag{195}$$

---

[149]   Bae, S., Maulbetsch, J. S., und Rohsenow, W. M.: Refrigerant Forced Convection Condensation inside Horizontal Tubes. ASHRAE Trans., 1971.

[150]   Traviss, D. P., Rohsenow, W. M., und Baron, A. B.: Forced Convection Condensation inside Tubes: A Heat Transfer Equation for Condenser Design. ASHRAE Trans., 1972.

$$1125 < \text{Re}_{\text{supL}}: \qquad F_2 = 5\,\text{Pr}_L + 5\ln\left[1 + 5\,\text{Pr}_L\right] + 2.5\ln\left(0.0031\,\text{Re}_{\text{supL}}^{0.812}\right) \qquad (196)$$

Als Alternative hierzu kann der Wandwärmeübergang in dem Flüssigkeitsfilm auch durch Gl. (167) oder (168) berechnet werden.

7. 4   Schwall- und Pfropfenströmung

Schwall- und Pfropfenströmung tritt bei geringen Dampfgehalten auf und ist eine sehr komplexe Strömungsform, da sich ein Flüssigkeitsschwall, der kleine Blasen mit sich führt, mit einer großen Blase, die über einem Flüssigkeitsfilm strömt, abwechselt. In allerjüngster Zeit gibt es Versuche, diese Strömungsform mit der sogenannten Zweigleichungs-Modellierung zu berechnen, z.B. von Fabre und Liné [151] oder Dukler und Fabre [152]. Bei dieser Modellierung wird die Schwall- und Pfropfenströmung als eine Abfolge von Rohrströmungsabschnitten, die abwechselnd Schichtenströmungsstruktur (erstes Set von Gleichungen) und Blasenströmungsstruktur (zweites Set von Gleichungen) aufweist, betrachtet. Für beide Strömungsstrukturen lassen sich Bilanzgleichungen formulieren, welche mit einer Sprungfunktion, die nur Werte von null oder eins annimmt, multipliziert werden. Dies geschieht so, daß die Erhaltungsgleichungen, die für Schichtenströmungen gültig sind, im Bereich des Schwalls, d.h. der Blasenströmungsstruktur, mit null multipliziert werden, und umgekehrt. Tien et al. [153] entwickelten ein im Prinzip ähnliches, aber einfacheres Modell, um den Wandwärmeübergangskoeffizienten einer Schwall- oder Pfropfenströmung zu bestimmen. Basierend auf experimentellen Ergebnissen, die zeigten, daß Schwall- oder Pfropfenströmung abwechselnd wie Schichten- oder Blasenströmung aussieht, kalkulierten sie einen mittleren Wärmeübergangskoeffizienten, indem sie sowohl über den Rohrumfang wie auch über die Länge einer Schwallzelle, bestehend aus dem Blasenströmungsbereich und dem Schichtenströmungsbereich, integrierten. Dabei bestimmt sich die Zellenlänge aus der Zeit zwischen zwei Schwallen und der Schwallgeschwindigkeit. Für die Schwallgeometrie wurden eigens Bestimmungsgleichungen aufgestellt, die aus Massen- und Impulsbilanzen entwickelt wurden. Diese Bestimmungsgleichungen sind relativ einfach und berücksichtigen weder den speziellen Einfluß der Schwall- und Pfropfenströmung auf Wand- und Phasengrenzflächenspannungen noch den Dampfvolumenanteil im Schwall.

Basierend auf diesen experimentellen und theoretischen Arbeiten wird in dem hier vorgestellten Zweifluidmodell vorgeschlagen, den Wandwärmeübergang in einer Schwall- oder Pfropfenströmung durch eine gewichtete Superposition von Ergebnissen der Schichtenströmung (Index stratified) und der Blasenströmung (Index bubble) zu bestimmen. Die Wichtung der beiden Strömungsbeiträge wird dabei durch die tatsächliche Geometrie der Schwallzelle, wie z.B.

---

[151]   Fabre, J., und Liné, A.: Modelling of two phase slug flow. Annu. Rev. Fluid Mech, 1992, Vol. 24, S. 21-46.

[152]   Dukler, A. E., und Fabre, J.: Gas-liquid slug flow, knots and loose ends. Third International Workshop on Two-Phase Flow Fundamentals, Imperial College London, June 15-19, 1992.

[153]   Tien, C. L., Chen, S. L., und Peterson, P. F.: Condensation Inside Tubes. EPRI Report Nr. NP-5700, Research Project 1160-3, 1988, S. 4-7.

Länge des Schwalls zu Länge der Gesamtzelle oder Phasengrenzflächenkonzentration in der Blasen- und Schichtenströmungszone, festgelegt (siehe Abb. 9 auf Seite 87).

Dampfseitiger Wandwärmeübergang

Ein dampfseitiger Wandwärmeübergang tritt nur in der Schichtenströmungszone einer Schwall- oder Pfropfenströmung auf, da nur hier der Dampf in direktem Kontakt mit der Wand steht. Analog zu Kapitel "7. 2 Schichtenströmung" kann der dampfseitige Wärmeübergangskoeffizient auch für Schwall- und Pfropfenströmung bestimmt werden, wenn man noch eine Wichtung mit der Wandflächenkonzentration und den Zonenlängen vornimmt. Flächenkonzentrationen und sonstige Geometrieparameter der Schwall- und Pfropfenströmung werden im nächsten Kapitel behandelt.

$$ h_{VW} = \frac{a_{VW_{film}}}{a_{VW_{total}}} \frac{l_f}{l_u} h_{VW_{stratified}} \tag{197} $$

In dieser Gleichung wird $h_{VW_{stratified}}$ entsprechend der Gl. (176) berechnet, wobei der tatsächliche lokale Dampfgehalt und die lokalen Massenstromdichten von Flüssigkeit und Dampf in der Schichtenströmungszone nach Gl. (310) eingesetzt werden müssen.

Flüssigkeitsseitiger Wandwärmeübergang

Auf der Flüssigkeitsseite tragen sowohl die Blasenströmungs- als auch die Schichtenströmungszone zu dem Wandwärmeübergang bei. Die Nusseltbeziehung aus Gl. (192) kann zur Bestimmung des Wärmeübergangskoeffizienten in der Schichtenströmungszone herangezogen werden. Hierbei ist jedoch den tatsächlich herrschenden Schubspannungen Rechnung zu tragen, indem die Nusseltbeziehung mit der in der Schichtenströmungszone auftretende Wandschubspannung τ_{LW} nach Gl. (277) berechnet wird. Die zur Bildung der Wandschubspannung notwendige charakteristische Flüssigkeitsgeschwindigkeit V_f kann dabei in guter Näherung gleich der Geschwindigkeit, die an der Stelle herrscht, an welcher der Flüssigkeitsfilm vom überholenden Schwall aufgenommen wird ($V_f = V_{fe}$), gesetzt werden.

Bezüglich des Blasenströmungs-Beitrags kann davon ausgegangen werden, daß die Beziehung der Gl. (167) in diesem Bereich Gültigkeit besitzt, wenn man den tatsächlichen lokalen Dampfgehalt und die lokalen Massenstromdichten von Dampf und Flüssigkeit nach Gl. (309) zugrunde legt. Zur Bestimmung des Gesamtwärmeübergangskoeffizienten müssen die beiden Beiträge wiederum mit den Oberflächenkonzentrationen und Längenverhältnissen gewichtet werden.

$$ h_{LW} = \frac{a_{LW_{film}}}{a_{LW_{total}}} \frac{l_f}{l_u} h_{LW_{stratified}} + \frac{a_{LW_{slug}}}{a_{LW_{total}}} \frac{l_s}{l_u} h_{LW_{bubble}} \tag{198} $$

8 Strömungsgeometrie

Die jüngsten Entwicklungen in der theoretischen Beschreibung von Zweiphasenströmungen erfordern immer detailliertere Informationen über die interne Struktur der Strömung in Abhängigkeit von den verschiedenen Strömungsformen. So sind z.B. der Dampfvolumenanteil und die Phasengrenzflächenkonzentration zwei wesentliche Parameter, die die interne Struktur und Geometrie einer Zweiphasenströmung charakterisieren. Der Dampfvolumenanteil beschreibt die Aufteilung des Fluids auf die zwei Phasen und ist ein unerläßlicher Eingabeparameter von vielen hydro- und thermodynamischen Berechnungsverfahren in der verfahrenstechnischen Industrie. Die Phasengrenzflächenkonzentration ist ein Maß für die Oberfläche, die zwischen den Phasen zum Austausch von Masse, Impuls und Energie zur Verfügung steht, und ist daher zur Modellbildung von Zweiphasenströmungen eine wichtige Voraussetzung. Trotz der Wichtigkeit dieser Parameter ist verhältnismäßig wenig über diese Parameter in Abhängigkeit von den Strömungsregionen bekannt. Insbesondere existiert nur ein relativ geringer Wissensstand über die Phasengrenzflächenkonzentration bei komplexeren Strömungsformen, wie Blasen-, Schwall- oder Pfropfenströmung. In diesem Kapitel werden die geometrischen Parameter, die für das hier vorgestellte Zweifluidmodell benötigt werden, zusammengestellt. Im wesentlichen sind dies die Oberflächenkonzentrationen und damit verwandte Größen.

8.1 Blasenströmung

In einer Blasenströmung sind Dampf- oder Gasblasen mehr oder weniger gleichmäßig in einer kontinuierlichen flüssigen Phase verteilt. In einer solchen Strömungsform treten normalerweise Blasen unterschiedlicher Größe gemeinsam auf. Kleine Blasen besitzen meist eine regelmäßige kugelförmige Kontur, während große Blasen oft verformt und abgeflacht sind. Bei vertikaler Strömung treten große Blasen häufig mit einem halbkugelförmigen Oberteil und einem flach zulaufenden Unterteil auf. Betrachtet man nur Fälle, wo beide Phasen in die gleiche Richtung strömen, so bestehen generell relativ geringe Unterschiede zwischen horizontalen und vertikalen Blasenströmungen, mit dem kleinen Unterschied, daß bei waagrechten Strömungen sich die Blasen stärker in der oberen Hälfte des Rohres ansammeln.

Bei Collier [154] kann man eine relativ einfache Beziehung zwischen dem Dampfvolumenanteil $\langle\alpha\rangle$ und dem Volumenstromdampfgehalt $\langle\beta\rangle$ für Blasenströmungen finden, welche mit Hilfe des sogenannten Driftgeschwindigkeits-Modells (Drift-flux model) entwickelt wurde. Das Driftgeschwindigkeits-Modell ist ein Zweifluidmodell, das den Beitrag der örtlichen Relativgeschwindigkeit zwischen den Phasen in die theoretische Analyse mit einarbeitet. Wallis [155] hat dieses Modell wesentlich mit entwickelt. In seinem Buch findet man auch die wohl umfangreichste Darstellung des Modells. Das Modell ist besonders geeignet für Zweiphasenströ-

---

[154]   Collier, J. G., 1981, a.a.O., S. 70-71 und 75.
[155]   Wallis, G. B., 1969, a.a.O.

mungen mit gut definierten mittleren Geschwindigkeiten von Dampf- und Flüssigkeitsphase, was für Blasenströmungen normalerweise der Fall ist.

$$<\alpha> = \frac{<\beta>}{C_0 + \dfrac{<v_{Vj}>}{<j>}} \tag{199}$$

In dieser Gleichung ist die Größe C_0 enthalten, die in der Literatur als Verteilungsparameter bezeichnet wird und den Einfluß des Verlaufes von Dampfvolumenanteil und Geschwindigkeit über den Strömungsquerschnitt berücksichtigt.

$$C_0 = \frac{<\alpha j>}{<\alpha><j>} \tag{200}$$

Die gewichtete mittlere Driftgeschwindigkeit $<v_{Vj}>$ gewinnt man, indem man die lokale Differenzgeschwindigkeit zwischen dem Dampf und einer gedachten Fläche, die mit der mittleren scheinbaren Geschwindigkeit des Gesamtvolumenstroms $<j>$ strömt, bildet und diese mit dem Dampfvolumenanteil α über den Rohrquerschnitt wichtet und den so gewonnenen Ausdruck anschließend durch den mittleren Dampfvolumenanteil $<\alpha>$ dividiert. Dieser Ausdruck berücksichtigt die Auswirkung der Relativgeschwindigkeit zwischen den Phasen.

$$<v_{Vj}> = \frac{<\alpha(v_{zV} - j)>}{<\alpha>} \tag{201}$$

Für Blasenströmung in waagrechten Rohren kann man nach Collier den Schlupf, d.h. die Relativgeschwindigkeit zwischen den Blasen und der sie umgebenden Flüssigkeit, vernachlässigen. Dies bedeutet, daß die gewichtete mittlere Driftgeschwindigkeit den Wert null annimmt $<v_{Vj}> = 0$, welches eine weitere Vereinfachung der Beziehung zwischen Dampfvolumenanteil und Volumenstromdampfgehalt ergibt.

$$<\alpha> = \frac{<\beta>}{C_0} \tag{202}$$

Collier gibt Werte für den Verteilungsparameter C_0 an, der für Blasenströmung in waagrechten Rohren von dem Rohrdurchmesser und dem reduzierten Druck $p_r = p/p_{crit}$ abhängt.

$D > 0.05$ m :

$$C_0 = 1.5 - 0.5\,p_r$$

$D < 0.05$ m :

$p_r < 0.5$: $\qquad\qquad\qquad C_0 = 1.2 \tag{203}$

$$p_r > 0.5: \qquad\qquad C_0 = 1.2 - 0.4\,(\,p_r - 0.5\,)$$

Setzt man für den Volumenstromdampfgehalt $<\beta>$ die Beziehung nach Gl. (92) ein, so kann man den Dampfvolumenanteil in Abhängigkeit von dem Dampfgehalt ausdrücken.

$$<\alpha> = \frac{1}{C_0 \left(1 + \dfrac{1-x}{x}\dfrac{\rho_V}{\rho_L} \right)} \qquad\qquad (204)$$

Für diesen Ausdruck von $<\alpha>$ läßt sich die Ableitung nach dem Dampfgehalt x bilden.

$$\frac{d<\alpha>}{dx} = \frac{\rho_V}{\rho_L\, C_0\, x^2 \left(1 + \dfrac{1-x}{x}\dfrac{\rho_V}{\rho_L} \right)^2} \qquad\qquad (205)$$

Um von dem Dampfvolumenanteil $<\alpha>$ zur Phasengrenzflächenkonzentration a_S zu gelangen, sind noch einige weitere theoretische Überlegungen notwendig. Es liegt auf der Hand, daß die Phasengrenzflächenkonzentration nicht nur von dem Dampfvolumenanteil, sondern zudem noch stark von der Blasengröße abhängt, da das Oberfläche-zu-Volumen-Verhältnis für kleine Blasen viel größer ist als das für große Blasen. Weiterhin beeinflußt die äußere Form der Blase sicherlich auch noch die Phasengrenzflächenkonzentration, wenn die Blasen nicht kugelförmig sind, doch diesen Einfluß kann man mit guter Näherung vernachlässigen. Mit Hilfe des sogenannten mittleren Sauter-Durchmessers D_{sm} läßt sich die Phasengrenzflächenkonzentration zu dem Dampfvolumenanteil in Beziehung setzen. Die Definition des mittleren Sauter-Durchmessers ist ein Volumen-zu-Oberflächen-Verhältnis und geht von kugelförmigen Blasen aus.

$$D_{sm} = \frac{\displaystyle\sum_{k=1}^{N_k} n_k\, D_k^{\,3}}{\displaystyle\sum_{k=1}^{N_k} n_k\, D_k^{\,2}} \qquad\qquad (206)$$

In dieser Definition bezeichnet n_k die Anzahl der Blasen der Durchmesserklasse D_k und N_k die Gesamtzahl der vorhandenen Durchmesserklassen. Der mittlere Sauter-Durchmesser findet sehr häufig bei der Behandlung von Stoffübergangsproblemen Verwendung, da er ein Maß für die zur Verfügung stehende Kontaktfläche repräsentiert.

Kocamustafaogullari und Wang [156] geben Relationen an, die sowohl den Dampfvolumenanteil als auch die Phasengrenzflächenkonzentration in Beziehung zu den Blasendurchmesserklassen der Definition des mittleren Sauter-Durchmessers setzen.

$$\langle \alpha \rangle = \frac{\sum_{k=1}^{N_k} n_k V_k}{V_T} = \left(\frac{\pi}{6}\right)\frac{\sum_{k=1}^{N_k} n_k D_k^3}{V_T} \tag{207}$$

und

$$a_S = \frac{\sum_{k=1}^{N_k} n_k A_k}{V_T} = \pi \frac{\sum_{k=1}^{N_k} n_k D_k^2}{V_T} \tag{208}$$

Hier ist V_k das Volumen der Blase einer Durchmesserklasse k mit dem charakteristischen Durchmesser D_k. Das Symbol A_k steht für die Oberfläche der Blase derselben Durchmesserklasse. Weiterhin bezeichnet V_T das gesamte Volumen, in dem sich die Blasen und die sie umgebende Flüssigkeit befinden. Aus den letzten drei Gleichungen kann man nun eine Beziehung zwischen der Phasengrenzflächenkonzentration und dem Dampfvolumenanteil herleiten.

$$a_S = \frac{6 \langle \alpha \rangle}{D_{sm}} \tag{209}$$

Der noch unbekannte mittlere Sauter-Durchmesser kann mit Hilfe der ursprünglich von Hinze [157] vorgeschlagenen sogenannten Breakup-Theorie bestimmt werden. Diese Theorie, die anfänglich für eine turbulente Emulsionsströmung zweier Flüssigkeiten entwickelt und dann auf Dispersionen von Gasblasen in Flüssigkeiten erweitert wurde, ist im Laufe der Zeit von vielen Autoren verfeinert worden, z.B. von Sevik und Park [158], Thomas [159] und Colin et al. [160]; der Grundgedanke Hinzes blieb jedoch im wesentlichen unverändert. Danach bestimmen die durch die Bewegungen der Turbulenzballen hervorgerufenen turbulenten Druckschwankungen der Strömung die maximale Größe der Blasen (oder Tröpfchen). Blasen, die über einen bestimmten Durchmesser, z.B. durch Agglomerations- oder Verdampfungsprozesse, anwachsen, können durch die Oberflächenspannungskräfte nicht mehr zusammengehalten werden und müssen, bedingt durch die turbulenten Druckkräfte, in kleinere Blasen zerfallen. Basierend auf dem Kolmogorov-Energiespektrum läßt sich eine kritische Weberzahl herleiten, die den maximal

[156]   Kocamustafaogullari, G., und Wang, Z.: An Experimental Study on Local Interfacial Parameters in a Horizontal Bubbly Two-Phase Flow. Int. J. Multiphase Flow, 1991, Vol. 17, Nr. 5, S. 553-572.

[157]   Hinze, J. O., 1955, a.a.O.

[158]   Sevik, M., und Park, S. H., 1973, a.a.O.

[159]   Thomas, R. M., 1981, a.a.O.

[160]   Colin, C., Fabre, J., und Dukler, A. E., 1991, a.a.O.

möglichen Blasendurchmesser festlegt (die Weberzahl ist das Verhältnis von Trägheitskräften zu den durch die Oberflächenspannung bedingten Kräften).

$$We_{crit} = \left(\frac{\rho_L \, \vartheta^2 \, D_{max}}{2 \, \sigma} \right)_{crit} = \left[D_{max} \left(\frac{\rho_L}{\sigma} \right)^{0.6} \varepsilon^{0.4} \right]^{5/3} = 1.26 \tag{210}$$

Hierin ist ϑ^2 der räumliche Mittelwert des Quadrates einer Geschwindigkeitsänderung, wie sie in der Strömung typischerweise über eine Distanz auftritt, die etwa dem maximalen stabilen Blasendurchmesser D_{max} entspricht. σ bezeichnet die Oberflächenspannung und ε die turbulente Dissipationsenergie. Der numerische Wert der kritischen Weberzahl wurde sowohl theoretisch wie auch experimentell für Luft-Wasser-Gemische bestätigt, wobei von einigen Autoren, wie z.B. Wisman[161] und Welle[162], die Gesamtfluiddichte ρ an Stelle der Flüssigkeitsdichte ρ_L verwendet wurde. Der mittlere Sauter-Durchmesser D_{sm} kann mit dem maximalen stabilen Durchmesser D_{max} durch das experimentell gewonnene Verhältnis D_{sm}/D_{max} in Relation gesetzt werden.

$$\frac{D_{sm}}{D_{max}} = 0.77 \tag{211}$$

Ebenfalls experimentell bestätigt ist die Annahme, daß die Wand bei horizontalen Rohrströmungen nahezu ausschließlich von Flüssigkeit benetzt wird. Somit sind die dampf- und flüssigkeitsseitigen Rohrwandkonzentrationen a_{VW} und a_{LW} festgelegt.

$$a_{LW} = \frac{4}{D} \tag{212}$$

$$a_{VW} = 0 \tag{213}$$

8.2   Schichtenströmung

Das Strömungsbild von Schichtenströmung im waagrechten oder wenig geneigten Rohr sieht normalerweise so aus, daß die Flüssigkeit am Rohrboden entlangströmt und der Dampf oder das Gas über der Flüssigkeit strömt. Durch die an der Phasengrenzfläche auftretende

---

161   Wisman, R.: Fundamental investigation on interaction forces in bubble swarms and its application to the design of centrifugal separators. Ph.D. Thesis, Laboratory for Thermal Power Engineering, Delft University of Technology, 1979.

162   Welle, R. van der: Void Fraction, Bubble Velocity and Bubble Size in Two-Phase Flow. Int. J. Multiphase Flow, 1985, Vol. 11, Nr. 3, S. 317-345.

Schubspannung τ_S übt der Dampf eine Kraft in Richtung der Hauptströmung auf die Flüssigkeit aus. Je nachdem in welche Richtung das Rohr geneigt ist, wirkt die Gravitationskraft in die entgegengesetzte oder dieselbe Richtung. Normalerweise spielen Gravitationseinflüsse, die durch geringe Rohrneigungen auftreten, eine untergeordnete Rolle, lediglich bei niedrigen Dampfströmungsgeschwindigkeiten und entsprechend kleinem τ_S können sie an Bedeutung gewinnen.

Eine Analyse von Schichtenströmungen geht normalerweise von stationären Verhältnissen mit konstanter Filmhöhe h und konstantem Geschwindigkeitsfeld aus, wie sie sich nach einer entsprechend langen Distanz stromab des Strömungseintritts einstellen. Eine einfache Kräftebilanz liefert die Schubspannungen in Flüssigkeit und Gas bzw. Dampf. Mit Hilfe der Theorie für Einphasenströmungen lassen sich die Schubspannungen mit den Gradienten der Geschwindigkeitsfelder in Beziehung setzen, um auf diese Weise Differentialgleichungen für die Geschwindigkeitsfelder in Flüssigkeit und Gas/Dampf zu erhalten. Das so gewonnene System von Differentialgleichungen kann gelöst werden mit den Randbedingungen a) der Gleichheit der gas- und flüssigkeitsseitigen Schubspannung an der Phasengrenzfläche und b) der Haftung von Gas und Flüssigkeit an der Wand. Mit diesem Ansatz ergeben sich keine wesentlichen Schwierigkeiten für ebene Rechteck-Kanalströmungen. Anders sieht es jedoch für Rohrströmungen aus, wie Hanratty und McCready [163] darstellen, da sich hier die Geschwindigkeit in zwei Raumrichtungen ändert. Die Analyse für Rohrströmungen geht daher oft von der vereinfachenden Annahme aus, daß nur eine Geschwindigkeitskomponente von null verschieden und die Schubspannung über die Phasengrenzfläche konstant ist. An dieser Stelle ist insbesondere die Theorie von Taitel und Dukler [164] zu nennen, die wegen ihrer Einfachheit sehr weite Verbreitung gefunden hat. Hier werden die mittleren Wandschubspannungen in Flüssigkeit und Gas τ_{LW} und τ_{VW} durch die mittleren Hauptströmungsgeschwindigkeiten der beiden Phasen und die Reibungsbeiwerte, die durch bekannte Einphasenbeziehungen bestimmt werden, ausgedrückt. Die Schubspannung an der Phasengrenzfläche wird vereinfachend gleich der gasseitigen Wandschubspannung gesetzt ($\tau_S = \tau_{VW}$). Mit dem so beschriebenen Ansatz lassen sich die Flüssigkeitshöhe h und der Druckverlust bestimmen.

Die wesentlichen Annahmen der Taitel-Dukler-Analyse wurden von Andritsos und Hanratty [165] auf ihre Gültigkeit hin untersucht. Der Gebrauch der Blasius-Gleichung zur Bestimmung der Wandschubspannung τ_{VW} wurde für die Gasströmung durch Druckverlust-Messungen an Kanälen mit kreissegmentförmigen Querschnitten bestätigt. Weiterhin stellten sie fest, daß das gleiche Verfahren bei der Bestimmung der Wandschubspannung τ_{LW} in der Flüssigkeit Abweichungen von der Theorie ergab. Das größte Problem ergab sich jedoch bei der Beschreibung der Schubspannung der Phasengrenzfläche τ_S, da, hervorgerufen durch die wellige Oberfläche, Schubspannungen auftraten, die wesentlich größer waren als die gasseitigen Wandschubspannungen τ_{VW}. Vor dem Hintergrund dieser Erkenntnisse modifizierten Andritsos und Hanratty die Taitel-Dukler-Analyse indem sie einen zusätzlichen Parameter τ_S / τ_{VW} einführten, womit sich eine wesentlich bessere Übereinstimmung zwischen Theorie und Experiment ergab. Weitere Verbesserungen kann man auf Kosten einer höheren Komplexität erreichen, indem

---

[163]   Hanratty, T. J., und McCready, M. J.: Phenomenological understanding of gas-liquid separated flows. Third International Workshop on Two-Phase Flow Fundamentals, Imperial College London, June 15-19, 1992.

[164]   Taitel, Y., und Dukler, A. E., 1976, a.a.O.

[165]   Andritsos, N., und Hanratty, T. J., 1987, a.a.O.

man die Bestimmung der flüssigkeitsseitigen Wandschubspannung modifiziert. Sowohl Cheremisinoff und Davis [166] als auch Andritsos und Hanratty [165] präsentieren Lösungsvorschläge unter der Annahme, daß die logarithmische Geschwindigkeitsverteilung in der Flüssigkeit Gültigkeit besitzt.

Im folgenden Abschnitt werden die wesentlichen Stationen zur Bestimmung der geometrischen Größen und des Druckverlustes einer ausgebildeten Schichtenströmung im waagrechten Rohr skizziert, wobei der Ansatz von Hanratty und Andritsos [165, 167] zugrunde gelegt wird. Die iterative Methode ist sowohl für glatte als auch für wellige Schichtenströmungen gültig und setzt die Annahme eines Startwertes für den Parameter h/D voraus. Wie man Abb. 7 auf Seite 61 entnehmen kann, wird die Flüssigkeitshöhe h in einem Rohr von der tiefsten Stelle des Rohrbodens bis zur Phasengrenzfläche gemessen. Der Startwert für die Flüssigkeithöhe kann z.B. aus der einfachen Beziehung für den Dampfvolumenanteil, die von Zivi [168] angegeben wird, ermittelt werden.

$$<\alpha> = \frac{A_V}{A_V + A_L} = 1 + \frac{\sin\gamma - \gamma}{2\pi} = \frac{1}{1 + \frac{1-x}{x}\left(\frac{\rho_V}{\rho_L}\right)^{2/3}} \tag{214}$$

Die Flüssigkeitshöhe steht mit dem Winkel γ in folgender Relation:

$$h = \frac{D}{2}\left(1 - \cos\frac{\gamma}{2}\right) \tag{215}$$

Mit dem Startwert von h lassen sich die folgenden geometrischen Größen, die die Strömung beschreiben, festlegen:

$$\frac{S_S}{D} = \left[1 - \left(\frac{2h}{D} - 1\right)^2\right]^{1/2} \tag{216}$$

$$\frac{P_L}{D} = \cos^{-1}\left(1 - \frac{2h}{D}\right) = \arccos\left(1 - \frac{2h}{D}\right) \tag{217}$$

$$\frac{P_V}{D} = \pi - \frac{P_L}{D} \tag{218}$$

[166]   Cheremisinoff, N., und Davis, E. J., 1979, a.a.O.

[167]   Hanratty, T. J., 1987, a.a.O.

[168]   Zivi, S. M., 1964, a.a.O.

$$a_S = \frac{4S_S}{\pi D^2} \qquad a_{LW} = \frac{4P_L}{\pi D^2} \qquad a_{VW} = \frac{4P_V}{\pi D^2} \tag{219}$$

$$\frac{A_L}{A_L + A_V} = \frac{A_L}{\frac{\pi}{4} D^2} = \frac{1}{\pi}\left[\frac{P_L}{D} - \frac{S_S}{D}\left(1 - \frac{h}{D}\right)\right] \tag{220}$$

$$\frac{A_V}{A_L + A_V} = 1 - \frac{A_L}{A_L + A_V} \tag{221}$$

Die Reynoldszahlen von Flüssigkeit und Gas bzw. Dampf sind mit den jeweiligen hydraulischen Durchmessern D_L und D_V definiert.

$$D_L = \frac{4A_L}{P_L} \qquad D_V = \frac{4A_V}{P_V + S_S} \tag{222}$$

$$Re_L = \frac{D_L v_{zL}}{\nu_L} \qquad Re_V = \frac{D_V v_{zV}}{\nu_V} \tag{223}$$

Formuliert man die Impulsbilanz für die flüssige und die gasförmige Phase nach Gl. (3), so sind beide Gleichungen sowohl durch den Druckgradienten in Hauptströmungsrichtung als auch durch die Schubspannung an der Phasengrenzfläche gekoppelt.

$$-A_V\left(\frac{dp}{dz}\right) - \tau_{VW}P_V - \tau_S S_S = 0 \tag{224}$$

$$-A_L\left(\frac{dp}{dz}\right) - \tau_{LW}P_L + \tau_S S_S = 0 \tag{225}$$

Die auftretenden Schubspannungen in Gas und Flüssigkeit können mit den jeweiligen charakteristischen Geschwindigkeiten und den Reibungsbeiwerten bestimmt werden.

$$\tau_{VW} = f_V \frac{\rho_V v_{zV}^2}{2} \qquad \tau_{LW} = f_L \frac{\rho_L v_{zL}^2}{2} \qquad \tau_S = f_S \frac{\rho_V v_{zV}^2}{2} \tag{226}$$

Mit dem angenommenen Startwert für das Verhältnis h/D läßt sich der Druckverlust in der Gasphase mit Hilfe von Gl. (224) errechnen. Die Taitel-Dukler-Theorie bestimmte die darin auftretenden Reibungsbeiwerte nach bekannten Beziehungen für Einphasenströmungen, die durch die Gln. (158) oder (159) mit den Reynoldszahlen nach Gl. (223) gegeben sind. Hierbei wurde der Reibungsbeiwert für die Phasengrenzfläche gleich dem, der an der gasseitigen Wand auftritt, gesetzt. Andritsos und Hanratty [165] wie auch Kang und Kim [169] stellten fest, daß dies nur für glatte Schichtenströmungen gültig ist, für wellige Schichtenströmung wurden wesentlich höhere Reibungsbeiwerte gemessen, die durch die folgenden experimentell ermittelten Beziehungen beschrieben werden können.

$$\text{für} \quad <j_V> \; \geq \; <j_{Vwavy}> : \quad \frac{f_S}{f_V} = 1 + 15\left(\frac{h}{D}\right)^{0.5}\left[\frac{<j_V>}{<j_{Vwavy}>} - 1\right] \tag{227}$$

$$\text{für} \quad <j_V> \; \leq \; <j_{Vwavy}> : \quad \frac{f_S}{f_V} = 1 \tag{228}$$

Diese Beziehungen sind sowohl für glatte als auch für wellige Schichtenströmung gültig, wobei der Übergang von glatter zu welliger Strömung durch die charakteristische scheinbare Gasgeschwindigkeit $<j_{Vwavy}>$ beschrieben wird. Wird diese Geschwindigkeit im Gas überschritten, so beginnen sich irreguläre Wellen mit großer Amplitude zu bilden. Eine Stabilitätsanalyse, die von Andritsos [170] durchgeführt wurde, zeigte, daß sich $<j_{Vwavy}>$ mit eins durch die Wurzel der Gasdichte $\rho_V^{-0.5}$ ändert. Eine näherungsweise Abschätzung von $<j_{Vwavy}>$ für atmosphärischen Druck ergibt den numerischen Wert von 5 m/s, so daß man $<j_{Vwavy}>$ mit ausreichender Genauigkeit durch die folgende Gleichung, die die Gasdichte des Fluids bei Atmosphärendruck ρ_{V0} enthält, approximieren kann:

$$<j_{Vwavy}> = <j_{Vwavy0}>\left(\frac{\rho_{V0}}{\rho_V}\right)^{\frac{1}{2}} \quad \text{mit} \quad <j_{Vwavy0}> = 5 \; [\text{m/s}] \tag{229}$$

Möchte man zudem noch den Einfluß der Phasengrenzflächenschubspannung auf die flüssigkeitsseitige Wandschubspannung τ_{LW}, die als Größe in Gl. (225) auftritt, genauer beschreiben, als es durch den Einphasenreibungsbeiwert getan wird, so kann man dies mit Hilfe einer von Andritsos und Hanratty [165] angegebenen dimensionslosen Flüssigkeitshöhe h^+ tun.

$$h^+ = \left\{\left(1.082\,\text{Re}_L^{0.5}\right)^5 + \left[\frac{0.098\,\text{Re}_L^{0.85}}{\left(1-\frac{h}{D}\right)^{0.5}}\right]^5\right\}^{0.2} \tag{230}$$

169   Kang, H. C., und Kim, M. H.: The relation between the interfacial shear stress and the wave motion in a Stratified flow. Int. J. Multiphase Flow, 1993, Vol. 19, S. 35-49.

170   Andritsos, P.: Effect of Pipe Diameter and Liquid Viscosity on Horizontal Stratified Flow. Ph.D. Thesis, Univ. Illinois, Urbana, 1986.

Mit dieser dimensionslosen Flüssigkeitshöhe bilden Andritsos und Hanratty eine für die Füssigkeit charakteristische Spannung τ_c, aus der sich die flüssigkeitsseitige Wandschubspannung τ_{LW} bestimmen läßt.

$$\tau_c = \frac{\rho_L \left(\dfrac{h^+ v_L}{D}\right)^2}{\left(\dfrac{h}{D}\right)^2} = \frac{2}{3} \tau_{LW}\left(1 - \frac{h}{D}\right) + \frac{1}{3}\tau_S \tag{231}$$

Im letzten Iterationsschritt wird der Druckgradient in Hauptströmungsrichtung mit Hilfe von Gl. (225) errechnet. Unterscheidet sich dieser von dem, der durch Gl. (224) ermittelt wurde, so ist ein neuer Wert für das Verhältnis h/D zu wählen und die Rechnung zu wiederholen, bis die Druckgradienten in Gas und Flüssigkeit übereinstimmen.

8. 3 Ringströmung

Ringströmung in Rohren findet man nur für hohe Dampf- bzw. Gasgeschwindigkeiten. Die Flüssigkeit strömt zum einen Teil als Film entlang der Wand. Zum anderen Teil wird sie als kleine Tröpfchen im Gashauptstrom, der in der Kanal- oder Rohrmitte strömt, befördert. Gute Zusammenfassungen zu dem Stand der wissenschaftlichen Untersuchungen von Ringströmungen werden z.B. von Andreussi et al. [171], Azzopardi [172] oder Hanratty und McCready [173] gegeben. Die Gegenwart von Tröpfchen in der Gasströmung verursachen in der Analyse der Strömungsverhältnisse eine Reihe von Komplikationen, die bei Schichtenströmung nicht auftreten. So kann man z.B. nicht mehr von nur einer charakteristischen Geschwindigkeit der Flüssigkeit ausgehen. Es ist daher üblich, einen für Ringströmungen wichtigen Parameter, der Entrainment genannt und mit dem Symbol E bezeichnet wird, einzuführen. Dieser Parameter ist definiert als das Verhältnis des Massenstromes $\dot{m}_{LE}$, der in Form von Flüssigkeitströpfchen strömt, zu dem Gesamtmassenstrom der Flüssigkeit $\dot{m}_L$.

$$E = \frac{\dot{m}_{LE}}{\dot{m}_L} \tag{232}$$

Vergleicht man den Druckverlust einer Ringströmung mit dem einer einphasigen Gasströmung in einem glatten Rohr, so ergeben sich ganz erheblich größere Druckverluste in der Ringströmung. Dies wird in vielen Analysen durch die geänderte und rauhere Oberfläche des Flüssigkeitsfilms, die mit wachsender Filmdicke immer rauher und welliger wird, erklärt. Die Dicke

---

[171] Andreussi, P., Azzopardi, B. J., und Hanratty, T. J.: Special issue on two-phase annular and dispersd flows, Physico Chemical Hydrodynamics, 1985, Vol. 6.

[172] Azzopardi, B. J.: Special issue on annular and dispersed flows, Int. J. Multiphase Flow, 1989, Vol. 15.

[173] Hanratty, T. J., und McCready, M. J., 1992, a.a.O.

bzw. Höhe des Flüssigkeitsfilms δ wird durch den Massenstrom des Films $\dot{m}_{LF} = \dot{m}_L - \dot{m}_{LE}$ bestimmt. Da $\dot{m}_{LF}$ nicht von vornherein bekannt ist, muß für Analysen, die diesen Ansatz wählen, der Parameter E bestimmt werden.

Ringströmung in waagrechten Rohren unterscheidet sich von Strömungen in senkrechten Rohren, da durch die Gravitation eine Schichtung der Tröpfchen im Gasstrom und eine ungleichmäßige Dicke des Wandfilms, der oben dünner ist als unten, hervorgerufen wird. Trotz dieser offensichtlichen Unterschiede gibt es einige Analysen waagrechter Ringströmungen, auf die solche für senkrechte Strömungen übertragen wurden und die akzeptable Übereinstimmung mit experimentellen Ergebnissen erzielen, z.B. die von Henstock und Hanratty [174]. Mit diesen Analyseansätzen konnten vor allen Dingen der Flüssigkeitsvolumenanteil (liquid holdup) und die Schubspannung an der Filmphasengrenzfläche theoretisch gut beschrieben werden.

Insbesondere für etwas größere Rohrdurchmesser zeigten Entrainment-Untersuchungen von Dallman et al. [175] für Luft-Wasser-Strömungen in waagrechten Rohren mit Durchmessern von 2.54 cm und 5.08 cm, sowie ähnliche Untersuchungen von Williams [176] mit Durchmessern von 9.53 cm, daß eine korrekte physikalische Beschreibung horizontaler Strömungen nicht ohne das Verständnis erfolgen kann, wie die Aufteilung der Flüssigkeit (Entrainment) sowie das Mitreißen der Tröpfchen aus dem Wandfilm und Wiedereinspeisen in den Film durch die Gravitation beeinflußt werden. Hanratty und McCready [173] stellten einen deutlichen Einfluß der Froudezahl auf das Erscheinungsbild fest und schlugen vor, Ringströmungen in drei Gruppen zu unterteilen. Für kleine Gasgeschwindigkeiten und relativ große Durchmesser, d.h. kleine Froudezahlen, tritt eine Art geschichtete Ringströmung auf, wobei die Flüssigkeit im wesentlichen am Rohrboden entlang strömt und eine nahezu horizontale Oberfläche besitzt. Die restliche Rohrwand ist mit einem sehr dünnen Film konstanter Dicke überzogen. Für diese Strömungsform liegt das Entrainment zwischen 0.1 und 0.5. Eine asymmetrische Ringströmung wird für mittlere Froudezahlen beobachtet, wobei die Filmdicke kontinuierlich von oben nach unten zunimmt. Für sehr große Froudezahlen besitzt der Wandfilm eine konstante Dicke über den Umfang, und der Flüssigkeitsvolumenanteil des Filmes sowie der Reibungsdruckverlust ändern sich nicht mit einer Erhöhung des Flüssigkeitsmassenstromes.

Ein Ringströmungsmodell, das von sehr einfachen Annahmen ausgeht, wurde von Luninski et al. [177] zur Bestimmung der Wandfilmdicke an der Rohrdecke (Index t) und am Rohrboden (Index b) entwickelt. Das Modell berücksichtigt Effekte einer unterschiedlich über den Rohrumfang verteilten Entrainmentstromdichte. Die Entrainmentstromdichte (entrainment rate) wird mit dem Symbol Er bezeichnet, besitzt die Dimension [kg/m^{2}s], und beschreibt die Massenstromdichte der Flüssigkeitströpfchen vom Wandfilm in die Gaskernströmung. Der Ansatz von Luninski et al. basiert auf den Massenbilanzen für Wandflüssigkeitsfilm und Gaskernströmung. Darüberhinaus wird eine Beziehung für die umfangswinkelabhängige Entrainmentmas-

---

[174]   Henstock, W. H., und Hanratty, T. J., 1976, a.a.O.

[175]   Dallman, J. C., Laurinat, J. E., und Hanratty, T. J.: Entrainment for horizontal annular gas liquid flow. Int. J. Multiphase Flow, 1984, Vol. 10, S. 677-690.

[176]   Williams, L. R.: Effect of pipe diameter on horizontal annular two-phase flow. Ph.D. Thesis, University of Illinois, Urbana, 1990.

[177]   Luninski, Y., Barnea, D., und Taitel, Y., 1983, a.a.O.

senstromdichte benötigt. Diese wird von Whalley and Hewitt [178] geliefert und beinhaltet die Oberflächenspannung σ.

$$\frac{Er\,\sigma}{\tau_S\,\eta_L} \cong 5 \tag{233}$$

Der Einfluß des Umfangswinkels geht in diese Beziehung durch die Schubspannung der Phasengrenzfläche ein, da diese direkt mit der über den Umfang veränderlichen Filmdicke durch eine Relation von Wallis [179] korreliert ist (vergleiche mit Abb. 8 auf Seite 67).

$$\tau_S = \frac{f_S\rho_C < j_V >^2}{2} = 0.005\left(1 + 300\frac{\delta}{D}\right)\frac{\rho_C < j_V >^2}{2} \tag{234}$$

Mit diesen Ausgangsgleichungen erhält man zwei Bestimmungsgleichungen für die Filmdicke an der Rohrdecke und am Rohrboden.

$$\frac{\delta_t^3}{D} + 4N\frac{\delta_t}{D} - R_\delta N = 0 \tag{235}$$

$$3\frac{\delta_t}{D} + \frac{\delta_b}{D} = R_\delta \tag{236}$$

Hierin steht N als Abkürzung für folgenden Ausdruck:

$$N = \frac{4.22\rho_C\eta_L^2 < j_V >^2}{g\sigma\rho_L(\rho_L - \rho_V)D^2} \tag{237}$$

Die in dieser Größe auftretende Gesamt- oder Gemischdichte der Gaskernströmung ρ_C wird mit dem Dampfvolumenanteil der Gaskernströmung $<\alpha_C>$ gebildet. $<\alpha_C>$ kann näherungsweise durch die Annahme einer quasi homogenen Strömung im Gaskern, d.h. kein Schlupf zwischen Tröpfchen und Gas, bestimmt werden.

$$\rho_C = <\alpha_C > \rho_V + \left(1 - <\alpha_C >\right)\rho_L \tag{238}$$

mit

$$<\alpha_C >= \frac{< j_V >}{< j_V > +E < j_L >} \tag{239}$$

[178]   Whalley, P. B., und Hewitt, G. F.: The Correlation of Liquid Entrainment Fraction and Entrainment Rate in Annular Two-Phase Flow. Rept. AERE-R9187, UKAEA, Harwell, 1978.

[179]   Wallis, G. B., 1969, a.a.O.

Da $<\alpha_C>$ nahezu den Wert eins annimmt, wird der Einfluß dieser Größe auf die Gasgeschwindigkeit normalerweise vernachlässigt. Bedingt durch die sehr große Dichte der Flüssigkeitströpfchen im Verhältnis zum Gas muß $<\alpha_C>$ bei der Bildung der Gemischdichte ρ_C berücksichtigt werden. Das Modell von Luninski et al. [177] benötigt weiterhin als Eingabegröße entweder den Dampfvolumenanteil $<\alpha_\delta>$ der Strömung, die nur Wandfilm und Gaskernströmung ohne Tröpfchen berücksichtigt, oder den Flüssigkeitsvolumenanteil des Wandfilms (liquid holdup) R_δ, der definiert ist als das Verhältnis von Querschnittsfläche des Filmes zu Rohrquerschnittsfläche. Um R_δ zu bestimmen, nahm man eine quasi symmetrische Ringströmung, wie sie in Abb. 8 auf Seite 67 abgebildet ist, an. R_δ läßt sich dann durch einfache geometrische Überlegungen mit der mittleren Filmdicke δ in Beziehung setzen.

$$R_\delta = 1 - <\alpha_\delta> = \frac{4\delta}{D} - \left(\frac{2\delta}{D}\right)^2 \tag{240}$$

Die schon erwähnten Massenbilanzgleichungen für den Flüssigkeitsfilm an der Wand und die Kernströmung mit Gas und Flüssigkeitströpfchen ergibt eine implizite Bestimmungsgleichung für die mittlere Wandfilmdicke δ.

$$\frac{2f_{LW}\rho_L <j_{LF}>^2}{\left[1-\left(1-\frac{2\delta}{D}\right)^2\right]^3} - \frac{\left[0.01+\frac{3\delta}{D}\right]\rho_C <j_V>^2}{\left(1-\frac{2\delta}{D}\right)^3}\left[\frac{1}{1-\left(1-\frac{2\delta}{D}\right)^2} + \frac{1}{\left(1-\frac{2\delta}{D}\right)^2}\right] = 0 \tag{241}$$

In dieser Gleichung steht neben der Filmdicke als einzige Unbekannte der Reibungsbeiwert (Fanning friction factor) f_{LW}, der an der Rohrwand auftritt. Er wird mit der Reynoldszahl des Filmes Re_{LF} gemäß Gl. (159) ermittelt.

$$Re_{LF} = \frac{4Q_{LF}}{Pv_L} = \frac{\frac{4\dot{m}_{LF}}{\pi D^2}D}{\eta_L} = \frac{G_{LF}D}{\eta_L} \tag{242}$$

Simulationsrechnungen, denen Luninski et al. [177] eigene Messungen an horizontalen Luft-Wasser-Systemen mit Rohrdurchmessern zwischen 8.15 mm und 12.3 mm gegenüberstellten, zeigten gute Übereinstimmung für den Vergleich der Filmdicken.

Kürzlich präsentierten Laurinat et al. [180] Korrelationen für den Druckverlust und die Wandfilmdicke, die auf Messungen einer horizontalen Luft-Wasser-Strömung mit Rohrdurchmessern von 2.54 cm und 5.08 cm basierten.

$$\frac{\delta}{D} = \frac{6.59 F_H}{\left[2.3^5 + \left(90 F_H\right)^5\right]^{0.2}} \tag{243}$$

Die Funktion F_H enthält neben den kinematische Zähigkeiten und Dichten von Flüssigkeit und Gas noch die schon bekannte Reynoldszahl des flüssigen Wandfilmes und die Reynoldszahl der Gaskernströmung Re_V.

$$F_H = \frac{\left[\left(0.566 \, Re_{LF}^{0.5}\right)^{2.5} + \left(0.0303 \, Re_{LF}^{0.9}\right)^{2.5}\right]^{0.4}}{Re_V^{0.9}} \left(\frac{v_L}{v_V}\right) \sqrt{\frac{\rho_L}{\rho_V}} \tag{244}$$

mit

$$Re_V = \frac{\left(D - 2\delta\right) v_{zV}}{v_V} \tag{245}$$

Die Autoren setzten die Schubspannung der Phasengrenzfläche τ_S mit der mittleren Gas- bzw. Dampfgeschwindigkeit v_{zV} durch folgende Gleichung in Beziehung:

$$\tau_S = f_S \frac{\rho_V v_{zV}^2}{2} = \left(1 - \frac{2\delta}{D}\right)^5 \left[2 + 2.5 \times 10^{-5} \, Re_{LF} \frac{D_0}{D}\right] f_{LW} \frac{\rho_V v_{zV}^2}{2} \quad \text{mit} \quad D_0 = 1.0 \, \text{m} \tag{246}$$

Wie am Anfang dieses Kapitels schon erwähnt, benötigen alle diese Analysen - auch die von Luninski et al. [177] und die von Laurinat et al. [180] - die Entrainment-Funktion als Eingabeparameter, um den Massenstrom im Wandfilm und den Dampfvolumenanteil des Gaskernes zu bestimmen. Basierend auf einer Veröffentlichung von Wallis [181], die vertikale Rohrströmungen zum Thema hatte, verwendeten Luninski et al. die folgende Relation als Entrainment-Funktion:

$$E = 1 - e^{-0.125 \, (\beta - 1.5)} \tag{247}$$

mit

[180]   Laurinat, J. E., Hanratty, T. J., und Dallman, J. C.: Pressure drop and film height measurements for annular gas-liquid flow. Int. J. Multiphase Flow, 1984, Vol. 10, S. 341-356.

[181]   Wallis, G. B.: Phenomena of liquid transfer in two-phase dispersed annular flow. Int. J. Heat and Mass Transfer, 1968, Vol. 11, S. 783-785.

$$\beta = 10^4 \left(\frac{<j_V> \eta_V}{\sigma} \right) \left(\frac{\rho_V}{\rho_L} \right)^{\frac{1}{2}} \tag{248}$$

Der Faktor 1.5 im Exponent der Entrainment-Funktion berücksichtigt den Effekt, daß das Entrainment unterhalb einer kritischen Gasgeschwindigkeit gegen null geht, d.h. es gilt $E = 0$ für:

$$<j_V> \leq 1.5 \times 10^{-4} \left(\frac{\sigma}{\eta_V} \right) \left(\frac{\rho_L}{\rho_V} \right)^{\frac{1}{2}} \tag{249}$$

Diese Beziehung mit einer etwas anderen Konstanten (2.46×10^{-4}) wurde schon von Steen[182] vorgeschlagen und von Wallis empfohlen. Mit der nun bekannten Entrainment-Funktion kann man die Aufteilung der Flüssigkeit in Wandfilm und Tröpfchen bestimmen und die scheinbare Geschwindigkeit des flüssigen Wandfilmes ermitteln.

$$<j_{LF}> = (1 - E) <j_L> \tag{250}$$

In jüngerer Zeit präsentierten Dallman et al.[183] Messungen des Entrainments in Luft-Wasser-Strömungen. Sie führten ihre Messungen in horizontalen Rohren der Durchmesser 2.54 cm und 5.08 cm durch und beobachteten, daß für sehr hohe Gasgeschwindigkeiten ein oberer Grenzwert für das Entrainment erreicht wird. Durch eine weitere Steigerung der Gasgeschwindigkeit konnte keine zusätzliche Reduzierung des Wandfilm-Massenstromes erzielt werden. Der kritische (minimale) Massenstrom des Wandfilms $\dot{m}_{LFC}$, unterhalb dessen keine weiteren Tröpfchen aus dem Film gerissen werden, bestimmt somit das maximal in dem Gaskern mögliche Entrainment bei sehr hohen Gasgeschwindigkeiten. Basierend auf ihren Meßdaten korrelierten die Autoren eine empirische Funktion für das Entrainment.

$$E = \frac{E_0 \left[(D - 2\delta) \rho_V^{\frac{1}{2}} \rho_L^{\frac{1}{2}} v_{zV}^3 \right]^{1.5}}{1 + E_0 \left[(D - 2\delta) \rho_V^{\frac{1}{2}} \rho_L^{\frac{1}{2}} v_{zV}^3 \right]^{1.5}} \left(1 - \frac{\dot{m}_{LFC}}{\dot{m}_L} \right) \tag{251}$$

In dieser Beziehung tritt die (leider) dimensionsbehaftete Konstante E_0 auf.

$$E_0 = 3.6 \times 10^{-8} \left[\frac{s^{4.5}}{m^{1.5} kg^{1.5}} \right] \tag{252}$$

---

[182] Steen, D. A.: The onset of droplet entrainment in annular gas-liquid flow. M.S. Thesis, Dartmouth College, 1964.

[183] Dallman, J. C., Laurinat, J. E., und Hanratty, T. J., 1984, a.a.O.

In ihrer Arbeit unterstrichen die Autoren, daß das Konzept eines maximalen Grenzwertes für das Entrainment von großer Wichtigkeit für die Strömungsanalyse ist. Dies hat zur Folge, daß der genauen Bestimmung von $\dot{m}_{LFC}$ eine große Bedeutung für die Berechnung des Entrainments zukommt. Ihre Meßdaten lassen für $\dot{m}_{LFC}$ auf eine Abhängigkeit von dem Massenstrom der mitgerissenen Flüssigkeitströpfchen schließen. Dies stellt einen gewissen Gegensatz zu Ergebnissen mit vertikalen Rohrströmungen dar. Laurinat et al. [184] definierten eine kritische Reynoldszahl des Wandfilms Re_{LFC}, mit deren Hilfe $\dot{m}_{LFC}$ zu bestimmen ist, und ermittelten aus eigenen Meßdaten einen konstanten Wert von 340 für die kritische Reynoldszahl.

$$Re_{LFC} = \frac{4\dot{m}_{LFC}}{\eta_L \pi D} = 340 \tag{253}$$

Dieser Wert stimmt gut mit den Messungen von Dallman et al. überein, obwohl eine gewisse Unsicherheit bei sehr hohen Entrainment-Raten, d.h., wenn der Entrainmentmassenstrom der Flüssigkeitströpfchen den Massenstrom der Gasströmung überschreitet, bleibt. Für solche Betriebszustände kann der kritische Wandfilm-Massenstrom um den Faktor 2 zu gering eingestuft werden.

Mit einer der oben genannten Entrainment-Funktionen läßt sich nun das Gleichungssystem schließen und die Dicke des Flüssigkeits-Wandfilmes, der Gesamtdampfgehalt der Strömung $<\alpha_{total}>$ und die Gesamt-Phasengrenzflächenkonzentration $a_{S_{total}}$ bestimmen.

$$<\alpha_{total}> = <\alpha_\delta><\alpha_C> \tag{254}$$

$$a_{S_{total}} = a_{S_\delta} + a_{S_C} \tag{255}$$

In der Gesamt-Phasengrenzflächenkonzentration treten die Konzentrationen des Wandfilmes und der Gaskernströmung auf. Die Phasengrenzflächenkonzentration des Wandfilmes ergibt sich aus einfachen geometrischen Überlegungen.

$$a_{S_\delta} = \frac{4(D - 2\delta)}{D^2} \tag{256}$$

Die Phasengrenzflächenkonzentration der Gaskernströmung kann mit Hilfe von Gl. (209) und der Definition eines entsprechenden mittleren Sauter-Durchmessers für die Flüssigkeitströpfchen $D_{sm\,drop}$ gewonnen werden.

$$a_{S_C} = \frac{6(1 - <\alpha_C>)}{D_{sm\,drop}} \tag{257}$$

---

[184] Laurinat, J. E., Hanratty, T. J., und Jepson, W. P., 1985, a.a.O.

Theoretische Überlegungen zur Bestimmung des Tröpfchendurchmessers wurden kürzlich von Tarnogrodzki [185] präsentiert. Eine Relation für den mittleren Sauter-Tröpfchendurchmesser, die von Azzopardi [186] ursprünglich für vertikale Ringströmungen vorgeschlagen wurde, konnte von Paras und Karabelas [187] erfolgreich zur Analyse von horizontalen Ringströmungen angewendet werden.

$$\frac{D_{sm\,drop}}{\lambda} = \frac{15.4}{We^{0.58}} + \frac{14.0\dot{m}_{LE}}{\rho_L v_{zV}\pi(D-2\delta)} \tag{258}$$

Die in dieser Gleichung auftretenden Größen sind wie folgt definiert:

$$\lambda = \sqrt{\frac{\sigma}{\rho_L g}} \quad , \quad We = \frac{\rho_L v_{zV}^2 \lambda}{\sigma} \tag{259}$$

Da der Flüssigkeitsfilm die Rohrwand völlig benetzt, sind die Oberflächenkonzentrationen der Rohrwand sehr einfach festzulegen.

$$a_{LW} = \frac{4}{D} \quad , \quad a_{VW} = 0 \tag{260}$$

8. 4   Schwall- und Pfropfenströmung

Strömen Dampf bzw. Gas und Flüssigkeit zusammen in einem Rohr, so trifft man bei hohen Gasgeschwindigkeiten eine Ringströmung an. Bei niedrigen Gasgeschwindigkeiten kann man in vertikalen Rohren eine Blasenströmung beobachten. In horizontalen Rohren tritt bei niedrigen Flüssigkeitsgeschwindigkeiten eine Schichtenströmung und bei hohen Flüssigkeitsgeschwindigkeiten ebenfalls eine Blasenströmung auf. In dem Übergangsbereich zwischen diesen beiden Strömungsformen bildet sich in einem weiten Bereich Schwall- oder Pfropfenströmungen aus. Die Betriebspunkte vieler Strömungen industrieller Anlagen liegen genau in diesem Übergangsbereich, so daß der Analyse von Schwall- und Pfropfenströmungen eine große Bedeutung zukommt. Das wesentliche Merkmal von Schwall- und Pfropfenströmungen besteht darin, daß sie intermittierend (stoßweise auftretend) und damit immer instationär sind. Ein Beobachter an einer festen Stelle des Rohres sieht abwechselnd eine Sektion mit einem Schwall von Flüssigkeit und kleinen Blasen, die, als Momentaufnahme betrachtet, wie eine Blasenströmung aussieht, und eine Sektion, die als Momentaufnahme je nach Rohrneigung und Strömungsbedingungen wie eine Schichten- oder asymmetrische Ringströmung aussieht. Man spricht von

---

[185]   Tarnogrodzki, A.: Theoretical prediction of the critical Weber number. Int. J. Multiphase Flow, 1993, Vol. 19, S. 329-336.

[186]   Azzopardi, B. J.: The role of drops in annular gas-liquid flow: drop sizes and velocities. Jap. J. Multiphase Flow, 1988, Vol. 2, S. 15-35.

[187]   Paras, S. V., und Karabelas, A. J., 1991, a.a.O.

Schwallströmungen (slug flow), wenn der Strömungscharakter noch dem einer Schichtenströmung ähnelt, die ab und zu von einem Flüssigkeitsschwall, der mit kleinen Gasbläschen durchsetzt ist, unterbrochen wird. Scheint die Strömung überwiegend aus Flüssigkeit, normalerweise ohne Gasbläschen, zu bestehen, in der längliche große Gasblasen strömen, so verwendet man lieber den Begriff Pfropfenströmung (plug flow), wobei man in der deutschsprachigen Literatur auch die Bezeichnung Kolbenblasenströmung findet. Da sich die beiden Strömungsformen sehr ähneln, ist eine Abgrenzung zwischen den beiden Strömungsformen physikalisch in vielen Fällen nicht sinnvoll. In der englischsprachigen Literatur sind beide Strömungsformen oft zu *intermittent flow* zusammengefaßt und werden vielfach gemeinsam behandelt. Aus diesem Grund soll auch hier nicht zwischen Schwall- und Pfropfenströmungen als zwei verschiedenen charakteristischen Strömungsformen unterschieden werden.

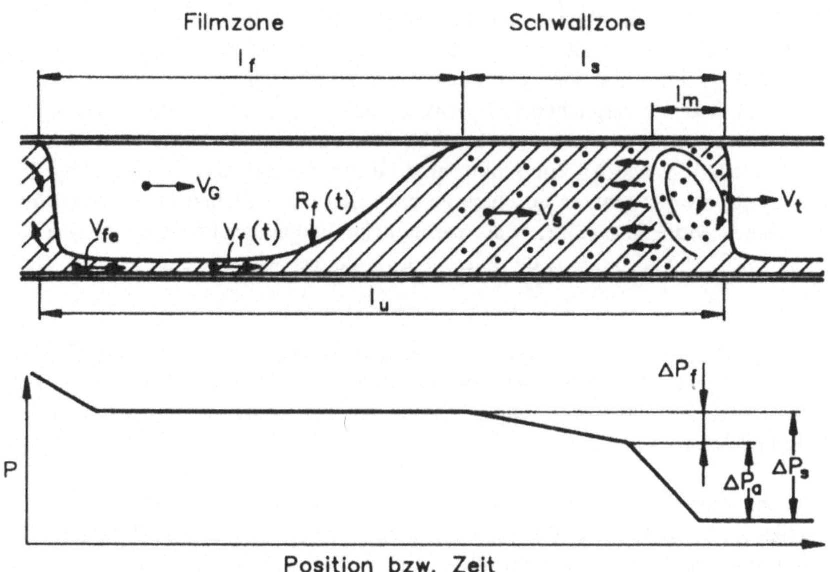

Abb. 9:   *Das Zellenmodell für Schwall- und Pfropfenströmung* [193]

Taitel und Barnea [188] wie auch Fabre und Liné [189] sowie Dukler und Fabre [190] veröffentlichten in jüngster Zeit Arbeiten über Zweiphasenströmungen, welche Kapitel zur Analyse und Modellierung von Schwall- und Pfropfenströmungen enthalten. Die schon erwähnte intermittierende Struktur von Schwall- und Pfropfenströmungen verbietet einer genaueren Strömungsanalyse die klassische zeitliche Mittelwertbildung, da wesentliche Information über die charakteristische Strömungsstruktur herausgemittelt würde. Dies bedeutet, daß eine Analyse der

---

[188]   Taitel, Y., und Barnea, D.: Two-phase slug flow. Adv. Heat Transfer, 1990, Vol. 20, S. 83-132.
[189]   Fabre, J., und Liné, A., 1992, a.a.O.
[190]   Dukler, A. E., und Fabre, J., 1992, a.a.O.

Schwall- und Pfropfenströmung zuallererst die Untersuchung und Beschreibung des intermittierenden Verhaltens zum Thema haben muß. Ein klassischer Ansatz, der in den letzten 25 Jahren häufig benutzt wurde, reduziert das intermittierende Verhalten der Strömung auf einen periodischen Vorgang. Auf diese Weise wird die Strömungform dahingehend vereinfacht, daß man sich ihre Struktur gedanklich aus Zellen zusammengesetzt vorstellen kann, wobei jede Zelle aus zwei Teilen besteht, welche in Abb. 9 abgebildet sind. Erstens: eine langgestreckte, große Blase, die über einem Flüssigkeitsfilm strömt, dem sogenannten Schichtenströmungsbereich (Index f für Filmzone); und zweitens: ein Flüssigkeitschwall, der kleine Dampf- oder Gasblasen enthält, dem sogenannten Blasenströmungsbereich (Index s für Schwallzone).

Die Pionierarbeit auf diesem Gebiet wurde von Griffith und Wallis [191] und Nicklin et al. [192] geleistet, die als erste die Bedeutung der Bewegung der langen Blase, die durch die Flüssigkeit strömt und diese quasi überholt, erkannten. In ihrer umfassenden Arbeit entwickelten Dukler und Hubbard [193] ein Zellenmodell, das auf Impulsbilanzen der verschiedenen Zellenteile beruht und von Nicholson et al. [194] modifiziert und verfeinert wurde. Dukler und Hubbard testeten ihr Modell mit Messungen, die in Luft-Wasser-Strömungen in horizontalen Rohren durchgeführt wurden, während Nicholson et al. ihre Verbesserungen mit Meßdaten von Luft-Öl-Strömungen überprüften. Nydal et al. [195] verglichen Luft-Wasser- mit Luft-Öl-Strömungen und beobachteten, daß der Ölschwall sehr viel stärker mit Luftbläschen angereichert war als der vergleichbare Wasserschwall. Weder das Modell von Dukler und Hubbard noch das von Nicholson et al. ist insofern vollständig, als daß man es geschlossen nach den wesentlichen Geometriegrößen hin lösen könnte. Beide Modelle benötigen als wesentliche Eingabegrößen sowohl den Flüssigkeitsvolumenanteil R_s (liquid holdup) im Schwall als auch die Schwallfrequenz oder die Länge des Schwalls.

Zur Berechnung von vertikalen Aufwärtsströmungen wurde ein detailliertes Modell von Fernandes [196] vorgestellt. Das Modell benötigt ebenfalls die Länge des Schwalls als Eingabe, ist aber in der Lage, den Flüssigkeitsvolumenanteil auf der Basis von empirischen Korrelationen anderer Größen zu bestimmen.

Zusammenfassend kann man sagen, daß alle vorhandenen Modelle zur Berechnung horizontaler oder vertikaler Schwall- und Pfropfenströmungen zwei Größen als Eingabeparameter benötigen: den Flüssigkeitsanteil im Schwall R_s und die Schwallfrequenz bzw. die Länge des Schwalls. Der Flüssigkeitsanteil im Schwall wurde experimentell von Fernandes für vertikale Aufwärtsströmungen bestimmt. Für horizontale Rohrstömungen wurde der Flüssigkeitsanteil von Gregory et al. [197], Barnea und Brauner [198] und von Andreussi und Bendiksen [199] unter-

191   Griffith, P., und Wallis, G. B.: Two-phase slug flow. J. Heat Transfer, 1961, Vol. 83, S. 307-320.

192   Nicklin, D. J., Wilkes, J. O., und Davidson, J. F.: Two phase flow in vertical tubes. Trans. Inst. Chem. Engs., 1962, Vol. 40, S. 61-68.

193   Dukler, A. E., und Hubbard, M. G., 1975, a.a.O.

194   Nicholson, M. K., Aziz, K., und Gregory, G. A., 1978, a.a.O.

195   Nydal, O. J., Pintus, S., und Andreussi, P.: Statistical Characterization of Slug Flow in Horizontal Pipes. Int. J. Multiphase Flow, 1992, Vol. 18, Nr. 3, S. 439-453.

196   Fernandes, R. C.: Experimental and theoretical studies of isothermal upward gas-liquid flows in vertical tubes. Ph.D. Thesis, University of Houston, 1981.

197   Gregory, G. A., Nicholson, M. K., und Aziz, K.: Correlation of the liquid volume fraction in the slug for horizontal gas-liquid slug flow. Int. J. Multiphase Flow, 1978, Vol. 4, S. 33-39.

198   Barnea, D., und Brauner, N.: Holdup of the liquid slug in two-phase intermittent flow. Int. J. Multiphase Flow, 1985, Vol. 11, S. 43-49.

sucht. Gregory et al. ermittelten eine empirische Funktion, die R_S mit der Gemischgeschwindigkeit im Schwall korreliert und die auf Messungen in Luft-Öl-Strömungen basiert. Barnea und Brauner veröffentlichten eine Beziehung für R_S, die sie aus einer Bilanz zwischen Turbulenzkräften mit auseinanderbrechender Wirkung und Gravitations- und Oberflächenspannungskräften mit zusammenhaltender Wirkung entwickelten. Die halbempirische Funktion für R_S von Andreussi und Bendiksen berücksichtigt Effekte der Stoffeigenschaften und basiert im wesentlichen auf Experimenten mit Luft-Wasser-Strömungen. Der zweite wichtige Eingabeparameter, die Schwallfrequenz, wurde z.B. von Vermeulen und Ryan [200] oder von Grescovich und Shrier [201] untersucht. Wie von Nicholson et al. [194] gezeigt, sind die Schwallfrequenz und die Länge des Schwalls Größen, die in fester Relation zueinander stehen, so daß alternativ entweder die eine oder die andere verwendet werden kann. Eine ganze Reihe von Experimenten in vertikalen und horizontalen Luft-Wasser-Systemen bekräftigen die Beobachtung, daß die stabile Länge des Flüssigkeitsschwalls l_S (siehe Abb. 9) unabhängig von den Massenströmen der Flüssigkeit und des Gases bzw. Dampfes und relativ konstant für einen gegebenen Rohrdurchmesser D ist (siehe z.B. Moissis und Griffith [202], Moissis [203] oder Nicholson et al. [194]). Es wurde beobachtet, daß die stabile Länge des Flüssigkeitsschwalls für horizontale Strömungen zwischen 12 und 30 Rohrdurchmessern und für vertikale Aufwärtsströmungen zwischen 8 und 16 Rohrdurchmessern liegt.

Moalem Maron et al. [204] schlugen ein Modell zur Bestimmung der Länge des Schwalls l_S und des Flüssigkeitsvolumenanteils des Schwalls R_S für eine gegebene Schwallfrequenz vor. Barnea und Brauner untersuchten das Modell und stellten fest, daß es streng genommen nur in dem Strömungsbereich, in dem sich die Schwallströmung zu entwickeln beginnt und wo die Auftriebskräfte dominieren, wirklich gültig ist. Das Modell berücksichtigt nur diese Auftriebskräfte bei der Blasenbildung im Schwall. Reduziert man die Schwallfrequenz, so erhöht sich der Flüssigkeitsvolumenanteil im Schwall R_S und erniedrigt sich der mittlere Reibungsdruckverlust über den Schwall. Aus der Modellannahme, daß sich die vollentwickelte Schwallströmung bei einem minimalen Druckverlust stabilisiert, folgt somit ein Schwall ohne Blasen, d.h. ein Flüssigkeitsvolumenanteil, der gegen eins strebt ($R_S \rightarrow 1$). Das Modell von Moalem Maron et al. berücksichtigt nicht die Turbulenzeffekte, die im Schwall eine homogene Mischung aus Blasen und Flüssigkeit erzeugen und dafür verantwortlich sind, daß normalerweise in ausgebildeten Schwallströmungen der Flüssigkeitsvolumenanteil im Schwall deutlich kleiner als eins ist und der Bereich des Schwalls einer gut durchmischten Blasenströmung mit $R_S < 1$ gleicht.

Beschreibung der Schwall- und Pfropfenströmung:

Wie schon angesprochen, ist die Schwall- und Pfropfenströmung ein sehr komplexes instationäres Phänomen. Ein gutes Verständnis der Strömungsmechanismen wird von Dukler und Hubbard [193] vermittelt. Ihre Arbeit umfaßt umfangreiche Strömungssichtbarmachungen mit

---

[199]   Andreussi, P., und Bendiksen, K., 1989, a.a.O.

[200]   Vermeulen, L. R., und Ryan, J. T.: Two-phase slug flow in horizontal and inclined tubes. Canadian J. Chemical Engineering, 1971, Vol. 49, S. 195-201.

[201]   Greskovich, E. J., und Shrier, A. L., 1972, a.a.O.

[202]   Moissis, R., und Griffith, P.: Entrance effects in a two-phase slug flow. J. Heat Transfer, 1962, Vol. 84, S. 29-39.

[203]   Moissis, R.: The transition from slug to homogeneous two-phase flows. J. Heat Transfer, 1963, Vol. 85, S. 366-370.

[204]   Moalem Maron, D., Yacoub, N., und Brauner, N, 1982, a.a.O.

Hochgeschwindigkeits- und Momentaufnahmen sowie Farbmarkierungen in der Strömung. Basierend auf ihrer Arbeit ist für horizontale Rohrströmungen in Abb. 9 eine ideale ausgebildete Schwallströmung und in Abb. 10 der Prozeß der Schwallbildung dargestellt. Ihre eingehenden Beobachtungen zeichnen folgendes Bild einer Schwall- oder Pfropfenströmung:

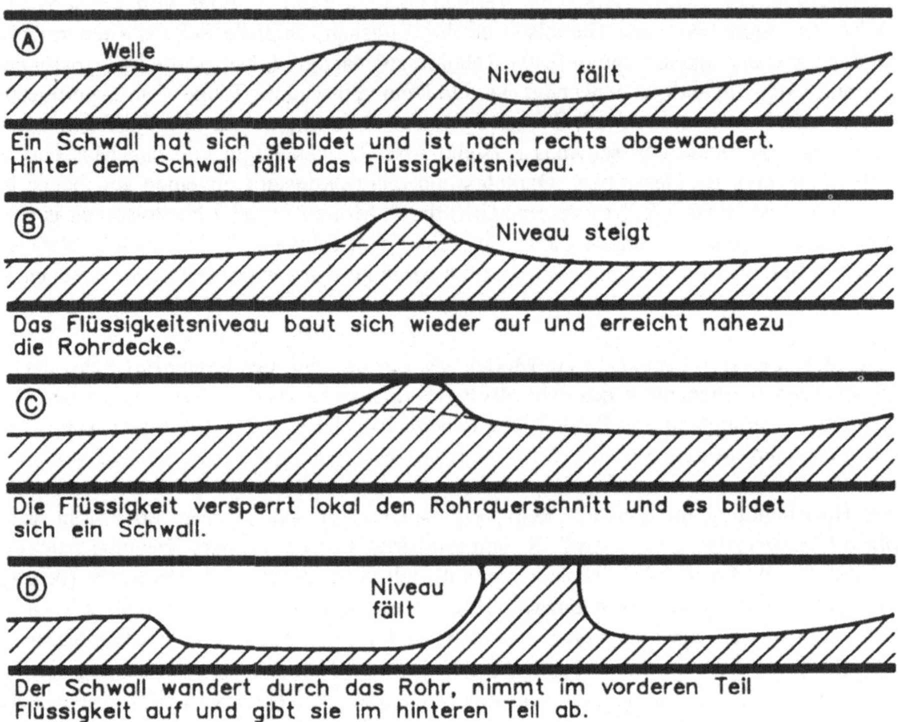

Abb. 10: *Der Prozeß der Schwallbildung* [193]

1.) Flüssigkeit und Gas bzw. Dampf strömen gleichgerichtet in einem waagrechten Rohr. Nahe des Strömungseintritts trifft man eine geschichtete Strömungsform an, wobei das Gas über die Flüssigkeitschicht hinwegströmt. Herrschen Strömungsbedingungen, unter welchen sich Schwall- oder Pfropfenströmungen ausbilden, so beginnt sich die Flüssigkeit stromab zu verlangsamen, mit der Konsequenz, daß der Flüssigkeitsspiegel ansteigt und sich der Rohrdecke nähert. Durch die beschleunigte Gasströmung bilden sich gleichzeitig Wellen auf der Flüssigkeitsoberfläche. Die über der Welle beschleunigte Gasströmung "saugt" sozusagen die entstehende Welle weiter nach oben. Dieser Effekt ist als *Kelvin-Helmholtz-Instabilität* bekannt. Schließlich führt die Überlagerung beider Effekte dazu, daß der Flüssigkeitsspiegel die Rohrdecke erreicht und somit die Flüssigkeit lokal den gesamten Rohrquerschnitt einnimmt und den Gasstrom abrupt blockiert. Dieser Vorgang ist in den Abbn. 10 A, B, und C skizziert.

2.) Sobald die Flüssigkeit den gesamten Rohrquerschnitt versperrt, wird sie in einem Schwall auf die Gasgeschwindigkeit beschleunigt. Die Flüssigkeit scheint dabei konstant über den Rohrquerschnitt beschleunigt zu werden. Während der Flüssigkeitsschwall durch das Rohr strömt, nimmt er ständig Flüssigkeit aus einem relativ dünnen, vor ihm strömenden Film auf. Die Flüssigkeit aus diesem Film wird ebenfalls auf die Schwallgeschwindigkeit beschleunigt. Auf diese Weise nimmt der Schwall mehr und mehr Flüssigkeit auf, wie es in Abb. 10 D dargestellt ist. Ein voll entwickelter Schwall ist in Abb. 9 zu sehen.

3.) Sobald die Flüssigkeit lokal den gesamten Rohrquerschnitt einnimmt und somit der Schwall entstanden ist, verliert der Schwall auch wieder Flüssigkeit in Form eines Filmes, der eine freie Oberfläche besitzt und am hinteren Ende des Flüssigkeitsschwalls gebildet wird. Die Flüssigkeit in dem Film wird in kurzer Zeit von der ursprünglichen Schwallgeschwindigkeit auf eine viel niedrigere Geschwindigkeit, die durch die Schubspannungen an Wand und Phasengrenzfläche bestimmt ist, verzögert (siehe Filmzone l_f in Abb. 9).

4.) Nachdem sich der Flüssigkeitsschwall gebildet hat und in dem Rohr entlangströmt, nimmt er ständig Flüssigkeit aus dem langsamer vor ihm herströmenden Film, der von dem vorhergehenden Schwall abgegeben wird, auf. Da der Flüssigkeitsschwall auch gleichzeitig die gleiche Menge an Flüssigkeit wieder abgibt (durch den Film an den nachfolgenden Schwall), beginnt sich seine Länge zu stabilisieren. Vollausgebildete Schwallströmungen, die sich auf diese Weise gebildet haben, ähneln in gewisser Weise Oberflächenwellenströmungen, da die Geschwindigkeit eines einzelnen Flüssigkeitspartikels im Schwall niedriger ist als die zu beobachtende Schwallgeschwindigkeit. In Oberflächenwellen besteht eine ähnliche Differenz zwischen der Partikel- und der Wellengeschwindigkeit. Als eine Konsequenz dieser Geschwindigkeitsdifferenz strömt ständig Flüssigkeit durch den Schwall. Der Flüssigkeitsfilm, der von einem Schwall abgegeben und von dem darauffolgenden aufgenommen wird, strömt unter einer länglichen Dimitrescu-Gasblase, die die Flüssigkeit vorantreibt. Bedingt durch Gravitationseffekte nimmt die Strömung in dieser sogenannten Filmzone die Erscheinungsform einer Schichtenströmung an (siehe Nicholson et al. [194]).

5.) Da die kinetische Energie der Flüssigkeit im Schwall höher ist als die der Flüssigkeit im Film, dringt der Film, wenn er vom Schwall aufgenommen wird, eine gewisse Strecke in den Schwall ein, bis er schließlich vollständig in den Schwall assimiliert wird. Der Film wird sozusagen von dem überholenden Schwall überrannt. Dieser Effekt erzeugt im vorderen Teil des Schwalls einen Turbulenzballen oder Mischungswirbel mit einem hohen Grad an Turbulenz, so daß kleine Gasblasen mit in den Schwall hineingerissen werden. Die Länge der Mischungszone wird von der Penetrationslänge des Films in den Schwall bestimmt und ist als Länge l_m in Abb. 9 eingezeichnet. Die untere Bildhälfte von Abb. 9 zeigt die zeitliche Momentaufnahme eines idealisierten Druckprofils über die Länge der Schwallzelle, das auf den hier dargestellten Mechanismen basiert. In der Mischungszone beobachtet man einen starken Druckanstieg, der mit der Kraft, die den Flüssigkeitsfilm beschleunigt, assoziiert ist. Nach der Mischungszone ändert sich der Druck linear entsprechend der Reibungsverluste in einer homogenen Blasenströmung, in der der Schlupf zwischen Flüssigkeit und Gasblasen normalerweise vernachlässigbar ist. In der sich an die Schwallzone anschließenden Filmzone bleibt der Druck nahezu konstant, da der Druckverlust hier, im Vergleich zur Schwallzone, sehr gering ist.

6.) In dem Maß, wie der Gasmassenstrom und damit die Schwallgeschwindigkeit zunehmen, erhöht sich auch der Gasblasenanteil im Schwall, bis schließlich das Gas eine kontinuierliche Phase im Schwall bildet. Wenn dies auftritt, beginnt ein gewisser Gasmassenstrom durch den Schwall hindurchzuströmen. Der Schwall kann seine blockierende Wirkung nicht länger auf-

rechterhalten, was eine Änderung des Strömungscharakters zur Folge hat, d.h., es beginnt sich
die Strömungsform der Ringströmung auszubilden.

Alle diese Beobachtungen lassen es physikalisch sinnvoll erscheinen, die wesentlichen Eigenschaften der Schwallströmung (wie Oberflächenkonzentrationen oder Wärme- und Stoffübergangskoeffizienten) aus der Summe eines Schichtenströmungs- und eines Blasenströmungsbei-
trages zu bestimmen (siehe Dukler und Fabre [190]).

Die im Anschluß folgende Diskussion behandelt die Schwall- und Pfropfenströmung vollständig deterministisch, obwohl durch experimentelle Beobachtungen deutlich ist, daß sich die
Schwall- und Pfropfenströmung durch zufällige und willkürliche Schwankungen auszeichnet.
Insbesondere variiert die Zeit und Länge zwischen einem Schwall und dem ihm folgenden
Schwall, d.h. die Ausdehnung der länglichen Gasblase und damit auch alle anderen Eigenschaften der Schwall- und Pfropfenströmung, wie z.B. der Druckverlust über den Schwall oder
die Filmgeschwindigkeit. Bislang sind keine befriedigenden Ansätze für die auftretenden will-
kürlichen Schwankungsbewegungen bekannt. Jedoch kann man davon ausgehen, daß die
statistische Verteilungsfunktion sehr schmal ist. In dem folgenden Abschnitt sind daher alle
auftretenden Größen als Mittelwerte eines Sets von Meßdaten, die sich um diesen Mittelwert
herum verteilen, zu verstehen. Das in dem Abschnitt vorgestellte Modell basiert im wesentlichen auf der Arbeit von Dukler und Hubbard [193].

Das hydrodynamische Modell

Nach Untersuchungen von Moalem Maron et al. [205] ist die Schwallfrontgeschwindigkeit V_t
identisch mit der Geschwindigkeit der Spitze der Gasblase V_N, welche in Beziehung zu dem
Geschwindigkeitsprofil, das im hinteren Teil des vor der Blase strömenden Flüssigkeitsschwalls
herrscht, steht. Man kann diese Geschwindigkeitsverteilung mit guter Näherung durch das für
turbulente Rohrströmungen gültige 1/n-Potenzgesetz beschreiben.

$$\frac{v_{zLs}}{V_{max}} = \left(\frac{y}{D/2}\right)^{1/n} \tag{261}$$

Hierin ist V_{max} die Maximalgeschwindigkeit in der Rohrmitte bei $y = D/2$, welche nach
Schlichting [206] zu der mittleren Geschwindigkeit des Fluids im Rohr, d.h. in diesem Fall im
Schwall V_s, in folgender Beziehung steht:

$$V_{max} = \frac{(n+1)(2n+1)}{2n^2} V_s \tag{262}$$

---

[205]   Moalem Maron, D., Yacoub, N., Brauner, N., und Naot, D.: Hydrodynamic mechanisms in the
        horizontal slug pattern. Int. J. Multiphase Flow, 1991, Vol. 17, Nr. 2, S. 227-245.

[206]   Schlichting, H.: Grenzschicht-Theorie. Verlag G. Braun, Karlsruhe, 1982, S. 611.

Ein gebräuchlicher Ansatz zur Beschreibung von horizontalen Schwall- und Pfropfenströmungen setzt die Geschwindigkeit an der Spitze der Gasblase V_N gleich der Summe aus Maximalgeschwindigkeit in der Rohrmitte V_{max} und einer Driftgeschwindigkeit V_d, so daß man V_t ebenso ausdrücken kann:

$$V_t = V_N = \frac{(n+1)(2n+1)}{2n^2} V_s + V_d = C_0 V_s + V_d \tag{263}$$

Die Größe C_0 ersetzt den Ausdruck $(n+1)(2n+1)/2n^2$ und steht wie bei der Blasenströmung für einen Verteilungsparameter, der den Einfluß des Verlaufes von Dampfvolumenanteil und Geschwindigkeit über den Rohrquerschnitt berücksichtigt. Weiterhin stellt die Driftgeschwindigkeit V_d die gewichtete mittlere Driftgeschwindigkeit der Gasphase relativ zu der Flüssigkeitsphase dar. Eine von null verschiedene Driftgeschwindigkeit bedeutet, daß ein Schlupf zwischen den Phasen besteht. In horizontalen Schwallströmungen wurde für die Driftgeschwindigkeit von Benjamin[207] und auch von Bendiksen[208] folgende Relation vorgeschlagen:

$$V_d = C_\infty \sqrt{gD} \quad ; \quad C_\infty = 0.54 \tag{264}$$

Auf der Basis von Erhaltungsbeziehungen fordern Dukler und Hubbard[193], daß die Gemischgeschwindigkeit V_M gleich der scheinbaren Geschwindigkeit der Gesamtströmung (flüssige und Gasphase) $\langle j \rangle$ ist.

$$V_M = \langle j \rangle = \langle j_L \rangle + \langle j_G \rangle \tag{265}$$

Es ist eine weitverbreitet akzeptierte Annahme, daß diese Gemischgeschwindigkeit identisch mit der mittleren Geschwindigkeit des Fluids im Schwall ist.

$$V_s = V_M \tag{266}$$

Mit dieser Gleichung und der Vernachlässigung der Driftgeschwindigkeit, was für weite Strömungsbereiche realistisch ist, entwickeln Dukler und Hubbard eine etwas abweichende Beziehung für die Geschwindigkeit der Schwallfront.

$$V_t = (1 + C) V_s \tag{267}$$

Die empirische Konstante C wird mit der Reynoldszahl des Schwalls korreliert:

$$C = 0.021 \ln (Re_s) + 0.022 \tag{268}$$

---

[207]   Benjamin, T. B.: Gravity currents and related phenomena. J. Fluid Mechanics, 1968, Vol. 31, S. 209-248.

[208]   Bendiksen, K. H.: An experimental investigation of the motion of long bubbles in inclined tubes. Int. J. Multiphase Flow, 1984, Vol. 10, S. 467-483.

wobei die Reynoldszahl des Schwalls definiert ist zu

$$Re_s = DV_s \frac{\rho_L R_s + \rho_G (1 - R_s)}{\eta_L R_s + \eta_G (1 - R_s)} \quad . \tag{269}$$

Da sie, wie schon erwähnt, den Einfluß der Driftgeschwindigkeit vernachlässigen, scheint ihr Ansatz keine generelle Gültigkeit zu besitzen. Dieser Einfluß scheint insbesondere bedeutsam zu sein für Strömungen mit relativ großen Rohrdurchmessern und niedrigen Geschwindigkeiten oder in geneigten Rohren. Experimentelle Befunde ergeben für den Verteilungsparameter C_0 und die Driftgeschwindigkeit V_d eine Abhängigkeit von dem Neigungswinkel Θ, der Schwall-froudezahl Fr und der inversen Eötvös- (oder Bond-)zahl Σ. Die beiden dimensionslosen Kennzahlen Fr und Σ sind definiert zu

$$Fr = \frac{V_s^2}{gD} \tag{270}$$

$$\Sigma = \frac{1}{Eo} = \frac{\sigma}{g(\rho_L - \rho_G)D^2} \quad . \tag{271}$$

Hierin stellt wiederum σ die Oberflächenspannung dar. Demzufolge beschreibt die Eötvöszahl Eo ein die Strömung charakterisierendes Verhältnis von Auftriebskräften zu Kräften infolge von Oberflächenspannungen.

Bei einer Froudezahl von etwa $Fr \approx 3$ wurde von Andreussi und Bendiksen [209] eine abrupte Änderung der numerischen Werte für die Größen C_0 und V_d beobachtet: für horizontale Strömung steigt C_0 von 1.05 auf 1.20 und V_d fällt von $0.54\sqrt{gD}$ auf null. Der gleiche Effekt wurde auch von Ferré [210] und Théron [211] beobachtet. Basierend auf ihren Daten wird von Dukler und Fabre [190] eine einfache Korrelation angegeben, die mit allen zur Verfügung stehenden Meßdaten in guter Übereinstimmung steht.

$$\begin{aligned} Fr &< 1.8: \quad C_0 = 1.0 \quad C_\infty = 0.54 \\ Fr &\geq 1.8: \quad C_0 = 1.3 \quad C_\infty = 0.0 \end{aligned} \tag{272}$$

Bilanziert man die Masse in einer stationären Schwallströmung, so muß der Massenstrom durch den Schwall und den Film an jeder Stelle den gleichen Wert annehmen, d.h. der Massenstrom, der in den Schwall eintritt, ist gleich dem, der den Schwall verläßt. Eine

---

209   Andreussi, P., und Bendiksen, K., 1989, a.a.O.

210   Ferré, D.: Ecoulements diphasiques à poches en conduite horizontale. Rev. Inst. Fr. Pét., 1979, Vol. 34, S. 113-142.

211   Théron, B.: Ecoulements instationnaires intermittents de gaz et de liquide en conduite horizontale. Thèse Inst. Natl. Polytech., Toulouse, 1989.

Massenbilanz für diese ausgetauschte Masse (Index e) ergibt die auf den Rohrquerschnitt bezogene Massenstromdichte G_e .

$$G_e = \frac{\dot{m}_e}{A} = \rho_L R_s (V_t - V_s) = \rho_L R_{fe} (V_t - V_{fe}) = \rho_L R_f (V_t - V_f) \qquad (273)$$

Hierin ist die Größe V_{fe} die mittlere Geschwindigkeit in dem Flüssigkeitsfilm unmittelbar bevor dieser von dem nachfolgenden Schwall aufgenommen wird. R_{fe} ist der Flüssigkeitsvolumenanteil bzw. der Flächenanteil am Gesamtrohrquerschnitt, der von dem Film genau an dieser Stelle eingenommen wird. V_f und R_f sind die entsprechenden Werte an einer beliebigen Stelle im Film. Einfache geometrische Überlegungen setzen R_f und den die Flüssigkeitshöhe beschreibenden Winkel γ, der in Abb. 7 auf Seite 61 für Schichtenströmungen eingezeichnet ist, in eine direkte Beziehung.

$$R_f = \frac{A_{Lf}}{A} = 1 - <\alpha_f> = \frac{\gamma - \sin\gamma}{2\pi} \qquad (274)$$

Weiterhin kann man eine Relation zwischen der Zellenlänge des Schwalls l_u, bzw. der Längen von Film- und Schwallzonen l_f und l_s, und der Schwallfrequenz ν_s formulieren.

$$l_u = l_s + l_f = \frac{V_t}{\nu_s} \qquad (275)$$

Experimentelle Beobachtungen der Filmgeometrie ergaben, daß der Flüssigkeitsvolumenanteil des Films innerhalb einer sehr kurzen Distanz hinter dem Schwall nahezu auf den Endwert R_{fe} fällt und sich danach nur noch sehr langsam weiter vermindert. Basierend auf diesen Beobachtungen und einer Massenbilanzierung schlugen Dukler und Hubbard [193] einen Ausdruck für die Länge des Schwalls l_s vor.

$$l_s = \frac{V_s}{\nu_s (R_s - R_{fe})} \left[\frac{<j_L>}{V_s} - R_{fe} + \left(\frac{V_t}{V_s} - 1 \right)(R_s - R_{fe}) \right] \qquad (276)$$

Zur Herleitung dieser Gleichung wurden die Größen R_f und V_f, die beide von dem Prozeß der Verzögerung des Films, unmittelbar nachdem er den Schwall verlassen hat, abhängen, verwendet. Um diese Größen zu ermitteln, wurde eine Impulsbilanz für den Film formuliert. Indem sie diese Bilanz auf die differentielle Länge eines Filmabschnittes anwendeten, konnten Dukler und Hubbard eine Bestimmungsgleichung für R_f und V_f gewinnen. Die Wandschubspannung im Bereich des Flüssigkeitsfilmes wurde durch die Annahme einer quasi-parallelen Strömung berechnet.

$$\tau_{LWf} = \frac{f_f \rho_L V_f^2}{2} \qquad (277)$$

Hierin wird der Reibungsbeiwert f_f entsprechend der bekannten Beziehungen für einphasige Strömungen mit einer auf dem hydraulischen Durchmesser basierenden Film-Reynoldszahl bestimmt.

$$Re_f = \frac{\rho_L D_H V_f}{\eta_L} \tag{278}$$

Der hydraulische Durchmesser des Flüssigkeitsfilms ist definiert zu

$$D_H = \frac{4AR_f}{P_L} = \frac{8AR_f}{\gamma D} \tag{279}$$

Basierend auf den so gewonnenen Beziehungen wurden die Variablen in der Impulsbilanz für den Flüssigkeitsfilm getrennt und die Gleichung integriert, um so eine Bestimmungsgleichung für die Länge der Filmzone zu erhalten.

$$\int_{R_{fstart}}^{R_{fe}} W(R_f)dR_f = \frac{l_f}{D} \tag{280}$$

In dieser Gleichung steht $W(R_f)$ für den länglichen Ausdruck

$$W(R_f) = \frac{\left(\dfrac{C_f R_s}{R_f}\right)^2 - \dfrac{gD}{V_M^2}\left[\dfrac{\dfrac{\pi}{2}R_f \sin\left(\dfrac{\gamma}{2}\right) + \sin^2\left(\dfrac{\gamma}{2}\right)\cos\left(\dfrac{\gamma}{2}\right)}{1-\cos\gamma} - \dfrac{1}{2}\cos\left(\dfrac{\gamma}{2}\right)\right]}{f_f\left[\dfrac{V_t}{V_{fstart}} - C_f\dfrac{R_{fstart}}{R_f}\right]^2 \dfrac{\gamma}{\pi} + \dfrac{R_f gD}{V_M^2}\sin\Theta} \tag{281}$$

mit der für eine gegebene Strömung konstanten Größe

$$C_f = \frac{V_t}{V_{fstart}} - 1 \tag{282}$$

Die Gln. (273) bis (280) müssen simultan durch einen Iterationsprozeß gelöst werden, wobei ein Startwert für l_s von etwa 30 Rohrdurchmessern vorgeschlagen wird. Die Größe W ist eine Funktion von R_f und variiert demzufolge über den Film. Unmittelbar bevor der Film vom nachfolgenden Schwall aufgenommen wird, gilt: $R_f = R_{fe}$. An der Spitze der länglichen Gasblase, bzw. am Ende des vorhergehenden Schwalls nimmt R_f den Wert des Startwertes R_{fstart} an. Mit gegebenen Werten für R_{fstart} und V_{fstart} kann Gl. (280) numerisch integriert werden, indem W für den Maximalwert, d.h. den Startwert, von R_f bestimmt wird und danach sukzessive Inkremente ΔR_f von R_f abgezogen werden. Mit den neuen Werten für R_f wird wiederum die Funktion W bestimmt, diese mit ΔR_f multipliziert und dem Integral hinzuaddiert, d.h. mit abnehmendem R_f steigt der Wert des Integrals. Der Wert von R_{fe} bestimmt sich nun aus der Bedingung, daß das Integral gleich l_f/D sein muß. Erreicht das Integral durch die beschriebene schrittweise Integration den Wert von l_f/D, so gilt $R_{fe} = R_f$, wobei für R_f der letzte Wert eingesetzt wird. In der Orginalarbeit von Dukler und Hubbard gingen die Autoren von der Annahme aus, daß die Startwerte für den Film identisch sind mit den Werten, die im Schwall herrschen.

$$V_{fstart} = V_s \quad ; \quad R_{fstart} = R_s \qquad\qquad\qquad (283)$$

Von Nicholson et al. [194] wurde jedoch beobachtet, daß dies nicht immer richtig ist, da der Zähler des Bruches in Gl. (281) nur dann einen positiven Wert annimmt, wenn gilt $V_M \geq V_M^*$, wobei V_M^* eine kritische charakteristische Geschwindigkeit, die für eine gegebene Strömungskonfiguration proportional dem Rohrdurchmesser ist, darstellt. Fällt V_M unter diese kritische Geschwindigkeit $V_M < V_M^*$, so wird es notwendig, den Startwert R_{fstart} nach unten zu korrigieren, bis die Funktion $W(R_f)$ das Vorzeichen wechselt und positiv wird. Physikalisch bedeutet dies, daß der Flüssigkeitsanteil unmittelbar vor der länglichen Gasblase größer ist als unmittelbar danach. Dies ist der Fall, wenn die Kontur der länglichen Gasblase an der Spitze mit einer senkrechten Tangenten beginnt. Die Berechnung der Filmgeometrie wird für solche Fälle mit dem korrigierten Startwert R_{fstart} begonnen. Der korrespondierende Startwert für V_{fstart} läßt sich aus Gl. (273) bestimmen. Alle anderen Fälle werden mit den Orginalstartwerten von Dukler und Hubbard berechnet. Nicholson et al. vermuten, daß die kritische charakteristische Geschwindigkeit V_M^* von der Geschwindigkeit, die zur Überwindung der Gravitationskräfte mindestens für die Schwallbildung notwendig ist, bestimmt wird. Weiterhin könnte V_M^* auch mit dem Ausbreitungseffekt, der beim Eintritt des Filmes in den Schwall auftritt, assoziiert sein. Da das hier diskutierte Modell jedoch nur auf einer eindimensionalen Analyse basiert, kann eine solch komplexe dreidimensionale Strömungskonfiguration, wie sie am Ende des Schwalls bei der Filmbildung auftritt, natürlich nicht simuliert werden. Die vorgeschlagene Korrektur der Startwerte stellt somit nur eine gangbare Möglichkeit dar, den Anwendungsbereich von Gl. (280) zu vergrößern. Tatsächlich beobachteten Nicholson et al. eine ganze Reihe von Betriebspunkten, die eine solche Korrektur erforderten.

Die **unabhängigen Eingabeparameter** des Modells sind neben den Stoffdaten von Flüssigkeit und Gas bzw. Dampf, ρ_L, ρ_G, η_L und η_G, die scheinbaren Geschwindigkeiten $\langle j_L \rangle$ und $\langle j_G \rangle$, der Rohrdurchmesser D, die Schwallfrequenz ν_s und der Flüssigkeitsvolumenanteil im Schwall R_s. Da die letzten beiden normalerweise nicht bekannt sind, benötigt man noch zusätzliche Information über die Strömung, um die Geometrie einer Schwallzelle bestimmen zu können.

Basierend auf eigenen und fremden Meßdaten schlugen Gregory und Scott [212], Grescovich und Shrier [213] sowie Crowe und Griffith [214] Korrelationen für die **Schwallfrequenz** vor. Die Meßdaten wurden in Luft-Wasser-Systemen mit Rohrdurchmessern von 19 mm (0.75") bis 57 mm (2.25") gewonnen. Danach zeigt die Schwallfrequenz eine Abhängigkeit von im wesentlichen drei Parametern:

- Die Schwallfrequenz erhöht sich mit ansteigender scheinbarer Flüssigkeitsgeschwindigkeit $<j_L>$.
- Die Schwallfrequenz fällt mit wachsendem Durchmesser D.
- Die Schwallfrequenz weist ein Minimum hinsichtlich der Schwallgeschwindigkeit V_t bzw. der Gemischgeschwindigkeit V_M auf.

Die Korrelationen der erwähnten Autoren lassen sich auf die folgende Form bringen, wobei sie sich nur noch in den Koeffizienten a, b und c unterscheiden; diese sind für die verschiedenen Autoren in Tab. 2 aufgelistet.

$$\frac{\nu_s}{\nu_0} = a\left[\frac{<j_L>}{gD}\left(V_M + \frac{b}{V_M}\right)\right]^c \qquad \text{mit} \quad \nu_0 = 1/\text{sec} \qquad (284)$$

Autoren	a [-]	b [m²/s²]	c [-]
Gregory und Scott [212]	0.0226	44.75	1.2
Grescovich und Shrier [213]	0.0226	19.82	1.2
Crowe und Griffith (adiabat) [214]	0.11	14.0	0.7
Crowe und Griffith (mit Wärmezufuhr) [214]	0.13	19.4	0.72

Tab. 2: *Empirische Koeffizienten zur Bestimmung der Schwallfrequenz nach Gl. (284)*

In den letzten Jahren wurde eine weitere Methode zur Bestimmung der Schwallfrequenz von Tronconi [215] vorgeschlagen. Er nahm an, daß die Anzahl der pro Zeiteinheit gebildeten Schwallzellen reziprok proportional zu einer für Oberflächenwellen charakteristischen Zeiteinheit ist. Diese charakteristische Zeiteinheit bestimmt die Oberflächenwellen, welche unmittelbar bevor der sich aufbauende Schwall den gesamten Rohrquerschnitt versperrt, auftreten, und hängt von der Wellenzahl ab. Tronconi benutzte das Konzept der 'gefährlichsten

[212]   Gregory, G. A., und Scott, D. S., 1969, a.a.O.
[213]   Greskovich, E. J., und Shrier, A. L., 1972, a.a.O.
[214]   Crowe, K. E., und Griffith, P.: Intermittent flow dryout limit in heated horizontal pipes. Int. J. Multiphase Flow, 1993, Vol. 19, S. 575-588.
[215]   Tronconi, E.: Prediction of slug frequency in horizontal two-phase slug flow. A.I.Ch.E. J., 1990, Vol. 36, S. 701-709.

Welle' (most dangerous wave), das von Mishima und Ishii [216] vorgeschlagen wurde, um die Frequenz v_c, die für die Schwallbildung verantwortlich ist, zu identifizieren. Die Schwallfrequenz v_s bestimmte er dann durch die etwas willkürliche Beziehung $v_s = v_c /2$, wobei der Faktor $1/2$ die tatsächlich überlebenden Schwallzellen, d.h. die eine stabile Länge annehmen, berücksichtigen soll.

$$v_s = 0.61 \frac{\rho_G}{\rho_L} \left(\frac{v_{zV}}{D-h} \right)_{\text{ungestörte Schichtenströmung}} \tag{285}$$

Um aus dieser Gleichung die Schwallfrequenz zu bestimmen, ist es notwendig, die Gleichgewichts-Flüssigkeitshöhe h der ungestörten, d.h. nicht durch Schwallbildung gestörten, Schichtenströmung und die dazu korrespondierende Gasgeschwindigkeit v_{zV} zu ermitteln. Die Flüssigkeitshöhe h ist die Höhe, die sich am Rohreintritt einstellt, bevor die Schwallbildung beginnt. Die Frequenz v_s wird in einem Koordinatensystem, das sich mit der Flüssigkeitsgeschwindigkeit des Films fortbewegt, bestimmt. Aus diesem Grund schlugen Dukler und Fabre [190] vor, die in oben stehender Gleichung auftretende Gasgeschwindigkeit v_{zV} durch die Relativgeschwindigkeit des Gases zum Flüssigkeitsfilm $v_{zV} - v_{zL}$ zu ersetzten. Welche Gasgeschwindigkeit man wählt, ist jedoch nicht von sehr großem Einfluß. Das Problem der Errechnung der Schwallfrequenz v_s reduziert sich mit dieser Theorie auf die Bestimmung der Bedingungen am Rohreintritt einer Schichtenströmung. Aus diesem Grunde können die Strömungseigenschaften, wie die Flüssigkeitshöhe h und die Geschwindigkeiten in Gas und Flüssigkeit v_{zV} und v_{zL}, nach den Berechnungsmethoden von Kapitel "8. 2 Schichtenströmung" ermittelt werden. Die Berechnung des hier auftretenden Reibungsbeiwertes f_S, wie er durch die halbempirische Gl. (227) in Abhängigkeit von der scheinbaren Gasgeschwindigkeit $<j_V>$ und der dimensionslosen Filmhöhe h/D gegeben ist, würde extrapoliert zu den Bedingungen, die kurz vor der Schwallbildung mit h/D > 0.35 existieren, zu große Werte für f_S /f_V liefern. Um trotzdem - ohne die Effekte einer welligen Oberfläche zu vernachlässigen - den relativ einfachen Ansatz von Tronconi [215] beizubehalten, wird eine auf den Rohreintrittsfall korrigierte Berechnungsmethode für den Reibungsbeiwert vorgeschlagen. Für den Fall der laminaren Gasbzw. Dampfströmung kann danach von $f_S /f_V = 1$ ausgegangen werden. Liegt turbulente Gasbzw. Dampfströmung vor, dann gilt die Relation $f_S /f_V = 2$. Dieser Vorgehensweise liegt die Annahme zugrunde, daß die wellige Flüssigkeitsoberfläche wie eine rauhe Wand auf die turbulente Gasströmung wirkt, wohingegen der Reibungsbeiwert für laminare Gasströmung unabhängig von einer scheinbaren Wandrauhigkeit ist. Zwischen laminarer und turbulenter Strömung gibt Tronconi eine Übergangsfunktion an.

In Tab. 3 sind die der Berechnungsmethode zugrunde liegenden Gleichungen zur Berechnung des Wand- und Phasengrenzflächen-Reibungsbeiwertes der Gasströmung in Abhängigkeit von den herrschenden Strömungsbedingungen aufgelistet. Die hier auftretende Reynoldszahl, Re_V, ist durch Gl. (223) definiert.

---

[216]   Mishima, K., und Ishii, M.: Theoretical prediction of onset of horizontal slug flow. J. Fluids Engineering, 1980, Vol. 102, S. 441-445.

Bereich	f_V	f_S / f_V
$Re_V \leq 2500$	$16 / Re_V$	1
$2500 < Re_V \leq 8000$	$0.00198\, Re_V^{0.15}$	$0.009124\, Re_V^{0.60}$
$8000 < Re_V$	$0.046 / Re_V^{0.2}$	2

Tab. 3: *Gleichungen zur Bestimmung des Reibungsbeiwertes an der Wand und der Phasengrenzfläche in der Gasströmung* [215]

Malnes [217] schlug eine Korrelation für die nun noch verbleibende Unbekannte, den **Flüssig-keitsvolumenanteil**, basierend auf Meßdaten von Gregory et al. [218] vor.

$$R_s = 1 - \frac{V_M}{V_M + 83\left(\dfrac{g\sigma}{\rho_L}\right)^{1/4}} \tag{286}$$

Eine weitere Beziehung zur Berechnung des Flüssigkeitsvolumenanteils im Schwall wurde von Andreussi und Bendiksen [219] vorgelegt. Ihr Modell basiert auf dem folgenden Konzept:

- Sobald der Flüssigkeitsfilm, der in die Front des Schwalls eintritt, eine gewisse charakteristische Mindestgeschwindigkeit V_{Mf} überschreitet, reißt er Gas mit sich in den Schwall, wobei der Gasvolumenstrom proportional zu dem in den Schwall eintretenden Flüssigkeitsvolumenstrom ist. Die Geschwindigkeit V_{Mf} stellt die Geschwindigkeit dar, unter der keine Gasblasen im Schwall existieren.
- Bedingt durch Mischungsprozesse im vorderen Teil des Schwalls kehrt wieder ein Teil der auf diese Weise mitgerissenen Gasblasen in die große, längliche Gasblase zurück. Die Rate, mit der das Gas wieder zurück in die längliche Blase befördert wird, hängt dabei von dem mittleren Dampfvolumenanteil und der Steiggeschwindigkeit der kleinen Blasen im Schwall ab.
- Am hinteren Ende des Schwalls verlassen kleine Blasen zusammen mit der Flüssigkeit den Schwall.

Die Autoren benutzten zudem eine Massenbilanz für die Flüssigkeit, die den Bereich der Spitze der länglichen Gasblase erreicht und wieder verläßt, sowie die Annahme eines Schlupfes, der in der Größenordnung von C_0 liegt, um den Flüssigkeitsvolumenanteil im Schwall R_s zu bestim-

---

[217]	Malnes, D.: Slug flow in vertical, horizontal and inclined pipes. Report IFE/KR/E-83/002 V, Inst. for Energy Technology, Kjeller, Norway, 1982.

[218]	Gregory, G. A., Nicholson, M. K., und Aziz, K., 1978, a.a.O.

[219]	Andreussi, P., und Bendiksen, K., 1989, a.a.O.

men. In der Bestimmungsgleichung treten die mittlere Fluidgeschwindigkeit im Schwall V_s, die schon erwähnte charakteristische Minimalgeschwindigkeit V_{Mf} und eine Konstante U_{M0} auf.

$$R_s = 1 - \frac{V_s - V_{Mf}}{V_s + U_{M0}} \tag{287}$$

Die charakteristische Minimalgeschwindigkeit, unter der keine Blasen im Schwall auftreten, wird bestimmt durch:

$$V_{Mf} = \frac{V_{Mf}' - C_\infty \sqrt{gD}}{C_0 - 1} \tag{288}$$

mit der rein empirischen Beziehung für V_{Mf}'

$$V_{Mf}' = 2.60(C_0 - 1)\left[1 - 2\left(\frac{D_0}{D}\right)^2\right]\sqrt{gD} \quad ; \quad D_0 = 0.025\,m \tag{289}$$

Die Autoren geben die folgenden Werte für die auftretenden Konstanten an:

$$Fr < 3: \quad C_0 = 1.05 \quad C_\infty = 0.54$$
$$Fr > 3: \quad C_0 = 1.20 \quad C_\infty = 0.0$$

Basierend auf dem maximal möglichen stabilen Blasendurchmesser kann eine analytische Abschätzung von V_{Mf}' gewonnen werden, indem man den durch Turbulenzkräfte limitierten Blasendurchmesser gleichsetzt mit dem Durchmesser, ab dem die Blasenform beginnt, deutlich von der Kugelform abzuweichen.

$$V_{Mf}' = 0.94(C_0 - 1)\left[\left\{\frac{0.4\sigma}{(\rho_L - \rho_G)g}\right\}^{1/2}\left(\frac{\rho_L}{\sigma}\right)^{3/5}\left\{\frac{v_L^{0.2}}{D^{1.2}}\right\}^{2/5}\right]^{-1.12} \tag{290}$$

Die Konstante U_{M0} wird rein empirisch, mittels Meßdaten des Dampfvolumenanteils, bestimmt.

$$U_{M0} = \frac{240}{(C_0 - 1)}\sqrt{\Sigma}\,(1 - \frac{1}{3}\sin\Theta)\left(\frac{g\sigma(\rho_L - \rho_G)}{\rho_L^2}\right)^{1/4} + \frac{C_\infty\sqrt{gD}}{C_0 - 1} \tag{291}$$

Um die für das hier vorgestellte Zweifluidmodell notwendigen Parameter bereitzustellen, werden im folgenden der Dampfvolumenanteil, die Oberflächenkonzentrationen, die Massenstromdichten und der Dampfgehalt angegeben, wobei die Größen unterteilt sind in Werte, die nur für die Schwall- (Index slug) bzw. nur für die Filmzone (Index film) gültig sind, und in Werte, die über die Gesamtströmung (Index total) gemittelt sind.

Dampfvolumenanteil

$$<\alpha>_{slug} = 1 - R_s \tag{292}$$

$$<\alpha>_{film} = 1 - R_{fe} \tag{293}$$

$$<\alpha>_{total} = \frac{l_s}{l_u} <\alpha>_{slug} + \frac{l_f}{l_u} <\alpha>_{film} \tag{294}$$

Oberflächenkonzentration der Phasengrenzfläche

Die Phasengrenzflächenkonzentration in der **Schwallzone** kann mit Hilfe der Gleichungen, insbesondere Gl. (209), aus dem Kapitel für Blasenströmung berechnet werden:

$$a_{S_{slug}} = \frac{6 <\alpha>_{slug}}{D_{sm}} \tag{295}$$

mit

$$D_{sm} = 0.8855 \left(\frac{\sigma}{\rho_L}\right)^{3/5} \varepsilon^{-2/5} \tag{296}$$

Im Vorgriff auf die nächsten Kapitel wird die turbulente Dissipation ε durch Gl. (319) ermittelt, wobei die charakteristische Länge und Geschwindigkeit der großen Turbulenzballen (large eddy) L und V mit Hilfe der Gln. (373), (378) und (390) zu bestimmen sind.

$$\varepsilon = \frac{\left(\frac{D}{6\rho_L} \left|\frac{dp_s}{dz}\right| \frac{l_u}{l_s}\right)^{3/2}}{0.04D} = 1.7\sqrt{D} \left(\frac{1}{\rho_L} \left|\frac{dp_s}{dz}\right| \frac{l_u}{l_s}\right)^{3/2} \tag{297}$$

Der in dieser Gleichung auftretende Druckgradient über den Schwall setzt sich nach Dukler und Hubbard [193] aus zwei wesentlichen Anteilen zusammen.

$$\frac{dp_s}{dz} = -\frac{\Delta p_a + \Delta p_f}{l_u}$$
(298)

Eine ähnliche Aufteilung findet man auch bei Fan et al. [220], die den Übergang zwischen Film und vorderem Teil des Schwalls als Wassersprung (hydraulic jump) behandelten und zudem noch - als dritten Anteil, im hinteren Bereich des Schwalls - den Einfluß der Geschwindigkeitsänderung im Übergangsbereich zum Filmanfang in Betracht zogen. Für eine stabile Schwallströmung ist dieser (dritte) Einfluß jedoch nur für sehr niedrige Gasgeschwindigkeiten von Bedeutung und kann normalerweise vernachlässigt werden.

Der erste Beitrag (Wassersprung) berücksichtigt den Druckabfall infolge der Mischung mit dem aufgenommenen Flüssigkeitsfilm, der mit der Geschwindigkeit V_{fe} strömt und auf die Geschwindigkeit im Schwall V_s beschleunigt werden muß. Eine Impulsbilanz liefert

$$\Delta p_a = \rho_L R_{fe}(V_t - V_{fe})(V_s - V_{fe}) = G_e(V_s - V_{fe}) \quad .$$
(299)

Der zweite Beitrag bestimmt sich aus dem Reibungsdruckabfall im restlichen Teil des Schwalls.

$$\Delta p_f = 2f_s[\rho_L R_s + \rho_G(1 - R_s)]V_s^2 \frac{(l_s - l_m)}{D}$$
(300)

Der Reibungsbeiwert f_s wird durch Gl. (159) mit der durch Gl. (269) definierten Reynoldszahl Re_s berechnet. Die unbekannte Länge der Mischungzone l_m wird dabei durch eine einfache empirische Korrelation, die von Dukler und Hubbard [193] angegeben wurde, abgeschätzt.

$$l_m = \frac{0.15}{g}(V_s - V_{fe})^2$$
(301)

Dieser Analyse liegt die durch viele Beobachtungen bestätigte Annahme zugrunde, daß sich die Flüssigkeitsströmung im Schwall wie eine homogen dispergierte Blasenströmung verhält. Der Druckabfall in der länglichen Gasblase der Filmzone kann gegenüber dem Druckabfall im Schwall vernachlässigt werden.

Um die Phasengrenzflächenkonzentration in der **Filmzone** zu berechnen, muß im ersten Schritt die Flüssigkeitshöhe des Films h_f bestimmt werden. Obwohl die Flüssigkeitshöhe über die Filmlänge variiert, kann man mit guter Näherung eine konstante Filmhöhe verwenden und diese an der Stelle unmittelbar bevor der Film vom nachfolgenden Schwall aufgenommen wird bestimmen $h_f = h_{fe}$ (vergleiche auch mit Abb. 7 von Seite 61).

---

[220]   Fan, Z., Ruder, Z., und Hanratty, T. L.: Pressure profiles for slugs in horizontal pipelines. Int. J. Multiphase Flow, 1993, Vol. 19, S. 421-437.

$$h_{fe} = \frac{D}{2}\left(1 - \cos\frac{\gamma_{fe}}{2}\right) \tag{302}$$

Die Phasengrenzflächenkonzentration in der Filmzone ist eine Funktion der Flüssigkeitshöhe des Films.

$$a_{S_{film}} = \frac{4}{\pi D}\left[1 - \left(\frac{2h_{fe}}{D} - 1\right)^2\right]^{1/2} \tag{303}$$

Die über eine Schwallzelle gemittelte **Gesamtphasengrenzflächenkonzentration** ergibt sich dann aus der mit den Zonenlängen gewichteten Summe der Einzelkonzentrationen:

$$a_{S_{total}} = \frac{l_s}{l_u} a_{S_{slug}} + \frac{l_f}{l_u} a_{S_{film}} \tag{304}$$

Wandflächenkonzentration von Gas/Dampf und Flüssigkeit

In der Schwall- und der Filmzone lassen sich die Wandflächenkonzentration mit Hilfe schon bekannter geometrischer Überlegungen bestimmen:

$$a_{LW_{slug}} = \frac{4}{D} \quad , \quad a_{VW_{slug}} = 0 \tag{305}$$

$$a_{LW_{film}} = \frac{4}{\pi D}\arccos\left(1 - \frac{2h_{fe}}{D}\right) = \frac{2\gamma_{fe}}{\pi D} \quad , \quad a_{VW_{film}} = \frac{4}{D} - a_{LW_{film}} \tag{306}$$

Auch hier ergeben sich die über eine Schwallzelle gemittelten Gesamtwandflächenkonzentrationen aus den mit den Zonenlängen gewichten Summen der Einzelkonzentrationen.

$$a_{LW_{total}} = \frac{l_s}{l_u} a_{LW_{slug}} + \frac{l_f}{l_u} a_{LW_{film}} \tag{307}$$

$$a_{VW_{total}} = \frac{l_s}{l_u} a_{VW_{slug}} + \frac{l_f}{l_u} a_{VW_{film}} \tag{308}$$

Massenstromdichten und Dampfgehalt

Die lokalen Massenstromdichten G und Dampfgehalte x sind in den beiden Zonen mit Kenntnis des lokalen Dampfvolumenanteils definiert.

$$G_{L_{slug}} = \rho_L R_s V_s \; ; \;\; G_{V_{slug}} = \rho_V (1 - R_s) V_s \; ; \;\; G_{slug} = G_{L_{slug}} + G_{V_{slug}} \; ; \;\; x_{slug} = \frac{G_{V_{slug}}}{G_{slug}} \qquad (309)$$

$$G_{L_{film}} = \rho_L R_{fe} V_{fe} \; ; \;\; G_{V_{film}} = \rho_V (1 - R_{fe}) V_{Ge} \; ; \;\; G_{film} = G_{L_{film}} + G_{V_{film}} \; ; \;\; x_{film} = \frac{G_{V_{film}}}{G_{film}} \qquad (310)$$

Um die Gas- bzw. Dampfgeschwindigkeit am hinteren Ende der länglichen Gasblase, d.h. an der Stelle unmittelbar bevor der Film vom nachfolgenden Schwall aufgenommen wird, zu bestimmen, wird eine Massenbilanz formuliert. Für Strömungen niedriger Geschwindigkeit ohne Blasen im Schwall gilt $R_s = 1.0$. Für solche Fälle ist die Gasgeschwindigkeit an jeder Stelle im Rohr gleich der Fortpflanzungsgeschwindigkeit des Schwalls V_t. Ist R_s kleiner als eins, dann variiert die Gasgeschwindigkeit etwas mit der Lokation innerhalb der Schwallzelle. Am hinteren Ende der längliche Gasblase mit $R_f = R_{fe}$, dort wo der Film vom nachfolgenden Schwall aufgenommen wird, kann die Gasgeschwindigkeit ermittelt werden.

$$V_{Ge} = V_t + (V_s - V_t) \frac{1 - R_s}{1 - R_{fe}} \qquad (311)$$

9 Wärme- und Stoffübergang an der Phasengrenzfläche

Wärme- und Stoffübertragungsprozesse über eine Gas-Flüssigkeits-Phasengrenzfläche bestimmen viele natürliche und industrielle Abläufe. Mit industriellen Abläufen sind jene gemeint, die in Verdampfern, Verflüssigern, Gasabsorbern, Pipelines, chemischen und Kernreaktoren auftreten, aber auch solche Probleme wie die Sauerstoffanreicherung in Gewässern. In der überwiegenden Mehrheit sind diese Strömungen in der flüssigen Phase turbulent und der Transport über die Phasengrenzfläche ist durch den Stofftransport in der flüssigen Phase bestimmt. Dies bedeutet, daß dem Verständnis der Turbulenzvorgänge nahe der flüssigkeitsseitigen Phasengrenzfläche entscheidende Bedeutung bei der Analyse des Wärme- und Stofftransports über die Phasengrenzfläche zukommt. In den letzten Jahren und Jahrzehnten wurden eine ganze Reihe von Ansätzen unterschiedlicher Komplexität zur Modellierung dieser Vorgänge vorgestellt, doch selbst die detailliertesten Modelle kommen nicht ohne Hypothesen über Transportmechanismen und empirische Eingabeparameter in der Form von Konstanten oder Funktionen aus.

9. 1 Flüssigkeitsseitiger Stoffübergang

Das Problem der Gasabsorption in eine turbulente Flüssigkeitsströmung wurde von Levich [221] und später von Davis [222] behandelt, indem sie sogenannte Eddy-Diffusivity-Modelle einführten. Der wesentliche Gedanke solcher Modelle besteht darin, daß der Diffusionsprozeß, der in den Erhaltungsgleichungen auftritt, sowohl von dem molekularen Diffusionskoeffizienten $\mathcal{D}$ als auch von der turbulenten Stoffaustauschgröße $\varepsilon_\mathcal{D}$ bestimmt wird. Die Modellierung der turbulenten Stoffaustauschgröße nahe der Phasengrenzfläche ermöglicht die Lösung der Erhaltungsgleichungen, um so den Stoffübergangskoeffizienten zu bestimmen. Im Laufe der Zeit wurden Modelle unterschiedlicher Komplexität für die turbulente Stoffaustauschgröße vorgestellt, z.B. von Mills und Chung [223], Lee und Gill [224] oder von Kitaigorodskii und Donelan [225]. Allen Modellen ist gemeinsam, daß sie auf vereinfachenden Annahmen der Turbulenzdynamik und Transportmechnismen nahe der Phasengrenzfläche beruhen.

[221] Levich, V. G.: Physiochemical Hydrodynamics. Prentice-Hall, Englewood Cliffs, 1962.

[222] Davies, J. T.: Turbulence Phenomena. Academic Press, New York, 1972.

[223] Mills, A. F., und Chung, D. K.: Heat transfer across turbulent falling films. Int. J. Heat and Mass Transfer, 1973, Vol. 16, S. 694-696.

[224] Lee, G. Y., und Gill, W. N.: A note on velocity and eddy viscosity distributions in turbulent shear flows with the free surfaces. Chem. Eng. Sci., 1977, Vol. 32, S. 967-979.

[225] Kitaigorodskii, S. A., und Donelan, M. A.: Wind-wave effects on gas transfer. In: Brutsaert, W., und Jirka, G. H. (Ed.): Gas Transfer at Air-Water Surfaces. Reidel / North-Holland, Amsterdam, 1984, S. 147-170.

Zeitgleich und zum Teil schon vor den Eddy-Diffusivity-Modellen wurde ein anderer Weg zur Bestimmung der Stoffübergangskoeffizienten durch die sogenannten Oberflächenerneuerungs-Modelle (penetration/surface renewal models) gegangen. Dieses Modell wurde schon in den 20er Jahren durch Lewis und Whitman [226] und später durch Higbie [227] eingeführt. Wärme- und Stoffübergangsexperimente zeigten, daß sich der Übergangskoeffizient an einer Fluid-Fluid-Grenzfläche mit der Wurzel des Diffusionskoeffizienten $\mathcal{D}^{0.5}$ änderte. Dies führte Higbie zu dem Postulat, daß Fluid durch Turbulenzbewegungen von dem Hauptstrom eines Fluids an die Phasengrenzfläche transportiert wird. Dort findet über eine Zeitperiode $\mathcal{J}$ ein instationärer Diffusionsprozeß in ein im wesentlichen laminares Fluid statt. Nach der Zeitperiode $\mathcal{J}$ wird das Fluidelement wieder von der Phasengrenzfläche wegtransportiert und durch ein neues Fluidelement aus dem Hauptstrom ersetzt, d.h. das Fluid an der Phasengrenzfläche wird innerhalb des charakteristischen Zeitabstands $\mathcal{J}$ vollständig erneuert. Mit dieser Hypothese erhielt Higbie für den Stoffübergangskoeffizienten $K_{LS} = \mathcal{g}_{LS}/\rho$ an der flüssigkeitseitigen Phasengrenze die folgende Relation:

$$K_{LS} = \left(\frac{2\,\mathcal{D}}{\pi\,\mathcal{J}} \right)^{0.5} \qquad\qquad\qquad (312)$$

Danckwerts [228] modifizierte die Theorie, indem er eine willkürliche Verteilung des Phasengrenzflächenalters annahm und zeigte

$$K_{LS} = \left(\frac{\mathcal{D}}{\mathcal{J}} \right)^{0.5} \qquad\qquad\qquad (313)$$

Wie schon angesprochen, stellt $\mathcal{J}$ in obigen Beziehungen eine charakteristische Zeit(spanne) dar, innerhalb derer die vollständige Erneuerung des Fluids an der flüssigkeitsseitigen Phasengrenzfläche durch Turbulenzbewegungen durchgeführt wird. Weitere Modellmodifikationen wurden vorgeschlagen, z.B. Hanratty [229], doch scheinen viele davon keine wesentliche Verbesserung zu den ursprüngliche Ansätzen von Higbie und Dankwerts darzustellen.

Da das Oberflächenerneuerungs-Modell die richtige funktionelle Abhängigkeit des Stoffübergangskoeffizienten K von dem Diffusionskoeffiziente $\mathcal{D}$ (K ~ $\mathcal{D}^{0.5}$) liefert und Turbulenzeffekte durch eine Erneuerungsrate beschreibt, wurde das Modell zur wesentlichen Grundlage vieler

[226]   Lewis, W. K., und Whitman, W. G.: Principles of gas absorption. Ind. Engng. Chem., 1924, Vol. 16, S. 1215-1220.

[227]   Higbie, R., 1935, a.a.O.

[228]   Danckwerts, P. V.: Significance of liquid-film coefficients in gas absorption. Ind. Engng. Chem., 1951, Vol. 43, S. 1460-1467.

[229]   Hanratty, T. J.: Turbulent exchange of mass and momentum with a boundary. A.I.Ch.E. J., 1956, Vol. 2, S. 359-362.

Analysen von Stoffaustauschproblemen. Fortescue und Pearson [230] postulierten, daß der Transport über die Phasengrenzfläche durch große Turbulenzballen, die eine Ausdehnung in der Größenordnung der integralen Korrelationslänge der turbulenten Strömung besitzen, wesentlich beeinflußt wird. Dies bedeutet, daß die Transportmechanismen von den Turbulenzbewegungen im niederfrequenten Bereich (große Wirbel / large-eddy) bestimmt werden. Basierend auf diesem Postulat kann man die charakteristische Erneuerungszeit approximieren zu

$$\vartheta = \frac{L}{V} \tag{314}$$

mit

$$V \approx v_z' \ . \tag{315}$$

Hierbei ist V das Makromaß einer charakteristischen Turbulenzgeschwindigkeit, v_z' ist die Hauptstromkomponente der turbulenten Geschwindigkeitsschwankung und L ist das charakteristische Makro-Längenmaß der Turbulenzstruktur.

Im Gegensatz zu diesem Ansatz wurde von Banerjee et al. [231] und später von Lamont und Scott [232] ein Modell vorgeschlagen, in dem die kleinen hochfrequenten Wirbel (kleine Wirbel / small-eddy) der Kolmogorov-Größenordnung den Transport an der flüssigkeitsseitigen Phasengrenze bestimmen. Das heißt, die Transportvorgänge hängen wesentlich von turbulenten Bewegungen, die turbulente Energie in innere Energie dissipieren, ab. Aus diesem Grund leiten die Autoren den die turbulente Strömung charakterisierenden Längen-, Geschwindigkeits- und Zeitmaßstab allein aus der turbulenten Dissipation ε und der kinematischen Viskosität ν ab.

$$l_k = \left(\frac{\nu^3}{\varepsilon} \right)^{0.25} \tag{316}$$

$$v_k = (\nu \varepsilon)^{0.25} \tag{317}$$

$$\vartheta = t_k = \left(\frac{\nu}{\varepsilon} \right)^{0.5} \tag{318}$$

230   Fortescue, G. E., und Pearson, J. R.: On gas absorption into a turbulent liquid. Chem. Engng. Sci., 1967, Vol. 22, S. 1163-1176.

231   Banerjee, S., Rhodes, E., und Scott, D. S.: Mass Transfer to falling wavy liquid films in turbulent flow. Ind. Engng. Chem. Fundam., 1968, Vol. 7, S. 22-27.

232   Lamont, J. C., und Scott, D. S.: An eddy cell model of mass transfer into the surface of a turbulent liquid. A.I.Ch.E. J., 1970, Vol. 16, S. 513-519.

Tennekes und Lumely[233] bezeichnen diese Größen auch als Kolmogorov-Mikromaße für Länge, Geschwindigkeit und Zeit. Die turbulente Dissipation ε läßt sich mit Hilfe der charakteristischen Makromaße V und L durch eine empirische Funktion, die z.B. von Batchelor[234], Hinze[235] oder Panton[236] angegeben wird, berechnen.

$$\varepsilon = \frac{V^3}{L} \tag{319}$$

Sowohl das Modell, das auf dem Einfluß der niederfrequenten Wirbel basierte, als auch das Modell, das die Bedeutung der hochfrequenten Wirbel betonte, hatte gewisse Erfolge in der Vorhersage von Meßdaten. Beiden fehlte jedoch die Untermauerung durch hydrodynamische Messungen. Später unternahmen Theofanous et al.[237] und Theofanous[238] den Versuch, beide Ansätze zu vereinen, indem man postulierte, daß die niederfrequenten Wirbel in Strömungen mit relativ geringer Turbulenz die Transportvorgänge bestimmen würden, während die hochfrequenten Wirbel in Strömungen mit relativ hoher Turbulenz von Bedeutung seien. Basierend auf der Definition einer Turbulenz-Reynoldszahl Re_t wurden die Gültigkeitsbereiche der nieder- und hochfrequenten Turbulenzeinflüsse unterschieden.

$$Re_t = \frac{V L}{\nu} \tag{320}$$

große niederfrequente Wirbel, large-eddy :$\qquad Re_t < 500$ $\tag{321}$

kleine hochfrequente Wirbel, small-eddy :$\qquad Re_t > 500$ $\tag{322}$

Ihr Modell gibt für beide Bereiche eine asymptotische Näherungsbeziehung des Wärme- bzw. Stoffübergangskoeffizienten an. Der Nachteil des Ansatzes besteht darin, daß im Übergangsbereich zwischen den beiden Gebieten die Näherungsbeziehungen relativ ungenaue Werte liefern und nicht kontinuierlich, sondern mit einem Sprung ineinander übergehen.

[233] Tennekes, H., und Lumely, J. L.: A First Course in Turbulence. MIT Press, Cambridge, 1972, S. 19-20.

[234] Batchelor, G. K.: The Theory of Homogeneous Turbulence. Cambridge University Press, London, 1967.

[235] Hinze, J. O.: Turbulence. McGraw-Hill, New York, 1975, 2. Aufl., S. 222-225, Gl. (3-109).

[236] Panton, R. L., 1984, a.a.O., S. 726-728 und Gl. (23.9.3).

[237] Theofanous, T. G., Hounze, R. N., und Brumfield, L. K.: Turbulent mass transfer at free, gas-liquid interfaces, with applications to open-channel, bubble and jet flows. Int. J. Heat and Mass Transfer, 1976, Vol. 19, S. 613-624.

[238] Theofanous, T. G.: Conceptual models of gas exchange. In: Brutsaert, W., und Jirka, G. H. (Ed.): Gas Transfer at Air-Water Surfaces. Reidel / North-Holland, Amsterdam, 1984, S. 271-281.

Kürzlich wurden von Rashidi et al. [239] Untersuchungen über den Transportmechanismus an wellenfreien Gas-Flüssigkeits-Phasengrenzflächen vorgelegt. Sie zeigten, daß die bestimmenden Mechnismen in der Nähe von Wänden und Phasengrenzflächen durch die Schubkraft wesentlich beinflußt werden. Bei kleinen Werten der Schubkraft an der Grenzfläche wurden besondere Flächenbereiche (patches) beobachtet, die durch Abström- bzw. Auswurfvorgänge (ejections) nahe der Wand entstehen, zur Phasengrenzfläche wandern und sich dann mit dem Hauptstrom vermischen. Bei großen Werten der Grenzflächen-Schubkraft bilden sich an der Grenzfläche Streifen mit starken Geschwindigkeitsunterschieden, die nach einiger Zeit schlagartig wieder zusammenbrechen und dadurch ebenfalls einen Auswurfvorgang (burst) induzieren. Trotz unterschiedlicher Randbedingungen zeigen beide Ejektions-Effekte (an Wand und Phasengrenzfläche) eine gewisse Ähnlichkeit. Aus den charakteristischen Zeiten der Ejektionsvorgänge gewinnen die Autoren mit Hilfe der Oberflächenerneuerungs-Theorie Transportkoeffizienten für schubspannungsfreie und schubspannungsbehaftete Phasengrenzflächen.

Autor	$C_{transport}$	m
Rashidi et al. (mit Schubspannung) [239]	0.135	1.0
Theofanous et al. (kleine Wirbel) [237]	0.25	0.75
Higbie [227]	1.128	0.5
Theofanous et al. (große Wirbel) [237]	0.7	0.5

Tab. 4:   *Vergleiche der $C_{transport}$- und m-Werte von verschiedenen Autoren für Gl. (323)*

Einen anderen Weg zur Bestimmung der Transportkoeffizienten wählte Banerjee [240]. Er benutzte den Ansatz von McCready et al. [241] und das Hunt-Graham Spektrum von Turbulenz nahe freier Oberflächen, um eine einheitliche Transportkoeffizienten-Beziehung, die beide Asymptoten des Ansatzes von Theofanous (kleine und große Wirbel) beschreiben soll, herzuleiten.

Sonin et al. [242] geben eine gute Übersicht über die wesentlichen grundsätzlichen Ansätze, die die charakteristische Zeit $\mathfrak{I}$ in Abhängigkeit von verschiedenen Parametern setzen, wie die charakteristische Turbulenzgeschwindigkeit V, das charakteristische Makro-Längenmaß L, die

[239]   Rashidi, M., Hetsroni, G., und Banerjee, S., 1991, a.a.O.

[240]   Banerjee, S.: Turbulence/Interface Interactions. In: Hewitt, G. F., Mayinger, F., und Riznic, J. R. (Ed.): Phase-Interface Phenomena in Multiphase Flow, Proceedings of the International Centre of Heat and Mass Transfer, Hemisphere, New York, 1991, S. 3-19.

[241]   McCready, M. H., Vassiliadou, E., und Hanratty, T. J.: Computer simulation of turbulent mass transfer at a mobile interface. A.I.Ch.E. J., 1986, Vol. 32, S. 1108-1115.

[242]   Sonin, A. A., Shimko, M. A., und Chun, J.-H.: Vapor condensation onto a turbulent liquid - I. The steady condensation rate as a function of liquid-side turbulence. Int. J. Heat and Mass Transfer, 1986, Vol. 29, Nr. 9, S. 1319-1332.

Oberflächenspannung σ, die kinematische Viskosität ν und die Dichte ρ der Flüssigkeit. Alle von ihnen aufgeführten Arbeiten basieren auf bestimmten vereinfachenden Annahmen und vernachlässigen den Einfluß der Gravitation. Betrachtet man Phasengrenzflächen mit Schubspannungen und setzt für das charakteristische Geschwindigkeits- und Längenmaß die Schubspannungsgeschwindigkeit und die Mischungsweglänge ein, so können viele der aus den verschiedenen Ansätzen resultierenden Stoffübergangskoeffizienten in Form einer einheitlichen Beziehung für die turbulente Sherwoodzahl der Flüssigkeit Sh_t dargestellt werden.

$$Sh_t = \frac{K_{LS}\,L}{\mathcal{D}} = \frac{g_{LS}\,L}{\rho\,\mathcal{D}} = C_{transport}\,Re_t^m\,Sc^{0.5} \tag{323}$$

Die Turbulenz-Reynoldszahl Re_t und die Schmidtzahl Sc sind durch die Gln. (320) und (19) definiert. Charakteristische Werte für die Konstante $C_{transport}$ und den Exponenten m von verschiedenen Autoren sind in Tab. 4 zusammengestellt.

9. 2   Flüssigkeitsseitiger Wärmeübergang

Basierend auf der Analogie zwischen Wärme- und Stoffübertragung läßt sich eine der Sherwood-Beziehung ähnliche Gleichung für die oberflächennahe Nusseltzahl in turbulenten Flüssigkeitsströmungen ausschreiben. In dieser Gleichung steht die aus Gl. (320) bekannte Turbulenz-Reynoldszahl, die Prandtlzahl, die durch Gl. (52) definiert ist, sowie die Wärmeleitfähigkeit k_L der Flüssigkeit.

$$Nu_t = \frac{h_{LS}\,L}{k_L} = C_{transport}\,Re_t^m\,Pr^{0.5} \tag{324}$$

Diese Beziehung für den Wärmeübergang wird z.B. von Theofanous [238] angegeben. Ihre Herleitung basiert nur auf dimensionsanalytischen Überlegungen und auf der experimentell abgesicherten Tatsache, daß der Stoffübergangskoeffizient proportional der Wurzel des Diffusionskoeffizienten $\mathcal{D}^{0.5}$ ist. Weiterhin werden für die Oberflächenerneuerungs-Theorie bestimmte Austauschmechanismen nahe der Oberfläche angenommen, welche davon ausgehen, daß die Grenzschichtdicke deutlich kleiner ist als das turbulente Makro-Längenmaß L. Theofanous [243] diskutiert die durch diese Annahmen für den Wärmeübergang entstehende Problematik. Löst man ein Gas in einer Flüssigkeit, wobei normalerweise relativ geringe Gaskonzentrationen in der Flüssigkeit auftreten, so kann man davon ausgehen, daß die Schmidtzahl in der Flüssigkeit in dem Bereich $100 < Sc < 1000$ liegt und die Stoffübergangsgrenzschicht sehr dünn ist. Dies bedeutet, daß die der Oberflächenerneuerungs-Theorie zugrunde liegenden Annahmen erfüllt sind. Anders sieht es für den Fall der Wärmeübertragung aus, da hier die korrespondierenden

---

[243]   Theofanous, T. G., 1979, a.a.O.

Prandtlzahlen in einem Bereich von $1 < \text{Pr} < 5$ liegen und man nicht notwendigerweise davon ausgehen kann, daß die Temperaturgrenzschicht hinreichend klein ist. Die im folgenden von Theofanous gegebenen Größenordnungsrelationen können dies noch verdeutlichen. Hierbei steht die Größe δ für die charakteristische Penetrationslänge, die angibt, wie tief Stoff oder Wärmeenergie während der Zeit τ in einen Turbulenzballen der charakteristischen Länge L hineindiffundierten.

$$\frac{l_k}{L} \sim \frac{1}{\text{Re}_t^{0.75}} \tag{325}$$

$$\frac{\delta}{l_k} \sim \frac{1}{\text{Sc}^{0.5}} \qquad\qquad \frac{\delta}{l_k} \sim \frac{1}{\text{Pr}^{0.5}} \tag{326}$$

$$\frac{\delta}{L} \sim \frac{1}{\text{Sc}^{0.5}\,\text{Re}_t^{0.75}} \qquad\qquad \frac{\delta}{L} \sim \frac{1}{\text{Pr}^{0.5}\,\text{Re}_t^{0.75}} \tag{327}$$

Da die Annahmen der Oberflächenerneuerungs-Theorie nur Gültigkeit besitzen, wenn die Penetrationslänge deutlich kleiner als die charakteristische Länge des Turbulenzballens ist, wird deutlich, daß für die Stoffübertragung mit $\text{Sc} \gg 1$ diese Annahmen immer erfüllt sind. Für die Wärmeübertragung sind die Annahmen jedoch nur berechtigt, wenn die Turbulenz-Reynoldszahl hinreichend große Werte annimmt. Trotzdem wurde das Modell der Oberflächenerneuerungs-Theorie mit einem gewissen Erfolg auch für Anwendungen aus der Wärmeübertragung verwendet, wie z.B. die Arbeiten von Bankoff et al. [244], Thomas [245], Kuo-Shing Liang [246] oder Hughes und Duffey [247] zeigen.

Kürzlich wurde von Brown [248] eine auf eigenen Messungen basierende Korrelation vorgelegt, und zwar zur Bestimmung der Kondensation eines reinen Dampfes an einer schubspannungsfreien Oberfläche in eine unterkühlte, turbulente Flüssigkeit. Die Korrelation setzt die Kondensationsrate mit Flüssigkeitsstoffdaten, mit flüssigkeitsseitiger Turbulenz, die von unten durch einen auf die Oberfläche gerichteten Strahl aufgezwungen wurde, und mit Auftriebseffekten in der Temperaturgrenzschicht in Verbindung. Seine mit Wasserexperimenten gewonnene Korrelation läßt einen linearen Einfluß der Turbulenz-Reynoldszahl auf die Nusseltzahl erkennen und ist nur für relativ hohe Turbulenz-Reynoldszahlen gültig ($350 \leq \text{Re}'_t \leq 11000$). Die Turbulenz-Reynoldszahl Re'_t wurde dabei von ihm mit einer charakteristischen turbulenten Geschwindigkeitsschwankung in Richtung parallel zur freien Oberfläche gebildet.

244   Bankoff, S. G., Tankin, R. S., und Yuen, M. C.: Steam-Water Mixing Studies. The Sixth Int. Light-Water Reactor Savety Information Meeting, NRC, Gaithersburg, 1978.

245   Thomas, R. M.: Condensation of Steam on Water in Turbulent Motion. Int. J. Multiphase Flow, 1979, Vol. 5, S. 1-15.

246   Kuo-Shing Liang, 1991, a.a.O.

247   Hughes, E. D., und Duffey, R. B.: Direct Contact Condensation and Momentum Transfer in Turbulent Separated Flows. Int. J. Multiphase Flow, 1991, Vol. 17, Nr. 5, S. 599-619.

248   Brown, J. S.: Vapor Condensation on Turbulent Liquid. Ph.D. Thesis, Massachusetts Institute of Technology, Cambridge, 1991.

9. 3   Eine Analyse

In diesem Kapitel wird eine verbesserte Nusselt- bzw. Sherwood-Beziehung zur Berechnung des flüssigkeitsseitigen Wärme- bzw. Stoffübergangskoeffizienten an einer Gas-Flüssigkeits-Grenzfläche (oder Dampf-Flüssigkeits-Phasengrenzfläche) hergeleitet (siehe auch Köhler und Lienhard [249]). Der Vorteil dieser verbesserten Beziehung liegt in dem weiten Gültigkeits-bereich von $5 < Re_t < 5000$, wie durch Vergleiche mit verschiedenen Meßdaten gezeigt wird. Zuvor soll in einem kurzen Unterkapitel demonstriert werden, daß Einflüsse durch Nichtgleichgewichts-Effekte an der Phasengrenzfläche z.B. auf die dort herrschende Temperatur bei der Herleitung der Transportbeziehung vernachlässigt werden können.

9. 3. 1   Der Einfluß von Nichtgleichgewichts-Effekten

Um den Einfluß von Nichtgleichgewichts-Effekten an einer Phasengrenzfläche auf den Wärme-bzw. Stoffübergang abzuschätzen, wird die Größenordnung des Transportkoeffizienten, der sich aus der Nichtgleichgewichts-Theorie ergibt, mit der aus Meßdaten bekannten Größenord-nung von Wärme- bzw. Stoffübertragungskoeffizenten an der Phasengrenzfläche verglichen.

Wenn zwei Phasen im thermodynamischen Gleichgewicht miteinander koexistieren, so fordert der Zweite Hauptsatz der Thermodynamik eine Kontinuität der Temperatur, des Druckes und des chemischen Potentials an der Phasengrenzfläche. Findet jedoch ein Stofftransport über die Grenzfläche statt, so entsteht dort ein Nichtgleichgewicht. Dies bedeutet, daß die Konstanz der Zustandsgrößen Temperatur und chemisches Potential über die Phasengrenze nicht mehr gegeben ist, da alle Wärme- bzw. Stofftransportvorgänge mit einer entsprechenden Änderung in Temperatur bzw. chemischem Potential verbunden sind. Sollen nun die Erhaltungs-gleichungen über die Phasengrenzfläche gekoppelt werden, so müssen Gleichungen gefunden werden, die die an der Grenzfläche auftretenden Diskontinuitäten mit den dort auftretenden Strömen (bzw. Stromdichten) in Beziehung setzen. Ein grundsätzliches Verständnis und eine generelle Herleitung eines Satzes von Gleichungen, das irreversible Strömungen in Nichtgleich-gewichtszonen beschreibt, wird von Bornhorst und Hatsopoulos [250] gegeben. Sie benutzen dabei die Onsager-Relation, um die auftretenden Ströme mit den treibenden Kräften linear zu koppeln. Auf diese Weise erhalten sie drei unbekannte Transportkoeffizienten, die sie mit Hilfe von Schrages [251] Phasenwechsel-Analyse bestimmen können, um so das Gleichungssystem, das Wärme- und Stoffübergangsströme mit gekoppelten Effekten beschreibt, geschlossen zu lösen. Ihre Gleichungen für die molspezifischen Energie- und Stoffstromdichten J_u und J_i lauten wie folgt, wobei der Index V den im Gleichgewicht befindlichen dampfseitigen Rand der Nicht-gleichgewichtszone beschreibt und der Index L den entsprechenden flüssigkeitsseitigen Rand:

---

[249]   Köhler, J., und Lienhard V, J. H.: Modellierung von Wärme- und Stoffübergangsprozessen an Dampf-Flüssigkeits-Phasengrenzflächen. DKV-Tagungsbericht, 21. Jahrgang, 1994, Bonn, Band II/1, S. 133-148.

[250]   Bornhorst, W. J., und Hatsopoulos, G. N.: Analysis of a Liquid Vapor Phase Change by the Methods of Irreversible Thermodynamics. J. Applied Mechanics, Trans ASME, 1967, S. 840-846.

[251]   Schrage, R. W.: A Theoretical Study of Interphase Mass Transfer. Columbia University Press, New York, 1953, S. 36.

$$J_u = \left[h_V - \frac{p}{2}\left(\frac{1}{\rho_V} - \frac{1}{\rho_L}\right) \right] J_i + \frac{(c_p + c_v)\, p}{\sqrt{2\,\pi\,\mathbf{R}\,T_V}}\,(T_L - T_V) \tag{328}$$

$$J_i = -\frac{2\,\sigma_c}{2 - \sigma_c}\frac{p}{\sqrt{2\,\pi\,\mathbf{R}\,T_V}}\left(\frac{T_L - T_V}{2\,T_V} + \frac{p - p_{sat}(T_L)}{p}\right) \tag{329}$$

In diesen Gleichungen bezeichnet $\mathbf{R}$ die Gaskonstante und σ_c einen Kondensations- oder Verdampfungskoeffizienten, der normalerweise in der Größenordnung von eins liegt. Entwickelt man nun den Dampfdruck in eine Taylorreihe um die Temperatur T_V und berücksichtigt nur den linearen Term, so ist es möglich, mit Hilfe einer kleinen Temperaturdifferenz ΔT korrespondierende Sättigungsdrücke in der Nachbarschaft von T_V auszudrücken.

$$\Delta T = T_L - T_V$$

$$p_{sat}(T_L) = p_{sat}(T_V + \Delta T) = p_{sat}(T_V) + \left(\frac{\partial p}{\partial T}\right)_{T_V}\Delta T + O\ (\Delta T^2)$$

Geht man davon aus, daß der Druck p der zu T_V gehörige Sättigungsdruck ist, dann lassen sich die Energie- und Stoffstromdichten in Abhängigkeit von der charakteristischen Temperaturdifferenz ΔT schreiben.

$$J_u = \left\{ -\frac{2\,\sigma_c}{2 - \sigma_c}\left[h_V - \frac{p}{2}\left(\frac{1}{\rho_V} - \frac{1}{\rho_L}\right)\right]\left(\frac{1}{2\,T_V} - \left(\frac{\partial p}{\partial T}\right)_{T_V}\frac{1}{p}\right) + c_p + c_v \right\}\frac{p\,\Delta T}{\sqrt{2\,\pi\,\mathbf{R}\,T_V}}$$

$$J_u = C_{ne}\,\Delta T \tag{330}$$

$$J_i = -\frac{2\,\sigma_c}{2 - \sigma_c}\frac{p}{\sqrt{2\,\pi\,\mathbf{R}\,T_V}}\left(\frac{1}{2\,T_V} - \left(\frac{\partial p}{\partial T}\right)_{T_V}\frac{1}{p}\right)\Delta T \tag{331}$$

Mit der Annahme von $\sigma_c = 1$ kann man einen charakteristischen Wert für den Nichtgleichgewichts-Wärmeübergangskoeffizienten C_{ne} bestimmen, der für Wasser bei etwa Umgebungsdruck in der Größenordnung von 10^7 [W/m²K] liegt. Ein Vergleich mit charakteristischen Werten von laminaren oder turbulenten Wärmeübergangskoeffizienten mit Phasenübergang, die in der Größenordnung von 10^3 bis 10^4 [W/m²K] liegen, zeigt deutlich, daß man im vorliegenden Fall Nichtgleichgewichts-Effekte bei der Bestimmung von Wärme- oder Stoffübergangskoeffizienten vernachlässigen kann.

9. 3. 2   Ein verbessertes Oberflächenerneuerungs-Modell

Betrachtet man einen Transportprozeß von der Oberfläche oder Phasengrenzfläche in die Flüssigkeitsphase am Beispiel des Wärmeüberganges, so lassen sich zwei charakteristische Temperaturen erkennen, wie sie in Abb. 11 eingetragen sind: die Temperatur der Oberfläche T_S und die Temperatur in der ungestörten Flüssigkeit T_M. Nach Banerjee [252] geht die wesentliche Annahme der Oberflächenerneuerungs-Theorie davon aus, daß Fluidmaterial an der Oberfläche ständig durch Turbulenzballen, die sich von der ungestörten Flüssigkeitshauptströmung an die Oberfläche bewegen und so Fluid von dort an die Oberfläche transportieren, erneuert wird. Das frische Fluid des Hauptstromes ist so für eine charakteristische Zeit den Bedingungen, die an der Oberfläche herrschen, ausgesetzt, bevor es durch nachfolgendes Material ersetzt und so die Oberfläche erneuert wird. Die Erneuerungsrate hängt von der Turbulenzstruktur an der Oberfläche und den dort gültigen charakteristischen turbulenten Zeit-, Geschwindigkeits- und Längenmaßstäben ab. Weiterhin geht man von der Annahme aus, daß innerhalb der Turbulenzballen, die für die Strömungscharakteristik bestimmend sind, Wärme- und Stofftransportvorgänge im wesentlichen nur infolge von molekularen Diffusionsprozessen ablaufen. Auf diese Weise läßt sich das Problem des flüssigkeitsseitigen Wärme- bzw. Stofftransportes an einer Phasengrenzfläche auf die Berechnung von Leitungsvorgängen in einem Turbulenzballen innerhalb eines Erneuerungszyklusses reduzieren. Die Lösung hängt unter anderem wesentlich von der korrekten Modellierung des Zeitmaßstabes und der Temperaturverteilung, der der Turbulenzballen ausgesetzt ist, ab.

Wie man Abb. 11 entnehmen kann, ist die Anfangs- und Innentemperatur des Turbulenzballens mit T_{EM} bezeichnet und die Temperatur an der gedachten Oberfläche des Ballens mit T_{ES}. Weiterhin zeigt die Abbildung die Formulierung des Wärmeleitungsproblems in Kartesischen Koordinaten, die mit der Oberfläche des Turbulenzballens verbunden sind und sich mit ihm mitbewegen. Geht man davon aus, daß die Penetrationslänge klein gegenüber der Größe des Turbulenzballens ist, und nimmt man zudem an, daß Wärmeenergie nur durch die Oberfläche in den Turbulenzballen hineindiffundiert, so reduziert sich der Prozeß auf einen instationären, eindimensionalen Wärmeleitungsvorgang.

$$\frac{\partial \vartheta}{\partial t} = \alpha \, \frac{\partial^2 \vartheta}{\partial r^2} \tag{332}$$

In dieser Gleichung bezeichnet t die Zeit, r die Richtung senkrecht zur Oberfläche des Turbulenzballens, ϑ eine charakteristische Temperaturdifferenz ($\vartheta = T(r,t) - T_{EM}$), und α die Temperaturleitzahl. Die Zeit t wird von dem Beginn eines Erneuerungszyklusses gemessen.

---

[252]   Banerjee, S.: A Surface Renewal Model for Interfacial Heat and Mass Transfer in Transient Two-Phase Flow. Int. J. Multiphase Flow, 1978, Vol. 4, S. 571-573.

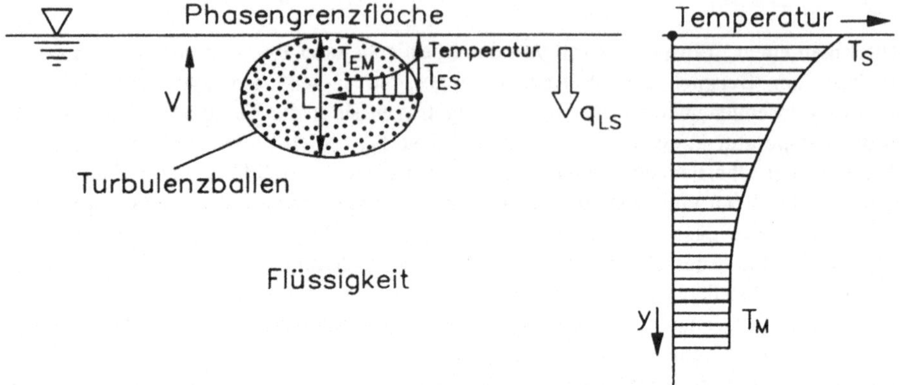

Abb. 11: *Turbulenzballenbewegung und Temperaturverteilung an einer Gas-Flüssigkeits-Grenzfläche*

Die Differentialgleichung (332) ist mit folgenden Anfangs- und Randbedingungen zu lösen (vergleiche mit Farlow [253]):

Die Anfangsbedingung bei t = 0 lautet:

$$\vartheta\,(r, t{=}0) \;=\; \vartheta_0\,(\,r\,) \;=\; 0 \;;\quad T_{ES}\,(t{=}0) \;=\; T_{EM} \qquad\qquad (333)$$

Die Randbedingung bei r = 0 lautet:

$$\vartheta\,(r{=}0, t) \;=\; \vartheta_{ES}\,(\,t\,) \;=\; T\,(r{=}0, t) \,-\, T_{EM} \;=\; T_{ES}\,(\,t\,) \,-\, T_{EM} \qquad (334)$$

Das hier entwickelte Modell geht im Gegensatz zu den bekannten Oberflächenerneuerungs-Theorien nicht davon aus, daß der Turbulenzballen schlagartig mit der konstanten Temperatur der Phasengrenzfläche konfrontiert wird, sondern es wird angenommen, daß sich die Oberflächentemperatur des Turbulenzballens auf dem Weg durch die Temperaturgrenzschicht kontinuierlich ändert. Um die zeitliche Entwicklung der Temperatur an der Oberfläche des Tur-

---

[253]   Farlow, S. L.: Partial Differential Equations for Scientists and Engineers. John Wiley & Sons, New York, 1982, S. 101.

bulenzballens $T_{ES}(t)$ abzuschätzen, wird unter Berücksichtigung der ersten drei Glieder die Temperatur in eine Taylorreihe um den Zeitpunkt $t = 0$ entwickelt.

$$T_{ES}(t) = T_{ES}(t{=}0) + \left(\frac{d\,T_{ES}}{d\,t}\right)_{t=0} t + \left(\frac{d^2\,T_{ES}}{d\,t^2}\right)_{t=0} \frac{t^2}{2!} \tag{335}$$

Schreibt man die Temperatur in Form einer Differenz ϑ, so folgt:

$$\vartheta_{ES}(t) = V_1\,t + V_2\,t^2 \ . \tag{336}$$

In dieser Gleichung wurden aus Gründen der besseren Übersichtlichkeit Abkürzungen für die Temperaturgradienten eingeführt.

$$V_1 = \left(\frac{d\,\vartheta_{ES}}{d\,t}\right)_{t=0} = \left(\frac{d\,T_{ES}}{d\,t}\right)_{t=0} \tag{337}$$

$$V_2 = \frac{1}{2!}\left(\frac{d^2\,\vartheta_{ES}}{d\,t^2}\right)_{t=0} = \frac{1}{2!}\left(\frac{d^2\,T_{ES}}{d\,t^2}\right)_{t=0} \tag{338}$$

V_1 ist der Gradient der Temperatur an der Oberfläche des Turbulenzballens zum Zeitpunkt $t = 0$. Während sich der Ballen aus der ungestörten Flüssigkeit zur Ober- oder Phasengrenzfläche bewegt, ändert sich die Temperatur am Rand des Ballens über die charakteristische Zeit $\mathcal{J}$ von T_{E1} auf T_{E2}, so daß näherungsweise angenommen werden kann, daß der Temperaturgradient proportional dem Verhältnis von charakteristischer Temperaturdifferenz $\Delta T_{\mathcal{J}} = T_{E2} - T_{E1}$ zu Zeitintervall $\mathcal{J}$ ist.

$$V_1 = \left(\frac{d\,\vartheta_{ES}}{d\,t}\right)_{t=0} \cong \frac{T_{E2} - T_{E1}}{\mathcal{J}} = \frac{\Delta T_{\mathcal{J}}}{\mathcal{J}} \tag{339}$$

Chun et al. [254] untersuchten experimentell schubspannungsfreie Dampf-Flüssigkeits-Phasengrenzflächen. In ihren Experimenten wurde der Kondensationsprozeß instabil, wenn in der Flüssigkeit die Turbulenz über einen Schwellenwert hinaus gesteigert wurde. Für diesen Fall erhöhte sich, bedingt durch sehr kurze, intermittierende Ausbrüche von Kondensation hoher Intensität, der mittlere Wärmeübergangskoeffizient deutlich. Ähnliche Ejektionen und Aus-

---

[254] Chun, J.-H., Shimko, M. A., und Sonin, A. A.: Vapor condensation onto a turbulent liquid-II. Condensation burst instability at high turbulence intensities. Int. J. Heat and Mass Transfer, 1986, Vol. 29, Nr. 9, S. 1333-1338.

brüche, bei denen die Oberfläche hochgerissen wird und wieder in sich zusammenfällt, werden von Rashidi et al. [239] für schubspannungsbehaftete Oberflächen ohne Phasenübergang berichtet. Ihre Beobachtungen lassen auf eine Abhängigkeit zwischen dem oberflächennahen Transportverhalten und der Turbulenzstruktur der Flüssigkeit schließen, wobei die Turbulenz entweder an der Oberfläche selbst oder an einer anderen Stelle in der Flüssigkeit z.B. der Wand erzeugt worden sein kann. Auch Murata et al. [255] beobachteten bei Kondensationsprozessen an wellenfreien Oberflächen in einem rechteckigen Dampf-Wasser-Kanal, daß die für die Oberflächenerneuerung verantwortlichen Turbulenzballen sowohl durch Auswürfe und Ausbrüche an der Phasengrenzfläche als auch, davon entfernt, an der Kanalwand erzeugt werden können. Die Oberflächenerneuerungsrate ist dabei reziprok proportional der Periode zwischen den Ausbrüchen bzw. Auswürfen und setzt sich additiv aus den Erneuerungsraten infolge von einerseits Wandauswürfen und andererseits Oberflächenausbrüchen zusammen.

Geht man davon aus, daß die Periode der oben beschriebenen turbulenzerzeugenden Auswürfe und Ausbrüche, die ab einem bestimmten Schwellenwert auftreten, eine charakteristische Zeit zur Bestimmung der Turbulenzstruktur liefert, so kann man mit Hilfe der Definition der Turbulenz-Reynoldszahl Re_t nach Gl. (320) folgende Überlegung anstellen. Durch Gleichsetzen des Makromaßes V der charakteristischen Turbulenzgeschwindigkeit der großen Wirbel mit der Schubspannungsgeschwindigkeit v^* und Verwendung der Beobachtungen von Rashidi et al. [239], die eine Beziehung zwischen der Periode der Ausbrüche (Index b für bursting time) und dem Quadrat der an der Oberfläche herrschenden Schubspannungsgeschwindigkeit feststellten $\mathcal{J}_b \sim v/v^{*2}$, kann man eine Relation zwischen der Ausbruchsperiode und der Turbulenz-Reynoldszahl formulieren.

$$\mathcal{J}_b \sim \frac{L^2}{Re_t^2\, v} \tag{340}$$

Aus den Gln. (314) und (320) läßt sich ein Zusammenhang zwischen dem charakteristischen Zeitmaßstab der niederfrequenten großen Wirbel und der Turbulenz-Reynoldszahl gewinnen.

$$\mathcal{J} = \frac{L^2}{Re_t\, v} \tag{341}$$

Die beiden oben stehenden Beziehungen zusammengenommen ergeben eine Proportionalität zwischen der Ausbruchsperiode und dem charakteristischen Zeitmaßstab der großen Wirbel.

$$\mathcal{J}_b \sim \frac{\mathcal{J}}{Re_t} \tag{342}$$

---

[255]   Murata, A., Hihara, E., und Saito, T., 1992, a.a.O.

Treten in der Strömung die oben beschriebenen turbulenzbedingten Instabilitäten auf, so scheint die Turbulenzstruktur von zwei verschieden charakteristischen Zeitmaßstäben beeinflußt zu werden: der Ausbruchsperiode und dem Zeitmaßstab der großen Wirbel. Vor dem Hintergrund dieser experimentellen Beobachtungen scheint somit die Annahme, daß die zweite Ableitung der Temperatur zur Zeit t = 0 nicht nur von dem Zeitmaßstab der großen Wirbel $\mathcal{J}$, sondern auch noch von der Ausbruchsperiode $\mathcal{J}_b$ abhängt, berechtigt zu sein. Mit anderen Worten, diese Annahme geht davon aus, daß eine Eigenschaft der Strömung, die die Auftretenshäufigkeit von Turbulenzballen beschreibt, über das Temperaturprofil der Grenzschicht einen Einfluß auf den Transportmechanismus innerhalb des Turbulenzballens ausübt. Mit Hilfe dieser Annahme und der oben stehenden Relation läßt sich eine Gleichung für die zweite Ableitung der Temperatur zum Zeitpunkt t = 0 formulieren.

$$V_2 = \frac{1}{2!}\left(\frac{d^2\,\vartheta_{ES}}{dt^2}\right)_{t=0} = \frac{1}{2!}\frac{d}{dt}\left(\frac{d\,\vartheta_{ES}}{dt}\right)_{t=0} \cong \frac{1}{2!}\frac{Re_t}{Re_t{}^*}\frac{\Delta T_{\mathcal{J}}}{\mathcal{J}^2} \tag{343}$$

In dieser Beziehung wurde die Konstante $Re_t{}^*$ eingeführt, um die Proportionalitätsrelation in eine Gleichung zu überführen. $Re_t{}^*$ repräsentiert eine charakteristische Turbulenz-Reynoldszahl, die den Turbulenz-Schwellenwert beschreibt, ab dem das Phänomen der Auswürfe und Ausbrüche an der Phasengrenzfläche Bedeutung für den Wärme- und Stoffübergang gewinnt. Oder, anders formuliert, die Gln. (339) und (343) spiegeln die Abhängigkeit des zeitlichen Temperaturprofiles an der Oberfläche der Turbulenzballen von zwei experimentell gefundenen Zeitmaßstäben wider, indem besagtes Temperaturprofil sowohl von der Temperaturverteilung in der Grenzschicht (über die Koordinate y, wie sie in Abb. 11 eingetragen ist) abhängt, als auch von der charakteristischen Geschwindigkeit der großen Wirbel V (d.h., wie schnell sich der Turbulenzballen durch die Temperaturgrenzschicht hindurch bewegt). Der Term V_2 repräsentiert die Krümmung des zeitlichen Temperaturprofils an der Oberfläche des Turbulenzballens, das natürlich von der Krümmung der Grenzschicht-Temperaturverteilung abhängt. Durch die beschriebenen Auswürfe und Ausbrüche an der Phasengrenzfläche, die oberhalb eines bestimmten Schwellenwertes der Turbulenzintensität auftreten und den Wärmeübergang überproportional steigern, wird vermutlich die Krümmung des Grenzschicht-Temperaturverlaufes derart stark beeinflußt, daß man nicht mehr von einem (über der dimensionslosen Koordinate yV/v aufgetragenen) ähnlichen Temperaturverlauf in der Temperaturgrenzschicht über eine Turbulenzintensitäts-Spanne, die sowohl den Bereich unterhalb als auch den Bereich oberhalb des Schwellenwertes umfaßt, ausgehen kann. Folglich benötigt man zwei verschiedene Zeitmaßstäbe, um die zeitabhängige Temperaturverteilung an der Turbulenzballen-Oberfläche über einen weiten Bereich der Turbulenzintensität korrekt zu beschreiben. Aus den Experimenten von Chun et al. und von Rashidi et al. läßt sich entnehmen, daß dies für Oberflächen mit und ohne Schubspannung gilt.

Mit der durch die charakteristische Temperaturdifferenz und den typischen Zeitmaßstab der großen Wirbel gegebenen Information kann man die charakteristische Steigung V_1 des Temperaturprofils an der Oberfläche des Turbulenzballens zur Zeit t = 0 bestimmen. Zur Abschätzung der charakteristischen Krümmung V_2 dieses Temperaturprofils sind noch weitere (Turbulenz-)Informationen notwendig, wenn man nicht von ähnlichen Temperaturprofilen ausgehen kann. Zum einen wird eine Information von dem zweiten signifikanten Zeitmaßstab

ϑ_b gegeben. Zum anderen kann der Schwellenwert, ab dem die Auswürfe und Ausbrüche an der Phasengrenzfläche auftreten, zusätzliche Information liefern. Die Ausbrüche an der Oberfläche gewinnen zunehmend Einfluß auf den Wärmeübergang, wenn die Turbulenz-Reynoldszahl über der charakteristischen Reynoldszahl $Re_t{}^*$ liegt. Die Experimente von Chun et al. wie auch die von Rashidi et al. lassen auf eine Schwellenwert-Reynoldszahl in der Größenordnung von 10^3 schließen. Dies deckt sich mit Untersuchungen von Theofanous et al. [237] und von Thomas [245], die beide einen Wechsel der Abhängigkeit zwischen dem Transportkoeffizienten und der Turbulenz-Reynoldszahl in dem Bereich $500 \leq Re_t \leq 1000$ beobachteten, so daß ein numerischer Wert von $Re_t{}^*$ aus diesem Bereich erwartet werden kann. Im folgenden wird ein Wert von

$$Re_t{}^* \cong 800 \tag{344}$$

für $Re_t{}^*$ benutzt werden, da sich damit eine gute Übereinstimmung des Transportverhaltens mit Meßdaten ergibt.

Zur Lösung der partiellen Differentialgleichung (332) benutzt man eine Laplace-Transformation, um die Temperaturdifferenz $\vartheta\,(r,t)$ in Abhängigkeit von den Koordinaten r und t zu erhalten (siehe Carslaw und Jaeger [256]).

$$\int_0^\infty e^{-pt}\frac{\partial^2\vartheta}{\partial r^2}\,dt \;-\; \frac{1}{\alpha}\int_0^\infty e^{-pt}\frac{\partial\vartheta}{\partial t}\,dt \;=\; 0 \tag{345}$$

Verwendet man die von Carslaw und Jaeger angegebenen Ausdrücke

$$L\{\vartheta\,(r,t)\} = \theta = \int_0^\infty e^{-pt}\vartheta\,(r,t)\,dt$$

$$L\left\{\frac{\partial\vartheta}{\partial t}\right\} = p\,L\{\vartheta\} - \vartheta_0$$

$$L\left\{\frac{\partial^2\vartheta}{\partial r^2}\right\} = \frac{\partial^2\theta}{\partial r^2}\,,$$

so läßt sich Gl. (345) in eine gewöhnliche Differentialgleichung überführen.

---

[256]   Carslaw, H. S., und Jaeger, J. C.: Conduction of Heat in Solids. Clarendon Press, Oxford, 1990, S. 298-305.

$$\frac{d^2\theta}{dr^2} - \frac{p}{\alpha}\theta = -\frac{1}{\alpha}\vartheta_0$$

Benutzt man weiterhin die Abkürzung

$$q^2 = \frac{p}{\alpha} \, ,$$

sowie die Bedingung aus Gl. (333), so ergibt sich

$$\frac{d^2\theta}{dr^2} - q^2\theta = 0 \quad ; \quad r \geq 0 \ . \tag{346}$$

Mit der Randbedingung an der Stelle $r = 0$

$$\theta\,(r{=}0,\,p) = \theta_{ES}\,(p) \ , \tag{347}$$

lautet die Lösung der gewöhnlichen Differentialgleichung (346) wie folgt:

$$\theta = \theta_{ES}\,(p)\,e^{-qr} \tag{348}$$

Nach Carslaw and Jaeger kann man mit Hilfe von Gl. (336) $\theta_{ES}\,(p)$ in Abhängigkeit von p ausdrücken:

$$\theta_{ES}\,(p) = V_1\,\frac{\Gamma(2)}{p^2} + V_2\,\frac{\Gamma(3)}{p^3} \tag{349}$$

Die Transformation in r- und t-Koordinaten ergibt für $\vartheta\,(r,t)$

$$\vartheta\,(r,t) = 4\,V_1\,\Gamma(2)\,t\,i^2\,\text{erfc}\,\mu \ + \ 16\,V_2\,\Gamma(3)\,t^2\,i^4\,\text{erfc}\,\mu \tag{350}$$

oder ausgeschrieben

$$\vartheta\,(r,t) \;=\; V_1\,t\left\{\,(\,1\,+\,2\mu^2\,)\;\mathrm{erfc}\,\mu \;-\; \frac{2\,\mu}{\sqrt{\pi}}\,e^{-\mu^2}\right\}$$

$$+\;4\,V_2\,t^2\left\{\left(\frac{1}{4}\,+\,\mu^2\,+\,\frac{1}{3}\,\mu^4\right)\mathrm{erfc}\,\mu \;-\; \frac{1}{\sqrt{\pi}}\left(\frac{5}{6}\,\mu\,+\,\frac{1}{3}\,\mu^3\right)e^{-\mu^2}\right\}\,. \qquad (351)$$

Hier ist Γ die Gamma-Funktion und "i^n erfc" steht für das n-te Wiederholungsintegral der Komplementärfunktion zu dem Wahrscheinlichkeitsintegral der normierten und zentrierten Normalverteilung, das auch oft kürzer "integriertes Fehlerintegral" genannt wird ($n^{\underline{th}}$ repeated integral of the complementary error function). Einzelheiten hierzu sind bei Carslaw und Jaeger [257] zu finden. Weiterhin wurde folgende Abkürzung verwendet:

$$\mu \;=\; \frac{r}{2\,\sqrt{\alpha\,t}} \qquad (352)$$

Folgt man der Argumentation der Oberflächenerneuerungs-Theorie, so ist die Nusseltzahl, die den mittleren Wärmeübergang in den Turbulenzballen (an der Stelle $r = 0$) beschreibt, gleichzusetzen mit der Nusseltzahl an oder in der Nähe der flüssigkeitsseitigen Phasengrenzfläche. Grundsätzlich stellt die Nusseltzahl den mit der charakteristischen Länge L dimensionslos gemachten negativen Temperaturgradienten an der Stelle des Wärmeüberganges dar, wie dies z.B. bei Jischa [258] beschrieben wird. Daher darf man den flüssigkeitsseitigen Wärmeübergang in Beziehung zu dem (durch spitze Klammern angedeutet) zeitlich gemittelten Temperaturgradienten an der Oberfläche des Turbulenzballens setzen.

$$Nu \;=\; -\left\langle \left(\frac{d\left(\dfrac{\vartheta}{\Delta T_{\mathcal{J}}}\right)}{d\left(\dfrac{r}{L}\right)}\right)_{r=0}\right\rangle \;=\; -\frac{L}{\Delta T_{\mathcal{J}}}\left\langle \left(\frac{d\,\vartheta}{d\,r}\right)_{r=0}\right\rangle \qquad (353)$$

Dieser Temperaturgradient wird in zwei Schritten ermittelt. Zuerst wird der momentane Temperaturgradient an der Stelle $r = 0$ in dem mit dem Turbulenzballen bewegten Koordinatensystem durch Differenzierung der Gl. (350) gewonnen.

$$\frac{d\,\vartheta}{d\,r} \;=\; 2\,V_1\,\sqrt{\frac{t}{\alpha}}\left\{\mu\,\mathrm{erfc}\,\mu \;-\; \frac{1}{\sqrt{\pi}}\,e^{-\mu^2}\right\}$$

$$+\;2\,V_2\,\sqrt{\frac{t^3}{\alpha}}\left\{\left(2\,\mu\,+\,\frac{4}{3}\,\mu^3\right)\mathrm{erfc}\,\mu \;-\; \frac{4}{3\,\sqrt{\pi}}\,(\,1\,+\,\mu^2\,)\,e^{-\mu^2}\right\} \qquad (354)$$

[257]   Carslaw, H. S., und Jaeger, J. C., 1990, a.a.O., S. 482-487.
[258]   Jischa, M., 1982, a.a.O., S. 71.

$$-\left(\frac{d\vartheta}{dr}\right)_{r=0} = \frac{2}{\sqrt{\pi\,\alpha}}\left(V_1\,t^{0.5} + \frac{4}{3}V_2\,t^{1.5}\right) \tag{355}$$

Dann erfolgt die zeitliche Mittelung, indem über die Zeitperiode $\mathcal{J}$ integriert wird.

$$-\left\langle\left(\frac{d\vartheta}{dr}\right)_{r=0}\right\rangle = -\frac{1}{\mathcal{J}}\int_0^{\mathcal{J}}\left(\frac{d\vartheta}{dr}\right)_{r=0}dt = \frac{2}{\mathcal{J}\sqrt{\pi\,\alpha}}\int_0^{\mathcal{J}}\left(V_1\,t^{0.5} + \frac{4}{3}V_2\,t^{1.5}\right)dt$$

$$-\left\langle\left(\frac{d\vartheta}{dr}\right)_{r=0}\right\rangle = \frac{2}{\sqrt{\pi\,\alpha}}\left(\frac{2}{3}V_1\,\mathcal{J}^{0.5} + \frac{8}{15}V_2\,\mathcal{J}^{1.5}\right) \tag{356}$$

Durch Verwendung der Gln. (339) und (343) läßt sich der mittlere Temperaturgradient in Abhängigkeit von der charakteristischen Temperaturdifferenz $\Delta T_{\mathcal{J}}$ ausdrücken.

$$-\left\langle\left(\frac{d\vartheta}{dr}\right)_{r=0}\right\rangle = \frac{4}{3\sqrt{\pi\,\alpha\,\mathcal{J}}}\left(1 + 0.4\frac{Re_t}{Re_t{}^*}\right)\Delta T_{\mathcal{J}} \tag{357}$$

Benutzt man nun die Definition der Nusseltzahl von Gl. (353) und setzt die Gln. (339), (341), (343) und (344) ein, so erhält man nach einigem Umformen eine Nusseltbeziehung für den flüssigkeitsseitigen Wärmeübergang an einer turbulenten Phasengrenzfläche, der über einen weiten Bereich der Turbulenz-Reynoldszahl gültig sein sollte. Für den entsprechenden Stoffübergang läßt sich basierend auf der Analogie zwischen Wärme- und Stoffübergang eine Beziehung für die Sherwoodzahl schreiben.

$$Nu_t = \frac{h_{LS}\,L}{k_L} = \frac{4}{3\sqrt{\pi}}\left(1 + 0.4\frac{Re_t}{Re_t{}^*}\right)Re_t{}^{0.5}\,Pr^{0.5} \tag{358}$$

$$Sh_t = \frac{K_{LS}\,L}{\mathcal{D}} = \frac{\beta_{LS}\,L}{\rho\,\mathcal{D}} = \frac{4}{3\sqrt{\pi}}\left(1 + 0.4\frac{Re_t}{Re_t{}^*}\right)Re_t{}^{0.5}\,Sc^{0.5} \tag{359}$$

In der Wärmeübergangs-Beziehung treten die folgenden Größen auf: h_{LS} ist der Wärmeübergangskoeffizient, k_L ist die Wärmeleitfähigkeit und $Pr = \nu/\alpha$ ist die Prandtlzahl der Flüssigkeit.

In der Relation für die turbulente Sherwoodzahl Sh tritt an Stelle der Prandtlzahl die Schmidtzahl $Sc = v/\mathit{\delta}$ und an Stelle der Wärmeleitfähigkeit der Diffusionskoeffizient $\mathit{\delta}$ auf. Hier kann durch K_{LS} und φ_{LS} der Stoffübergangskoeffizient auf zwei Arten ausgedrückt werden.

Abb. 12 vergleicht die Ergebnisse der hier entwickelten Theorie mit Nusselt- und Sherwoodbeziehungen anderer Autoren in einem Diagramm, in dem auf der Abszisse die Turbulenz-Reynoldszahl und auf der Ordinate die Nusseltzahl dividiert durch die Wurzel der Prandtlzahl bzw. die Sherwoodzahl dividiert durch die Wurzel der Schmidtzahl aufgetragen sind. Deutlich ist zu erkennen, daß die hier vorgestellte Gleichung in einem weiten Bereich der Turbulenz-Reynoldszahl sehr gut in den Mittelwert aller anderen eingezeichneten Beziehungen fällt.

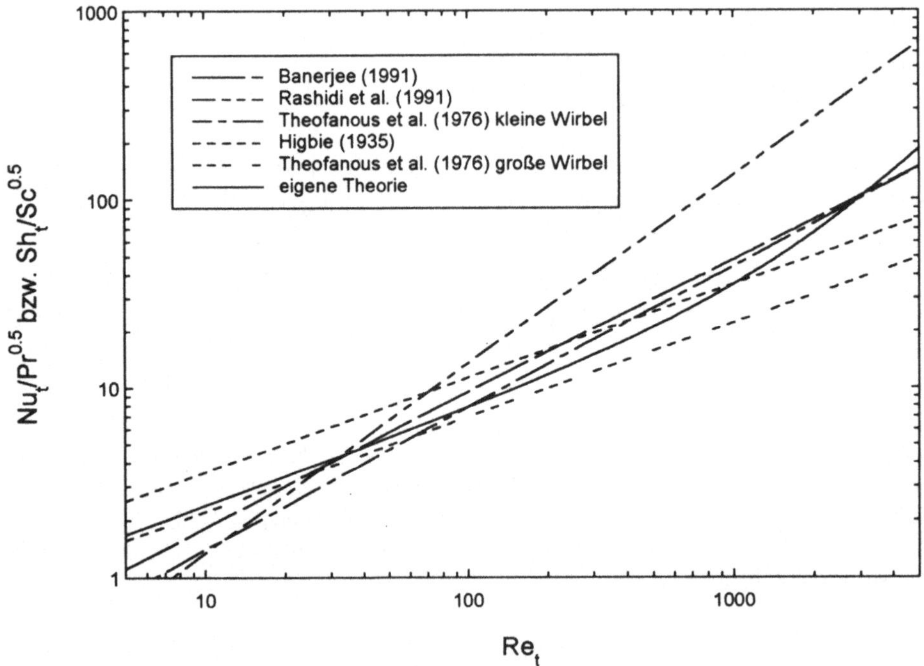

Abb. 12: *Nusselt- bzw. Sherwoodbeziehungen verschiedener Autoren über der Turbulenz-Reynoldszahl aufgetragen*

Die zwei noch verbleibenden Unbekannten in Gl. (359) sind die charakteristische Geschwindigkeit und das Makro-Längenmaß der großen, niederfrequenten Wirbel (V und L), die den turbulenten Transport in der Nähe der flüssigkeitsseitigen Grenzfläche bestimmen. Um Gl. (359) benutzen zu können, ist es notwendig, diese beiden Größen für die jeweils betrachtete Strömung zu bestimmen.

Betrachtet man **Oberflächen mit Schubspannungen**, so ist nach Schlichting [259] die Schubspannungsgeschwindigkeit $v*$ ein Maß für die Stärke der turbulenten Schwankungsbewegungen. Folgt man weiterhin der Argumentation von Tennekes und Lumley [260], so ist, da die Mischungsweg-Theorie auf der Bewegung großer Wirbelballen basiert, die Mischungsweglänge l_m eine geeignete Größe zur Beschreibung des turbulenten Makro-Längenmaßes. Vor diesem Hintergrund werden für Oberflächen mit Schubspannungen die folgenden Idenditäten festgelegt, wobei $v*$ und l_m für das betrachtete Strömungsfeld mit Hilfe von bekannten Korrelationen oder Meßdaten bestimmt werden müssen:

$$L = l_m \quad , \qquad V = v* \quad \text{(mit Schubspannungen)} \tag{360}$$

Für **schubspannungsfreie Oberflächen** scheint an Stelle der Schubspannungsgeschwindigkeit ein in der Nähe der Oberfläche aufgenommener charakteristischer Wert der turbulenten Geschwindigkeitsschwankung normal zur Oberfläche einen geeigneten Wert für das gesuchte charakteristische Geschwindigkeitsmaß zu liefern.

$$V^2 = \overline{v'_y{}^2} \quad \text{(schubspannungsfrei)} \tag{361}$$

Die numerischen Werte der charakteristischen Längen- und Geschwindigkeitsmaße sind entsprechend der Oberflächenerneuerungs-Theorie nahe der Oberfläche zu bestimmen, um den oberflächennahen Transport korrekt zu beschreiben. Dies wird in Abhängigkeit von den vier wesentlichen Strömungsregionen in den nächsten Kapiteln durchgeführt. Im Falle einer Überlagerung von Wärme- und Stoffübertragung muß zudem noch die Ackermann-Korrektur berücksichtigt werden (siehe Kapitel 9. 6). Zuvor soll jedoch noch durch einen Vergleich mit Meßdaten die Gültigkeit der hier vorgestellten Transportbeziehung gezeigt werden.

9. 3. 3   Vergleich mit Meßdaten

In dieser Sektion werden die Voraussagen des hier vorgestellten Oberflächenerneuerungs-Modells mit Messungen des Wärme- bzw. Stoffübergangskoeffizienten verschiedener Autoren verglichen, um zu demonstrieren, daß die entwickelte Beziehung tatsächlich über einen sehr weiten Bereich der Turbulenz-Reynoldszahl gültig ist. Wie schon erwähnt, kommt der Bestimmung der charakteristischen turbulenten Makromaße von Länge und Geschwindigkeit entscheidende Bedeutung bei der Berechnung der Transportkoeffizienten zu. Die Zahl der wissenschaftlichen Arbeiten, die sowohl Transportkoeffizienten als auch diese Längen- und Geschwindigkeitsmaße gemessen und veröffentlicht haben, ist allerdings sehr limitiert, so daß hier für diesen Vergleich nur auf drei verschiedene Arbeiten zurückgegriffen werden kann.

---

[259]   Schlichting, H., 1982, a.a.O., S. 597.
[260]   Tennekes, H., und Lumely, J. L., 1972, a.a.O., S. 44.

Lamont und Scott [261], [262], [263] veröffentlichten Meßdaten von Stoffübergangskoeffizienten an einzelnen Blasen, die in großem Abstand voneinander zusammen mit einer turbulenten Flüssigkeit in einem Rohr strömten. Obwohl die Autoren die turbulenten Makromaße von Länge und Geschwindigkeit nicht gemessen haben, können diese doch von den bekannten Gesetzen turbulenter Rohrströmungen abgeleitet werden.

Thomas [245] führte Messungen der Kondensationsrate von Wasserdampf in einem offenen Rechteck-Kanal durch, wobei die Wärmediffusion in der flüssigen Phase die bestimmende physikalische Größe war. Die Turbulenz in der Flüssigkeit wurde dabei sowohl von einem Gitter im Einlauf als auch von der Kanalwand erzeugt. Thomas veröffentlichte Turbulenz-Reynoldszahlen, die er basierend auf 4 mm unter der Oberfläche gemessener turbulenter Geschwindigkeitsschwankungen bestimmte.

Browns [248] Messungen von Wasserdampf-Kondensationsraten in einem zylindrischen System, in dem die Turbulenz durch einen von unten zur Oberfläche gerichteten Strahl erzeugt wurde, umfassen detaillierte Meßdaten der oberflächennahen horizontalen und vertikalen turbulenten Geschwindigkeitsschwankungen sowie des integralen turbulenten Zeit- und Längenmaßstabes.

9. 3. 3. 1   Blasenströmung

Von Lamont und Scott wurden experimentelle Studien zu dem flüssigkeitsseitigen Stoffübergangskoeffizienten an Blasen, die mit einer turbulenten Flüssigkeit in einem waagrechten Rohr strömten, durchgeführt. Sie benutzten ein Kohlendioxid-Wasser-Gemisch und Rohrdurchmesser von 15.9 mm (5/8") und 7.9 mm (5/16"). Versuchstechnisch wurden die Blasen daran gehindert, sich zu größeren Einheiten zusammenzuschließen, indem nur einzelne Blasen mit weitem Abstand voneinander in die Flüssigkeit eingebracht wurden. Der Blasendurchmesser variierte dabei zwischen dem 0.3- bis 0.7-fachen des Rohrdurchmessers D. Ihre Messungen überdeckten einen Bereich von $1810 < \mathrm{Re_s} < 22400$, wobei die Reynoldszahl $\mathrm{Re_s}$ mit der scheinbaren Flüssigkeitsgeschwindigkeit nach Gl. (156) gebildet wurde.

Im Vorgriff auf die nächsten Sektionen läßt sich das integrale Makro-Längenmaß der Turbulenz in recht guter Übereinstimmung mit Meßdaten von Martin und Johanson [264] (L $\cong$ 0.03D) durch Gl. (390) bestimmen.

$$L = 0.04\,D \tag{362}$$

[261]   Lamont, J. C., und Scott, D. S., 1970, a.a.O.

[262]   Lamont, J. C.: Gas absorption in cocurrent turbulent bubble flow. Ph.D. Thesis, University of British Columbia, 1966.

[263]   Lamont, J. C., und Scott, D. S.: Mass transfer from bubbles in cocurrent flow. Canadian J. Chemical Engineering, 1966, Vol. 44, S. 201-208.

[264]   Martin, G. Q., und Johanson, L. N.: Turbulence characteristics of liquids in pipe flow. A.I.Ch.E. J., 1965, Vol. 11, S. 29-33.

Mit Hilfe der ebenfalls in den folgenden Sektionen eingeführten Gln. (373) und (378) kann man basierend auf dem Reibungsdruckabfall auch das Makromaß der charakteristischen Turbulenzgeschwindigkeit abschätzen. Die spitzen Klammern zeigen an, daß es sich hierbei um einen über den Rohrquerschnitt gemittelten Wert handelt.

$$V = <v^*> = \sqrt{\frac{|<\tau_L>|}{\rho_L}} = \sqrt{\frac{D}{6\,\rho_L}\left|\frac{d\,p_f}{dz}\right|} \qquad (363)$$

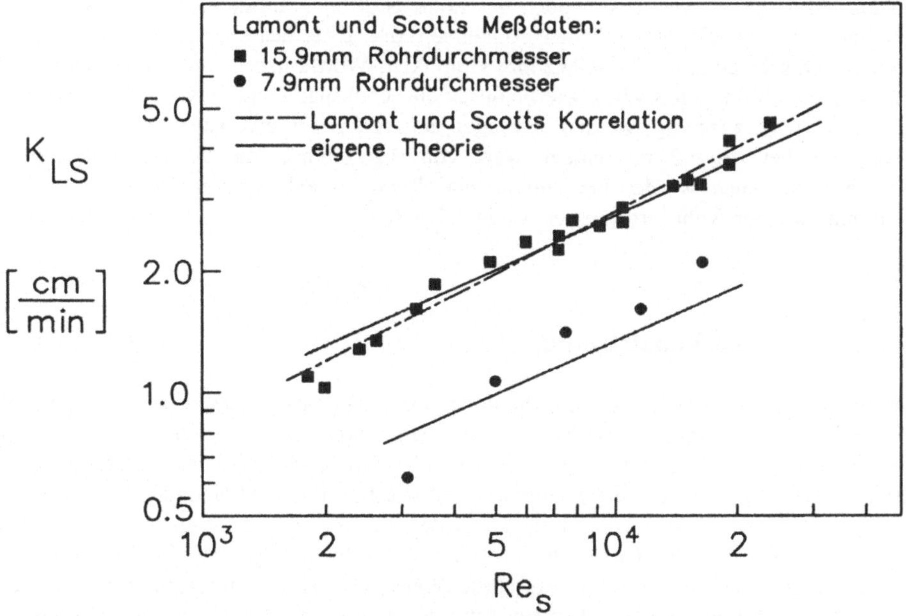

Abb. 13: *Stoffübergangskoeffizient aufgetragen über der Reynoldszahl. Lamont und Scotts turbulente Blasenströmung in einem waagrechten Rohr*

Da der Anteil der Blasen an der Gesamtströmung sehr gering war, kann der Zweiphasenmultiplikator in Gl. (160) mit guter Näherung gleich eins gesetzt werden. Benutzt man die Blasius-Beziehung nach Gl. (159) für den Reibungsbeiwert, so kann man mit Hilfe von Gl. (151) sowohl das Makromaß der Turbulenzgeschwindigkeit als auch die Turbulenz-Reynoldszahl in Abhängigkeit von der scheinbaren Flüssigkeitsgeschwindigkeit und damit von Re_s ermitteln. Es ergibt sich so ein Bereich für die Turbulenz-Reynoldszahl von etwa $5 \cdot 10^0 < Re_t < 5 \cdot 10^1$.

$$V = 0.162 \frac{v}{D} Re_s^{7/8} \tag{364}$$

$$Re_t = 0.0065 \, Re_s^{7/8} \tag{365}$$

Die Voraussagen des hier vorgestellten Modells werden in Abb. 13 mit den experimentellen Daten von Lamond und Scott verglichen, wobei der Stoffübergangskoeffizient über der Reynoldszahl Re_s aufgetragen ist. Durch die Meßdaten läßt sich eine Kurve (gestrichelte Linie) mit einem Exponenten von 0.52 ziehen, während das Modell (durchgezogene Line) in diesem Bereich den fast gleichen Exponenten von 0.5 aufweist. Die größten Abweichungen zwischen Messung und Rechnung treten bei sehr kleinen Reynoldszahlen (und damit auch Turbulenz-Reynoldszahlen) auf, wobei das Modell zu hohe Stoffübergangskoeffizienten vorhersagt. Vermutlich verlieren die wesentlichen Annahmen der Oberflächenerneuerungs-Theorie in diesem Bereich sehr geringer Turbulenz ihre Gültigkeit. Würde man in das gleiche Diagramm auch noch die Stoffübergangswerte, wie sie durch die schubspannungsbehaftete Beziehung von Rashidi et al. [239] vorausgesagt werden, eintragen, so ergäbe sich eine Kurve mit der Steigung von eins, die bei $Re_s = 2$ mit einem Wert von 0.26 cm/min für den Rohrdurchmesser $D = 15.9$ mm beginnen würde. Für die gleiche Reynoldszahl ergäbe sich ein Wert von 0.52 cm/min für einen Rohrdurchmesser von $D = 7.9$ mm.

9. 3. 3. 2   Offene Kanalströmung

Neben anderen Strömungskonfigurationen untersuchte Thomas [245] den Wärmeübergangskoeffizienten bei Kondensationsprozessen in einer waagrechten Kanalströmung. Sein Kanal war 1.09 m lang und 0.1 m breit und führte Wasser von 0.05 m Tiefe. Der Kanal war einer Dampfatmosphäre ausgesetzt, wobei die Dampfdrücke zwischen 0.043 MPa und 0.095 MPa variierten. Die Turbulenz wurde sowohl durch ein Gitter am Kanaleintritt als auch durch die Wand erzeugt. Mittels der Heißfilm-Technik konnte Thomas turbulente Geschwindigkeitsschwankungen in Hauptstromrichtung messen. Auf diese Weise war es ihm möglich, die Turbulenz-Reynoldszahl zu bestimmen, die in dem Bereich $0.4 - 0.6 \, Re_g$ lag. Die Gitter-Reynoldszahl Re_g wurde dabei mit dem flächenspezifischen Volumenstrom U_g und dem Gitterabstand m gebildet.

$$Re_g = \frac{U_g \, m}{v} \tag{366}$$

Für eine schubspannungsfreie Oberfläche wird vor dem Hintergrund der Annahmen der Oberflächenerneuerungs-Theorie die transportbestimmende Turbulenz-Reynoldszahl mit der normal zur Oberfläche gerichteten turbulenten Geschwindigkeitsschwankung gebildet. Aus der Arbeit von Komori und Ueda [265] läßt sich entnehmen, daß für eine Kanalströmung die normal zur

---

[265]   Komori, S., und Ueda, H.: Turbulence structure and transport mechanism at the free surface in an open channel flow. Int. J. Heat and Mass Transfer, 1982, Vol. 25, Nr. 4, S. 513-521.

Oberfläche gerichtete turbulente Geschwindigkeitsschwankung etwa um den Faktor zwei kleiner ist als die entsprechende Schwankung in Hauptströmungsrichtung. Somit kann man Thomas' Gitter-Reynoldszahl in die Turbulenz-Reynoldszahl umrechnen. Es ergibt sich durch die Umrechnung ein Bereich für die Turbulenz-Reynoldszahl von etwa $10^2 < Re_t < 10^3$.

$$Re_t = 0.25\, Re_g \tag{367}$$

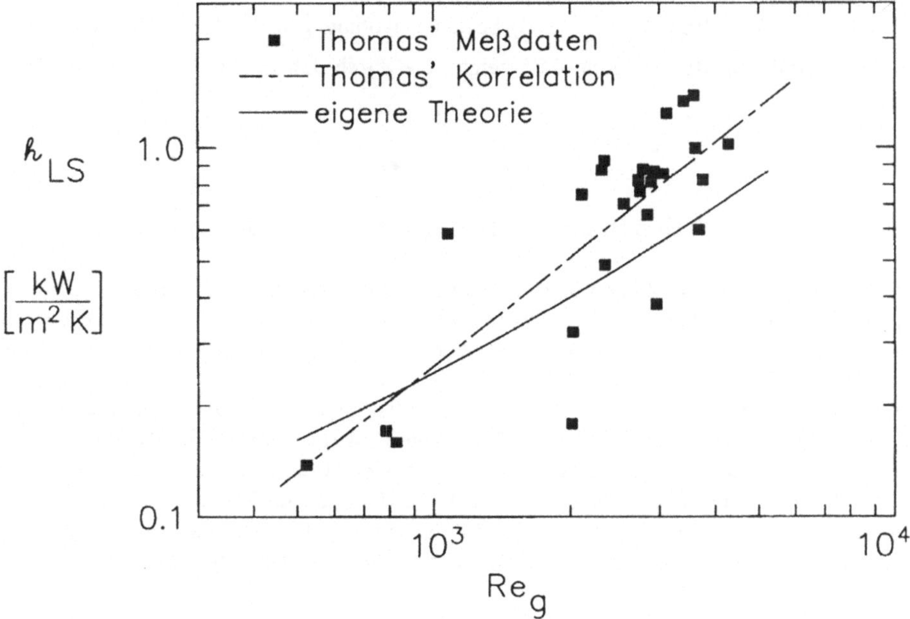

Abb. 14: *Wärmeübergangskoeffizient aufgetragen über der Gitter-Reynoldszahl. Thomas' horizontale Strömung im offenen Rechteck-Kanal*

Es ist noch zu erwähnen, daß die Richardsonzahl bei Thomas' Messungen klein war. Die Richardsonzahl wird mit dem thermischen Ausdehnungskoeffizienten β definiert zu

$$Ri = \frac{g\,\beta\,(T_S - T_M)\,L}{V^2} \tag{368}$$

und ist ein Maß für den Einfluß von Auftriebseffekten. Geht man von einer mittleren Turbulenzintensität der Strömung und einem charakteristischen turbulenten Makro-Längenmaß in der Größenordnung der Flüssigkeitshöhe aus, so ist für Thomas' Messungen die Richardsonzahl kleiner als eins (Ri < 1) und damit der Auftriebseffekt vernachlässigbar. Die Bedeutung der Auftriebseffekte wird in der nächsten Sektion genauer angesprochen werden.

Abb. 14 vergleicht Thomas' Meßdaten mit Vorhersagen des Oberflächenerneuerungs-Modells (durchgezogene Linie) in einem Diagramm, in dem der Wärmeübergangskoeffizient über der Gitter-Reynoldszahl aufgetragen ist. Thomas' Meßdaten weisen leider einen sehr weiten Streubereich auf; trotzdem kann man erkennen, daß die Modellrechnung sehr gut in dem Meßdatenband liegt. Die gestrichelte Linie repräsentiert Thomas eigene Korrelation, die im Mittel alle Meßdaten am besten wiedergibt. Ein Versuch, die Meßdaten mit dem Modell von Theofanous et al. [237] für große Wirbel nachzurechnen, ergäbe eine Gerade mit der Steigung 0.5, die bei dem Punkt ($h_{LS} = 0.1$ kW/m^{2}K, $Re_g = 300$) begänne, wohingegen das Modell für die kleinen Wirbel eine Gerade mit der Steigung 0.75 zeigte, die durch den Punkt ($h_{LS} = 0.16$ kW/m^{2}K, $Re_g = 300$) ginge.

9. 3. 3. 3   Kondensation in eine ruhende, turbulente Flüssigkeit

Brown [248] veröffentlichte Meßdaten über die Kondensation von Dampf in turbulentes Wasser, das durch eine mittlere Hauptstromgeschwindigkeit und Schubspannung von null sowie eine nahezu wellenfreie Oberfläche charakterisiert war. Seine Testzelle bestand aus einem senkrechten Rohr des Duchmessers D = 38 mm bzw. 102 mm, das partiell mit Wasser gefüllt war. In dem Wasser wurde Turbulenz durch einen von unten an die Oberfläche gerichteten Strahl erzeugt, wobei die Intensität durch den Strahlvolumenstrom bzw. -impulsstrom geregelt werden konnte. An der Wasseroberfläche wurde ein Kondensationsprozeß ausgelöst, indem Dampf bei Betriebsdrücken zwischen 0.11 und 0.37 MPa über die Oberfläche geleitet wurde. Turbulenz-Messungen in der Nähe der Oberfläche wurden in einer speziellen Meßzelle mit einem größeren Rohrdurchmesser von 153 mm mittels eines Laser-Doppler-Meßgerätes durchgeführt.

Browns gemessene Kondensations-Stantonzahl wurde als Funktion der Turbulenz-Reynoldszahl aufgetragen, wobei seine Stanton- und Reynoldszahlen mit der Kondensationsmassenstromdichte n_S, der Verdampfungswärme h_{fg} und der horizontalen turbulenten Geschwindigkeitsschwankungen der Flüssigkeit v_b, die von der Flüssigkeitsmitte an die Oberfläche extrapoliert wurde, definiert waren. Generell beschreibt die Stantonzahl das Verhältnis der an einer Fläche übergehenden Wärmestromdichte zur Enthalpiestromdichte (-differenz) der Außenströmung.

$$St = \frac{n_S\, h_{fg}}{\rho_L\, c_{pL}\, (T_S - T_M)\, v_b} \tag{369}$$

$$Re = \frac{v_b\, L}{\nu_L} \tag{370}$$

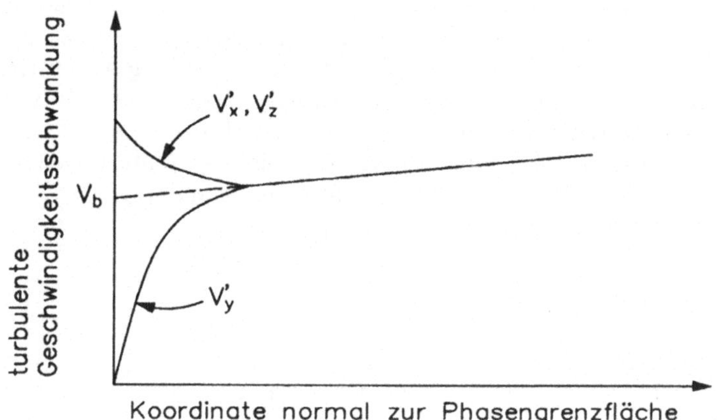

Abb. 15: *Qualitative Verteilung der turbulenten Geschwindigkeitsschwankungen in der Nähe der flüssigkeitsseitigen Phasengrenzfläche (nach Brown [248])*

Abb. 15 zeigt qualitativ die von Brown gemessenen horizontalen und vertikalen turbulenten Geschwindigkeitsschwankungen und auf welche Weise die Schwankungsgeschwindigkeit v_b extrapoliert wurde. Als charakteristische turbulente Geschwindigkeitsschwankung normal zur Oberfläche v_y', die als Makromaß für die großen Wirbel in dem Oberflächenerneuerungs-Modell benötigt wird, kann daher in guter Näherung $v_b/2$ verwendet werden.

$$V \; = \; <\overline{(v_y'^2)}^{0.5}> \; \cong \; \frac{v_b}{2} \tag{371}$$

Somit ergibt sich eine Relation zwischen Browns Turbulenz-Reynoldszahl und der Turbulenz-Reynoldszahl, die für das Oberflächenerneuerungs-Modell benutzt werden kann. Dies bedeutet, daß Browns Messungen einen Bereich der Turbulenz-Reynoldszahl des Oberflächenerneue-rungs-Modells nach Gl. (320) von $10^3 < Re_t < 5 \cdot 10^3$ abdecken.

$$Re_t \; = \; 0.5 \, Re \tag{372}$$

Browns Meßdaten überdecken einen weiten Bereich der Richardsonzahl ($0 < Ri < 15$, wobei die Richardsonzahl nach Gl. (368) mit $V = v_b$ gebildet wurde). In einem Gravitationsfeld bewirken Auftriebseffekte eine thermische Schichtung an der Oberfläche, die die oberflächennahe Turbulenz dämpft und damit die Kondensationsrate reduziert. Für Turbulenzintensitäten, die

eine Richardsonzahl in der Größenordnung von 1 - 3 ergaben, beobachtete Brown eine wenige
Millimeter dicke heiße Schicht, die sich periodisch an der Oberfläche bildete und dann durch
energiereiche Turbulenzballen von der Oberfläche weggespült wurde. Bei Richardsonzahlen in
der Größenordnung von 10 war die Turbulenz nicht mehr stark genug, um die Dämpfungswir-
kung der thermischen Schichtung zu überwinden, so daß die Schichtung an der Oberfläche
Bestand hatte. Bei den geringsten gemessenen Turbulenzintensitäten mit $Ri \cong 50$ wurde eine
fest verbleibende thermische Schichtung von 30 mm Dicke unterhalb der Oberfläche beobachtet. Für $Ri > 3.5$ stellte Brown einen wahrnehmbaren Einfluß der Auftriebseffekte auf die
Stantonzahl fest, der für große Richardsonzahlen die Stantonzahl um bis zu 50 % reduzieren
konnte.

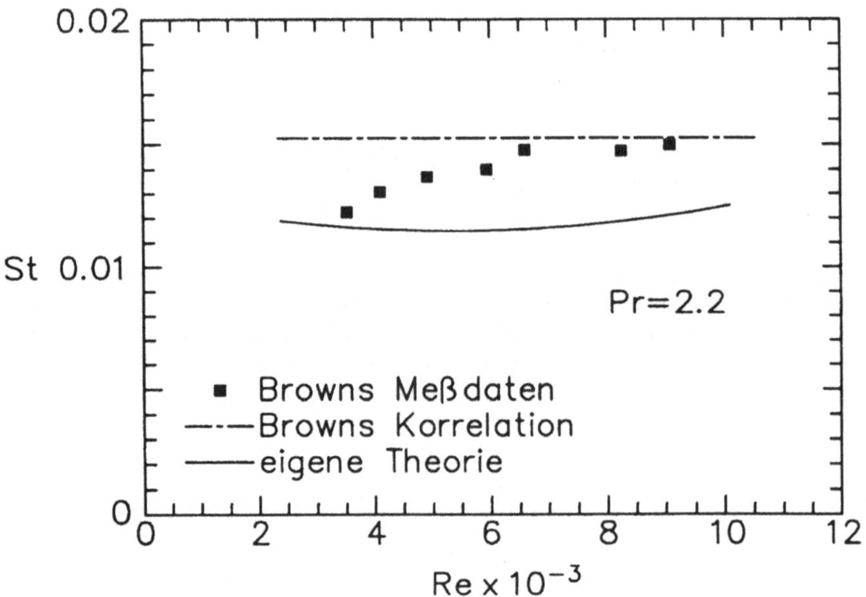

Abb. 16: *Kondensations-Stantonzahl über der Reynoldszahl (Prandtlzahl = 2.2). Browns
System einer ruhenden Flüssigkeit mit strahlinduzierter Turbulenz*

Abbn. 16 und 17 zeigen zwei typische Sets von Browns Meßdaten im Vergleich zu den
Vorhersagen des Oberflächenerneuerungs-Modells. In den Diagrammen ist die Stantonzahl
über Browns Reynoldszahl aufgetragen. Da das hier entwickelte Modell keine Auftriebseffekte
berücksichtigt, sind in den Diagrammen die Meßdaten mit $Ri > 3.5$ nicht mit eingezeichnet.
Beide Diagramme lassen eine relativ gute Übereinstimmung der Meßdaten mit der Modellrechnung erkennen. In dem dargestellten Reynoldszahlbereich von $2000 < Re < 10000$ würde
das Modell von Theofanous et al. [237] für kleine Wirbel eine Kurve mit einer negativen Steigung

ergeben. Für eine Prandtlzahl von 2.2 würde dabei die Stantonzahl von 0.015 auf 0.01 abfallen, während sie von 0.018 auf 0.012 für eine Prandtlzahl von 1.5 sinken würde.

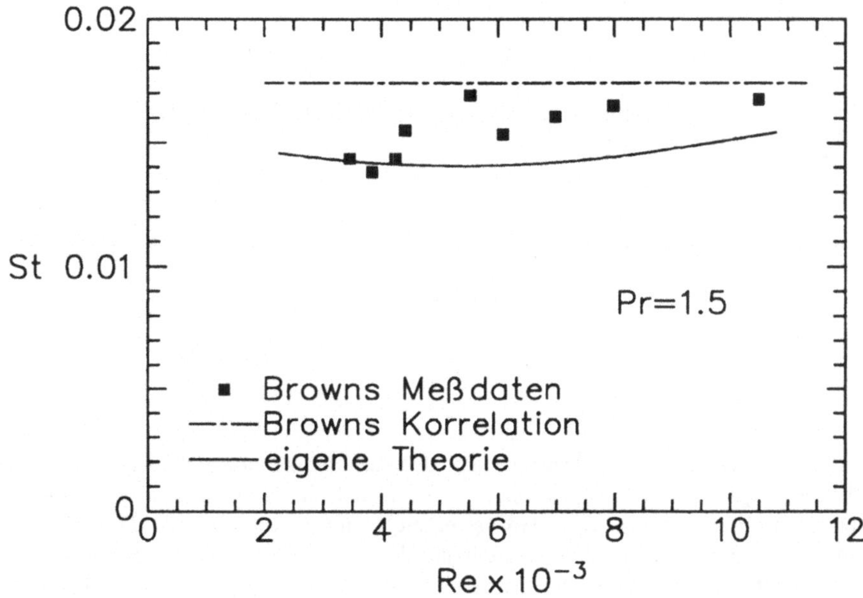

Abb. 17: *Kondensations-Stantonzahl über der Reynoldszahl (Prandtlzahl = 1.5). Browns System einer ruhenden Flüssigkeit mit strahlinduzierter Turbulenz*

9. 4   Schubspannung an Wand und Phasengrenzfläche

Wie schon erwähnt, wird in diesem Kapitel das charakteristische Makromaß der turbulenten Geschwindigkeit V und im nächsten Kapitel das turbulente Makro-Längenmaß L in Abhängigkeit von den Strömungsregionen bestimmt. Für schubspannungsbehaftete Strömungen kann man in guter Näherung das die großen Turbulenzballen charakterisierende Geschwindigkeitsmaß gleichsetzen mit der Schubspannungsgeschwindigkeit v*, die mit einer charakteristischen Schubspannung und der Flüssigkeitsdichte definiert ist.

$$V = <v^*> = \sqrt{\frac{|<\tau_L>|}{\rho_L}} \tag{373}$$

Die charakteristische Schubspannung $<\tau_L>$ sollte dabei so gewählt sein, daß die transportbestimmende Turbulenz nahe der Phasengrenzfläche korrekt erfaßt wird. Hughmark [266] schlug z.B. den Mittelwert aus Wand- und Phasengrenzflächenschubspannung vor.

$$<\tau_L> = \frac{<\tau_S> + <\tau_{LW}>}{2} \tag{374}$$

Hier wird für dispergierte Strömungen ein über die Querschnittsfläche (Index cross-section) gemittelter Wert verwendet werden.

$$<\tau_L> = \frac{1}{A_{\text{cross-section}}} \int\limits_{A_{\text{cross-section}}} \tau \, dA_{\text{cross-section}} \tag{375}$$

9. 4. 1   Blasenströmung

Geht man davon aus, daß der Druck konstant über den Rohrquerschnitt und Gravitations- und Impulsdruckänderungen vernachlässigbar sind, so ändert sich die Schubspannung infolge von Reibung linear mit dem Radius. Dies läßt sich leicht mit Hilfe von Gl. (3) und einem zylindrischen, zentrierten Kontrollvolumen nachvollziehen, wie es z.B. bei Potter und Foss [267] dargestellt ist. Ändert sich der Impuls des Fluids nicht, so wird der Druckverlust in Hauptströmungsrichtung nur durch die Reibungseffekte im waagrechten Rohr bestimmt.

$$\tau\,(r) = -\frac{r}{2}\frac{d\,p_f}{dz} \tag{376}$$

An dieser Stelle soll nochmals erwähnt werden, daß sich die Schubspannung aus einem laminaren und einem turbulenten Anteil zusammensetzt, wobei der laminare Anteil nur ganz dicht an der Wand von Bedeutung ist (siehe z.B. Laufer [268]). An der Rohrwand bei $r = D/2$ ist die Schubspannung gleich der Wandschubspannung $\tau = \tau_{LW}$.

$$\tau_{LW} = -\frac{D}{4}\frac{d\,p_f}{dz} \tag{377}$$

---

[266]   Hughmark, G. A.: Film thickness, entrainment, and pressure drop in an upward annular and dispersed flow. A.I.Ch.E. J., 1973, Vol. 19, S. 1021-1056.

[267]   Potter, M. C., und Foss, J. F.: Fluid Mechanics. Great Lakes Press, Okemos, 1982, S. 332-333.

[268]   Laufer, J.: The Structure of Turbulence in a Fully Developed Pipe Flow. NACA Rep. 1174, 1954.

Basierend auf dem linearen radialen Verlauf der Schubspannung kann die mittlere Schubspannung für eine Blasenströmung durch eine einfache Integration über den Radius bestimmt werden.

$$<\tau_L> = -\frac{4}{D^2} \int_0^{\frac{D}{2}} \frac{d\,p_f}{dz} r^2 \, dr$$

$$<\tau_L> = -\frac{D}{6} \frac{d\,p_f}{dz} = \frac{2}{3} \tau_W \tag{378}$$

9. 4. 2   Schichtenströmung

Für glatte und wellige Schichtenströmung kann die charakteristische Schubspannung τ_c, die nach Gl. (231) errechnet wird, zur Bestimmung des charakteristischen Makromaßes der turbulenten Geschwindigkeit V durch Gl. (373) herangezogen werden.

9. 4. 3   Ringströmung

In Ringströmungen tragen zwei oberflächennahe Flüssigkeitsregionen zum Stofftransport, der mit Hilfe von Gl. (359) berechnet werden kann, in die Flüssigkeitshauptströmung bei: der Film (Index δ), der an der Rohrwand entlangströmt, und die Flüssigkeitströpfchen (Index C), die im Gas bzw. Dampfkern strömen. Demzufolge sind bei der Bestimmung des turbulenzbedingten flüssigkeitsseitigen Stofftransportkoeffizienten zwei Beiträge, die mit den entsprechenden Phasengrenzflächenkonzentrationen gewichtet werden, zu berücksichtigen.

$$\mathscr{J}_{LS_{total}} = \frac{a_{S_\delta}}{a_{S_{total}}} \mathscr{J}_{LS_\delta} + \frac{a_{S_C}}{a_{S_{total}}} \mathscr{J}_{LS_C} \tag{379}$$

Die mittlere Verweilzeit der Tröpfchen im Gaskern ist relativ gering, da die Tröpfchen auf der einen Seite der Rohrwand aus dem Film herausgerissen werden, auf geradlinigem Weg relativ schnell durch den Kern wandern und auf der anderen Rohrwandseite wieder von dem Flüssigkeitsfilm aufgenommen werden. Es herrscht also ständig eine sehr starke Vermischung zwischen der Flüssigkeitsmasse im Film und in den Tröpfchen. Aus diesem Grunde kann man in guter Näherung davon ausgehen, daß die mittleren Hauptströmungsbedingungen in Film und

Tröpfchen identisch sind. Das heißt, man benötigt nur einem Stoffübergangskoeffizienten, der den Stoffübergang zwischen Phasengrenzfläche und Flüssigkeitshauptströmung beschreibt. Für diesen Gesamtstoffübergangskoeffizienten sind nun die charakteristischen Schubspannungen und turbulenten Makro-Geschwindigkeitsmaße sowohl im Film als auch im Gaskern zu bestimmen.

Filmregion

Für einen Film, der in einem Rohr an der Wand entlangläuft, schlagen Henstock und Hanratty [269] eine Beziehung zur Bestimmung einer charakteristischen Schubspannung $<\tau_\delta>$, die ganz ähnlich der Gl. (231) ist, vor.

$$< \tau_\delta >= \frac{2}{3}\tau_{LW} + \frac{1}{3}\tau_S \qquad (380)$$

In dieser Relation wird die Wandschubspannung τ_{LW} basierend auf der bekannten Blasius-Gleichung für den Reibungsbeiwert bestimmt.

$$\tau_{LW} = \frac{f_{LW}\rho_L v_{zL}^2}{2} \qquad (381)$$

Zur Errechnung der Schubspannung an der Phasengrenzfläche τ_S stehen die Gln. (234) oder (246) zur Verfügung.

Gas- bzw. Dampfkernregion

Die Strömung im Gaskern kann als ideal vermischt angesehen werden, so daß die mittlere Schubspannung $<\tau_C>$ durch eine Integration über den Gaskernquerschnitt erhalten wird (siehe auch Abb. 8 auf Seite 67):

$$< \tau_C >= \frac{2}{3}\tau_S \qquad (382)$$

In dieser Beziehung wird die gleiche Schubspannung an der Phasengrenzfläche τ_S, die auch schon in der Filmregion verwendet wurde, benutzt.

---

[269]   Henstock, W. H., und Hanratty, T. J., 1976, a.a.O.

9. 4. 4   Schwall- und Pfropfenströmung

Auch in der Schwall- und Pfropfenströmung hat man zwei Beiträge zur Bestimmung des Gesamtstoffübergangskoeffizienten zu berücksichtigen; einen Beitrag aus der Filmzone (Index stratified) und einen aus der Schwallzone (Index bubble), die beide gewichtet nach Phasengrenzflächenkonzentration und Zonenlänge den Gesamtstoffübergang ergeben.

$$\beta LS_{total} = \frac{a_{S_{film}}}{a_{S_{total}}} \frac{l_f}{l_u} \beta LS_{stratified} + \frac{a_{S_{slug}}}{a_{S_{total}}} \frac{l_s}{l_u} \beta LS_{bubble} \tag{383}$$

Bedingt durch die ständige sehr starke Vermischung der Flüssigkeit zwischen den beiden Zonen ist es auch hier erlaubt, von nur einem Hauptstromzustand der Flüssigkeitsströmung zu sprechen. Um den Stoffübergangskoeffizienten nach Gl. (359) in den zwei Zonen bestimmen zu können, sind die Turbulenz-Makromaße getrennt in beiden Zonen zu ermitteln.

Filmzone

In der Filmregion kann man mit guter Näherung von einem Strömungbild ähnlich der Schichtenströmung ausgehen, so daß die charakteristische Schubspannung bzw. Schubspannungsgeschwindigkeit mit Gl. (231) an der Stelle, an der der Film vom Schwall aufgenommen wird, bestimmt werden kann. Die Schubspannung an der Phasengrenzfläche kann hier durch eine von Moalem Maron et al. [270] gegebene Beziehung abgeschätzt werden.

$$< \tau_S > = \frac{Bf_f \rho_V (V_{Ge} - V_{fe})^2}{2} \tag{384}$$

Der in dieser Relation auftretende Reibungsbeiwert f_f ist derselbe, der auch in Gl. (277) benutzt wird, um die Wandschubspannung τ_{LW} zu bestimmen, und die Geschwindigkeiten V_{Ge} und V_{fe} sind identisch mit denen von Gl. (310). B ist ein Verstärkungsfaktor der freien Oberfläche (Verhältnis Gas-Flüssigkeit zu Gas-feste Wand), für den von Luninski [271] Werte zwischen 10 und 100 gemessen wurden. Moalem Maron et al. empfehlen einen Wert von B = 20.

Schwallzone

Experimentelle Beobachtungen zeigen für die Schwallzone ein Erscheinungsbild, das der Blasenströmung sehr ähnlich ist. Aus diesem Grund kann die charakteristische Schubspannung

[270]   Moalem Maron, D., Yacoub, N., und Brauner, N., 1982, a.a.O.
[271]   Luninski, Y.: Two-Phase Flow in Small Diameter Lines-Flow Patterns Pressure Drop. M.S. Thesis, School of Engineering, Univ. of Tel-Aviv, 1981.

bzw. Schubspannungsgeschwindigkeit mit Hilfe von Gl. (378) bestimmt werden, wobei der Druckabfall im Schwall dp_s/dz durch Gl. (298) gegeben ist.

$$< \tau_L > = - \frac{D}{6} \frac{dp_s}{dz} \frac{l_u}{l_s} \tag{385}$$

9. 5   Mischungsweglänge

Das charakteristische turbulente Makro-Längenmaß kann in guter Näherung gleich der Mischungsweglänge gesetzt werden, so daß in diesem Kapitel, nachdem mit einigen Worten der Gedanke des Mischungsweg-Konzepts kurz vorgestellt worden ist, Beziehungen für die charakteristische Mischungsweglänge in Abhängigkeit von den vier Strömungsregionen hergeleitet werden.

In seinem Versuch, die Impulsgleichung der mittleren Geschwindigkeiten zu schließen und die turbulenten Spannungen nach Gl. (9) zu bestimmen, argumentierte Prandtl [272], daß in einer schubspannungsbehafteten Strömung ein Fluidballen, der sich zu einer Stelle y von einer tiefer gelegenen Stelle $(y - l_1)$ bewegt, dort von dem umgebenden Fluid aufgenommen und absorbiert wird. Indem dies geschieht, wird auch der von dem Fluidballen mitgeführte Impuls an der Stelle y absorbiert, was eine Geschwindigkeitsänderung bzw. -schwankung an dieser Stelle bewirkt. Diese Geschwindigkeitsschwankung kann durch folgende Beziehung approximiert werden:

$$v_x' = \bar{v}_x(y - l_1) - \bar{v}_x(y)$$

Durch eine Taylorreihenentwicklung, in der nur der lineare Term berücksichtigt wird, kann weiter umgeformt werden.

$$v_x' \cong \bar{v}_x(y - l_1) - \left[\bar{v}_x(y - l_1) + l_1 \frac{\partial \bar{v}_x}{\partial y} \right]$$

$$v_x' = - l_1 \frac{\partial \bar{v}_x}{\partial y}$$

Eine analoge Argumentation gilt für einen Fluidballen, der von der Stelle $(y + l_2)$ am Ort y ankommt. Natürlich tauscht die Schicht auf der Koordinate y mit einem weiten Bereich von l_1- und l_2-Werten Fluid aus, so daß man eine mittlere effektive Länge l_e einführen kann. Das Ziel

---

[272]   Prandtl, L.: Über die ausgebildete Turbulenz. Zeitschrift für angewandte Mathematik und Mechanik (ZAMM), 1925, Vol. 5, S. 136-139.

der Beschreibung der turbulenten Schubspannungen erreicht man mit der Annahme, daß die turbulente Schwankungsbewegung in y-Richtung proportional der turbulenten Schwankungsbewegung in x-Richtung ist.

$$\overline{v_y'^2} \sim \overline{v_x'^2}$$

Mit einem Korrelationskoeffizienten K_{xy} kann man sodann eine Gleichung für die turbulenten Schubspannungen formulieren und diese weiter umformen, wie es z.B. bei Potter und Foss [273] beschrieben ist. In diesen Relationen steht τ_t für $\tau_{xy}{}^t$ aus Gl. (9) $\tau_t = \tau_{xy}{}^t$.

$$\overline{v_x'\,v_y'} = K_{xy}\,(\overline{v_x'^2})^{0.5}\,(\overline{v_y'^2})^{0.5}$$

$$\frac{\tau_t}{\rho} = v^{*2} = -\overline{v_x'\,v_y'} = K_{xy}\left(l_e\,\frac{\partial \overline{v}_x}{\partial y}\right)\left(c\,l_e\,\frac{\partial \overline{v}_x}{\partial y}\right)$$

$$\frac{\tau_t}{\rho} = v^{*2} = -\overline{v_x'\,v_y'} = l_m{}^2\left|\frac{\partial \overline{v}_x}{\partial y}\right|\frac{\partial \overline{v}_x}{\partial y} \tag{386}$$

In dem letzten Schritt sorgen die Betragsstriche um den einen Geschwindigkeitsgradienten für das richtige Vorzeichen. Weiterhin wurden hier die drei Unbekannten $c\,l_e{}^2\,K_{xy}$ zu einer einzigen Größe $l_m{}^2 = c\,l_e{}^2\,K_{xy}$, dem Quadrat der sogenannten Mischungsweglänge, zusammengefaßt, so daß sich eine Beziehung zwischen der Mischungsweglänge und der turbulenten Impulsaustauschgröße ε_τ aus Gl. (9) ergibt.

$$\varepsilon_\tau = l_m{}^2\left|\frac{\partial \overline{v}_x}{\partial y}\right|$$

Letztlich wurde durch die beschriebenen Umformungen nur die Unbekannte $\overline{v_x'\,v_y'}$ durch die Unbekannte ε_τ oder l_m ersetzt. Der Vorteil der Mischungsweglänge besteht jedoch u.a. darin, daß sie für eine ganze Reihe von turbulenten Strömungen eine Funktion der Koordinate y (bzw. r in Zylinderkoordinaten) ist. Für eine Wandgrenzschichtströmung ist dies die Koordinate normal zur Wand. Läßt man sich von der Vorstellung leiten, daß sich die Turbulenzballen in der Strömung drehen und so ein Oberflächenpunkt des Turbulenzballens von $(y - l_e)$ nach y wandert, so wird deutlich, daß man die Mischungsweglänge sehr wohl als charakterisierendes Makro-Längenmaß für große Turbulenzballen heranziehen kann, wenn man davon ausgeht, daß die Wurzel aus dem Proportionalitätsfaktor cK_{xy} in der Größenordnung von eins liegt. Basierend auf der Mischungsweglänge konnten sowohl Wandgrenzschicht- als auch Rohrströmungen erfolgreich berechnet werden. Für Rohrströmungen kann man die Abhängigkeit der Mischungsweglänge direkt mit Hilfe der Gln. (376) und (386) und dem gemessenen

---

[273]   Potter, M. C., und Foss, J. F., 1982, a.a.O., S. 311-320.

Geschwindigkeitsprofil $\overline{v}_x(r)$ bestimmen. Dies wurde erstmals von Nikuradse[274], der den in Abb. 18 eingetragenen Verlauf ermittelte, durchgeführt. Schlichting[275] stellt diesen radialen Verlauf durch eine empirische Korrelation der dimensionslosen Mischungsweglänge l_m^* in Abhängigkeit von dem dimensionslosen Radius $r^* = 2r/D$ dar. Nikuradses Messungen in glatten Rohren lagen alle im Bereich $Re > 10^5$ und zeigten keine Abhängigkeit der Verteilung der Mischungsweglänge von der Reynoldszahl.

$$l_m^* = \frac{2\,l_m}{D} = 0.14 - 0.08 \left(\frac{2\,r}{D}\right)^2 - 0.06 \left(\frac{2\,r}{D}\right)^4 \qquad \text{(Schlichting)} \qquad (387)$$

Melber[276] konnte den für eine Einphasenströmung ermittelte Verlauf mit gutem Erfolg auch für die Zweiphasenströmungs-Berechnung der Geschwindigkeitsverteilung und des Druckverlustes in beliebig geneigten Rohren verwenden. In ähnlicher Weise wurde der Einphasenströmungs-Verlauf auch von Abolfadl und Wallis[277] für Zweiphasenströmungs-Berechnungen benutzt. Der Vergleich ihrer Berechnungsergebnisse mit Meßdaten zeigte eine gute Übereinstimmung in der Flüssigkeitsphase. Da die Abweichungen in der Gasphase unbefriedigend waren, entwickelten die Autoren eine eigene radiale Verteilungsfunktion für die Mischungsweglänge, die sowohl in der Flüssigkeits- als auch in der Gasphase gültig ist.

$$l_m^* = \frac{2\,l_m}{D} = \frac{0.14}{1 + \dfrac{0.35 \left(\dfrac{2\,r}{D}\right)^{1.5}}{\left(1 - \dfrac{2\,r}{D}\right)}} \qquad \text{(Abolfadl und Wallis)} \qquad (388)$$

Abb. 18 vergleicht die Funktion von Abolfadl und Wallis mit der von Schlichting in einem Diagramm, in dem die dimensionslose Mischungsweglänge über dem dimensionslosen Radius aufgetragen ist.

Wie schon erwähnt, wird das charakteristische Makro-Längenmaß zur Beschreibung der großen Turbulenzballen, das zur Bestimmung des Stoffübergangskoeffizienten benötigt wird, gleich einer charakteristischen Mischungsweglänge der jeweils betrachteten Strömung gesetzt. Für ideal vermischte Strömungen kann die charakteristische Mischungsweglänge durch eine Integration über die Querschnittsfläche bestimmt werden. Für separierte Strömungen wird die charakteristische Mischungsweglänge durch Integration entlang der Phasengrenzfläche errechnet:

---

274   Nikuradse, J.: Gesetzmässigkeiten der turbulenten Strömung in glatten Rohren. Forschg. Arb. Ing.-Wes., 1932, Nr. 356.

275   Schlichting, H., 1982, a.a.O., S. 602-606.

276   Melber, A., 1989, a.a.O.

277   Abolfadl, M., und Wallis, G. B.: An improved mixing-length model for annular two-phase flow with liquid entrainment. Nuclear Engineering and Design, 1986, Vol. 95, S. 233-241.

$$L = <l_m> = \frac{1}{A_{cross-section}} \int\limits_{A_{cross-section}} l_m \, dA_{cross-section}$$

bzw.

$$<l_m> = \frac{1}{\mathcal{L}_S} \int\limits_{L_s} l_m \, d\mathcal{L}_S \tag{389}$$

mit der Ausdehnung der Phasengrenzfläche

$$\mathcal{L}_S = a_S \frac{\pi}{4} D^2$$

Da hier nur der Verlauf der Mischungsweglänge in der Flüssigkeitsphase interessiert, wird die von Schlichting vorgeschlagene Beziehung nach Gl. (387) zur Integration für die verschiedenen Strömungsregionen verwendet.

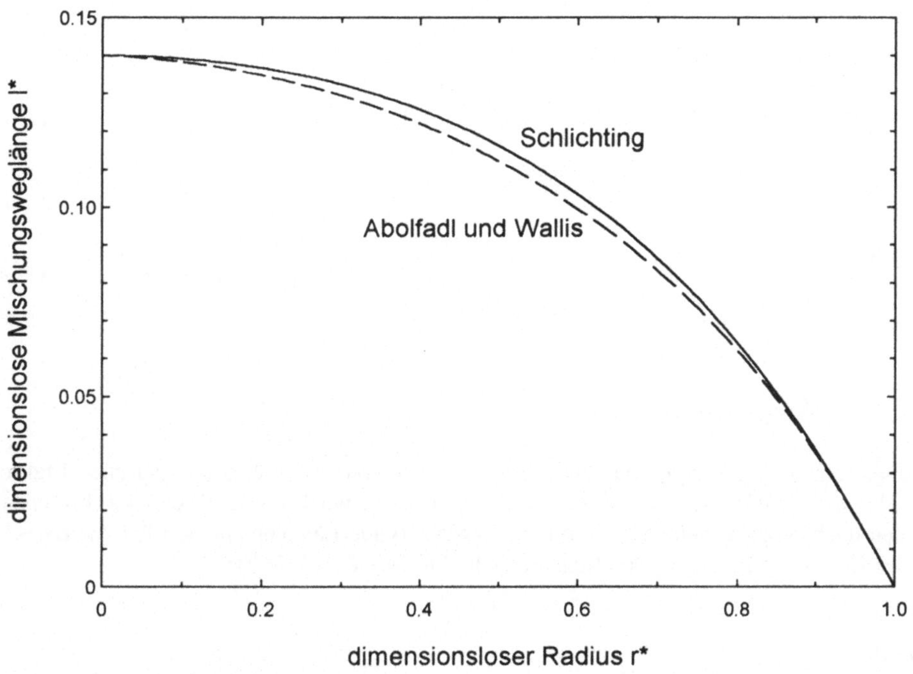

Abb. 18:   *Vergleich zweier verschiedener Funktionen für die Mischungsweglänge*

9. 5. 1   Blasenströmung

Für die ideal vermischte Blasenströmung ist die charakteristische Mischungsweglänge durch
eine Integration über den gesamten Rohrquerschnitt zu bestimmen.

$$<l_m> = \frac{4}{D} \int_0^{\frac{D}{2}} \left[0.14 - 0.08 \left(\frac{2\,r}{D}\right)^2 - 0.06 \left(\frac{2\,r}{D}\right)^4 \right] r\,dr = 0.04\,D \tag{390}$$

9. 5. 2   Schichtenströmung

Für glatte und wellige Schichtenströmungen erfolgt die Integration der Mischungsweglängen-
Funktion entlang der Phasengrenzfläche, d.h. entlang der Filmoberfläche (Anmerkung: Ist
h > D/2, dann ist "D – h" an Stelle von h in der Gleichung zu verwenden).

$$<l_m> = \frac{D}{2h} \int_{\frac{D}{2}-h}^{\frac{D}{2}} \left[0.14 - 0.08 \left(\frac{2\,r}{D}\right)^2 - 0.06 \left(\frac{2\,r}{D}\right)^4 \right] dr \tag{391}$$

$$<l_m> = \frac{D}{2} \left[0.2 \left(\frac{2\,h}{D}\right) - 0.1467 \left(\frac{2\,h}{D}\right)^2 + 0.06 \left(\frac{2\,h}{D}\right)^3 - 0.012 \left(\frac{2\,h}{D}\right)^4 \right] \tag{392}$$

9. 5. 3   Ringströmung

Für Ringströmungen müssen, wie schon bei der Bestimmung des charakteristischen Makromaßes der turbulenten Geschwindigkeit, die Makro-Längenmaße in den beiden auftretenden
Regionen unabhängig voneinander bestimmt werden. Beide Längenmaße werden zur Berechnung des Gesamtstoffübergangskoeffizienten mit Hilfe von Gl. (379) benötigt.

Filmregion

In der Filmregion führt die Integration entlang der Filmoberfläche bei r = d/2 – δ zu der gesuchten charakteristischen Mischungsweglänge.

$$<l_m> = \frac{D}{2}\left[0.14 - 0.08\left(1 - \frac{2\delta}{D}\right)^2 - 0.06\left(1 - \frac{2\delta}{D}\right)^4\right] \tag{393}$$

Gas- bzw. Dampfkernregion

In dem Dampfkern muß eine andere Argumentation durchgeführt werden. Hier bestimmt der Durchmesser der Tröpfchen die maximale Abmessung der Turbulenzballen in der Flüssigkeit, so daß angenommen werden kann, daß das charakteristische Längenmaß in der Größenordnung des Tröpfchenradius liegt.

$$<l_m> = \frac{D_{sm\ drop}}{2} \tag{394}$$

Hierbei wird der Sauter-Tröpfchendurchmesser nach Gl. (258) bestimmt.

9. 5. 4   Schwall- und Pfropfenströmung

Auch in Schwall- und Pfropfenströmungen müssen zwei unabhängige Makro-Längenmaße zur Bestimmung des Gesamtstoffübergangskoeffizienten nach Gl. (383) errechnet werden.

Filmzone

In der Filmzone kann mit Hilfe der von der Schichtenströmung bekannten Beziehung die charakteristische Mischungsweglänge bestimmt werden, wobei die Stelle, an der der Film von dem nachfolgenden Schwall aufgenommen wird, zur Festlegung der benötigten Filmhöhe h benutzt wird (h = h_{fe}).

$$<l_m>_{film} = \frac{D}{2}\left[0.2\left(\frac{2\,h_{fe}}{D}\right) - 0.1467\left(\frac{2\,h_{fe}}{D}\right)^2 + 0.06\left(\frac{2\,h_{fe}}{D}\right)^3 - 0.012\left(\frac{2\,h_{fe}}{D}\right)^4\right] \tag{395}$$

Schwallzone

In der Schwallzone kann mit guter Näherung die schon von der Blasenströmung bekannte Relation verwendet werden.

$$\langle l_m \rangle_{slug} = \frac{4}{D} \int\limits_{0}^{\frac{D}{2}} \left[0.14 - 0.08 \left(\frac{2\,r}{D} \right)^2 - 0.06 \left(\frac{2\,r}{D} \right)^4 \right] r\,dr = 0.04\,D \qquad (396)$$

9. 6   Dampfseitiger Wärme- und Stoffübergang

Ebenso wie die flüssigkeitsseitigen Transportkoeffizienten sind auch die dampfseitigen Wärme- und Stoffübergangskoeffizienten von der herrschenden Strömungsform abhängig und müssen daher separat für die verschiedenen Strömungsregionen bestimmt werden. Die Transportkoeffizienten werden dabei in zwei Schritten ermittelt.

Im ersten Schritt wird der *molekulare* bzw. *turbulente* Wärmeübergangskoeffizient $h_{1\Phi}$ an Hand von aus der Literatur bekannten Einphasenbeziehungen für den Wärmeübergang ohne Phasenwechsel in Abhängigkeit von der herrschenden Strömungskonfiguration berechnet (Index 1Φ). Der entsprechende Stoffübergangskoeffizient $g_{1\Phi}$ kann dann aus der Analogie zwischen Wärme- und Stoffübergang bestimmt werden.

Im zweiten Schritt wird, wie z.B. Butterworth[278] ausführt, der Tatsache Rechnung getragen, daß - bei einem Wärmeübergang mit gleichzeitigem Phasenwechsel an der Stelle des Wärmeüberganges - der durch den Phasenwechsel auftretende *konvektive* Stofftransport den Wärme- und Stoffübergang beeinflußt. Aus diesem Grund müssen die Wärme- und Stoffübergangskoeffizienten mit den sogenannten 'Stefan-'[279] oder auch 'Ackermann-Korrekturfaktoren'[280] ζ_h und ζ_g korrigiert werden. Das Temperatur- bzw. Konzentrationsprofil, das die treibende Kraft für den Wärme- bzw. Stofftransport darstellt, wird je nach Richtung des konvektiven Stoffstromes zusammengeschoben oder auseinandergezogen, wodurch sich der molekulare und turbulente Wärme- bzw. Stofftransport vergrößert oder verkleinert (siehe z.B. Baehr und Stephan[281]).

$$h = \zeta_h\, h_{1\Phi} \qquad (397)$$

$$\zeta_h = \frac{\varphi}{e^{\varphi} - 1} \qquad (398)$$

mit

[278]   Butterworth, D.: Condensation of vapor mixtures. In: Schlünder, E. U. et al. (Ed.): Heat Exchanger Design Handbook. Hemisphere Publishing Corporation, Washington, 1984, Vol. 2, S. 2.6.3-5 und S. 2.6.3-6.

[279]   Stefan, J.: Über das Gleichgewicht und die Bewegung, insbesondere die Diffusion von Gasmengen. Sitzungsb. Akad. Wiss. Wien, 1871, Vol. 63, S. 63-124.

[280]   Ackermann, G.: Wärmeübertragung und molekulare Stoffübertragung im gleichen Feld bei großen Temperatur- und Partialdruckdifferenzen. VDI-Forschungsheft Nr. 382, VDI-Verlag, Düsseldorf, 1937.

[281]   Baehr, H. D., Stephan, K.: Wärme- und Stoffübertragung. Springer, Berlin, 1994, S. 80-84.

$$\varphi = \frac{nc_{pV}}{h_{1\Phi}} \tag{399}$$

und

$$\gamma = \zeta_\gamma \gamma_{1\Phi} \tag{400}$$

$$\zeta_\gamma = \frac{\Phi}{e^\Phi - 1} \tag{401}$$

mit

$$\Phi = \frac{n}{\gamma_{1\Phi}} \tag{402}$$

Bei einem Verflüssigungs- oder Absorptionsprozeß werden die Größen φ bzw. Φ in der Dampfphase negativ, da der Stoffstrom infolge des Phasenwechsels zur Phasengrenzfläche gerichtet ist. Durch die hierbei auftretende Konvektionsströmung werden die Grenzschichtprofile zusammengeschoben und damit die Diffusionsströme verstärkt (in der Flüssigkeit tritt ein entgegengesetzter Effekt auf). Mit Hilfe der Lewiszahl nach Gl. (78) und der Analogie zwischen Wärme- und Stoffübergang, wie sie z.B. von Fullarton und Schlünder [282] angesprochen wird, kann man den Stoffübergangskoeffizienten aus dem Wärmeübergangskoeffizienten für Strömungen ohne Phasenwechsel bestimmen.

$$h_{1\Phi} = \gamma_{1\Phi} c_p Le^{1-n} \quad \text{bzw.} \quad \gamma_{1\Phi} = \frac{h_{1\Phi}}{c_p Le^{1-n}} \tag{403}$$

In dieser Beziehung sind die Exponenten $n = 0.5$ für laminare Strömung und $n = 0.4$ für turbulente Strömung zu setzen. Mit Gl. (400) kann man nun den tatsächlichen Stoffübergangskoeffizienten, der den Einfluß des phasenwechselbedingten Stofftransportes berücksichtigt, aus dem einphasigen Wärmeübergangskoeffizienten bestimmen.

$$\gamma = \zeta_\gamma \frac{h_{1\Phi}}{c_p Le^{1-n}} \tag{404}$$

---

[282] Fullarton, D., und Schlünder, E. U., 1988, a.a.O.

Der Ackermann-Korrekturfaktor ζ_φ wird dabei mit Gl. (401) berechnet, wobei die Größe Φ mit Hilfe der Größe φ nach Gl. (399) und der Lewiszahl ermittelt wird.

$$\Phi = \varphi Le^{1-n} \tag{405}$$

Da die o.g. Gleichungen unabhängig von der Strömungsform sind, ist in den folgenden Sektionen nur noch der strömungsformabhängige Wärmeübergangskoeffizient $h_{1\Phi}$ einer Einphasenströmung für die vier Strömungsregionen zu bestimmen.

9. 6. 1   Blasenströmung

Da die mittleren Sauter-Blasendurchmesser D_{sm} für die vorliegenden Strömungsbedingungen nur in der Größenordnung von 10^{-3} m liegen, wird innerhalb der Dampfblasen der Wärmetransport im wesentlichen durch Leitungsprozesse bestimmt. Nach Carslaw und Jäger [283] läßt sich für solche Fälle ein charakteristischer Wärmeübergangskoeffizient, der auf einer mittleren Temperaturgrenzschichtdicke von $D_{sm}/2$ und auf der Wärmeleitfähigkeit des Dampfes k_V basiert, formulieren.

$$h_{1\Phi VS} = \frac{k_V}{D_{sm}} \tag{406}$$

Die entsprechende, auf den Rohrdurchmesser bezogene Nusseltrelation ist dann lediglich das Verhältnis von Rohrdurchmesser zu Blasendurchmesser.

$$Nu_{1\Phi VS} = \frac{h_{1\Phi VS} D}{k_V} = \frac{D}{D_{sm}} \tag{407}$$

Der hierin auftretende Sauter-Blasendurchmesser wird mit Hilfe der kritischen Weberzahl nach Gl. (210) bestimmt.

9. 6. 2   Schichtenströmung

Der einphasige gasseitige Wärmeübergang in einer Gas-Flüssigkeits-Schichtenströmung wird in einer gedanklichen Kanalströmung mit einem Kreissegmentquerschnitt errechnet. Hierfür wird

---

[283]   Carslaw, H. S., und Jäger, J. C., 1990, a.a.O., S. 230-232.

die auf dem hydraulischen Durchmesser D_V basierende Reynoldszahl des Dampfes Re_V nach Gl. (223) benutzt. Bei turbulenter Strömung kann der Welligkeit der Flüssigkeitsoberfläche und des an der Rohrwand ablaufenden Films durch eine fiktive Rauhigkeit der Rohrwand Rechnung getragen werden.

Laminare Strömung $(Re_V < 2300)$

Der Wärmeübergangskoeffizient für eine laminare Rohrströmung, der auch Einlaufeffekte mit berücksichtigt, wird von Schlünder [284] für ein Rohr der Länge L gegeben.

$$Nu_{1\Phi VS} = \frac{h_{1\Phi VS} D_V}{k_V} = \sqrt[3]{3.66^3 + 1.61^3 \, Re_V \, Pr_V \, \frac{D_V}{L}} \tag{408}$$

Turbulente Strömung $(Re_V > 2300)$

Für eine turbulente Rohrströmung schlug Gnielinski [285] eine modifizierte Wärmeübergangsbeziehung, die ursprünglich von Petukhov [286] entwickelt wurde, vor. Durch die Modifikation konnte der Gültigkeitsbereich auf $2300 < Re_V < 5 \cdot 10^6$ erweitert werden.

$$Nu_{1\Phi VS} = \frac{h_{1\Phi VS} D_V}{k_V} = \frac{(Re_V - 1000)\, Pr_V \, \dfrac{f}{2}}{1.0 + 12.7(Pr_V^{2/3} - 1)\sqrt{\dfrac{f}{2}}} \left[1 + \left(\frac{D_V}{L}\right)^{2/3}\right] \tag{409}$$

Der in dieser Beziehung auftretende Reibungsbeiwert f kann entweder nach Gl. (159) oder nach einer von Petukhov gegebenen Relation berechnet werden. Beide Beziehungen unterscheiden sich nur unwesentlich voneinander.

$$f = \frac{1}{\left(1.58 \ln Re_V - 3.28\right)^2} \tag{410}$$

[284]   Schlünder, E. U.: Einführung in die Wärme- und Stoffübertragung. Vieweg, Braunschweig, 1972, S. 52.

[285]   Gnielinski, V: New Equations for Heat and Mass Transfer in Turbulent Pipe and Channel Flow. Int. Chem. Eng., 1976, Vol. 16, S. 359-368.

[286]   Petukhov, B. S.: Heat Transfer and Friction in Turbulent Pipe Flow with Variable Physical Properties. In: Irvine, T. F., und Hartnett, J. P. (Ed.): Advances in Heat Transfer. 1970, Vol. 6, S. 503-564.

Will man den Einfluß der Welligkeit der Flüssigkeitsoberfläche und des an der Rohrwand ablaufenden Films berücksichtigen, so benutzt man eine Beziehung für rauhe Kanäle, die z.B. von Colebrook und White [287] entwickelt wurde.

$$\frac{1}{\sqrt{4f}} = -2\log\left(\frac{2.51}{Re_V\sqrt{4f}} + \frac{R_z}{3.71D_V}\right) \tag{411}$$

Hierbei ist an der dampfseitigen Rohrwand für die fiktive Rohrrauhigkeit R_z ein Wert in der Größenordnung der Filmdicke $\delta_{Wandfilm}$, die sich mit der Wärmeleitfähigkeit der Flüssigkeit und dem Wärmeübergangskoeffizienten des Filmes eines reinen Stoffes nach Gl. (172) berechnen läßt, einzusetzen.

$$R_z \approx \delta_{Wandfilm} = \frac{k_L}{h_{pureFilm}} \tag{412}$$

An der Flüssigkeitsoberfläche kann der Rauhigkeitseinfluß basierend auf der tatsächlich herrschenden Schubspannung an der Phasengrenzfläche mit Hilfe der Reynolds-Colburn-Analogie (siehe z.B. Lienhard [288]) zwischen Impuls- und Wärmeübertragung, die für Dampf-Prandtlzahlen $Pr_V > 0.6$ gültig ist, berücksichtigt werden.

$$j = St_{1\Phi VS}\, Pr_V^{2/3} = \frac{Nu_{1\Phi VS}}{Re_V\, Pr_V^{1/3}} = \frac{f_S}{2} \tag{413}$$

In dieser Beziehung, die streng nur für $Pr = 1$ gilt, steht St für die Stantonzahl, die hier definiert ist zu $St = h/\rho c_p v_z$. Für die Gruppe $St\, Pr^{2/3}$ wurde von dem Chemie-Ingenieur Colburn das Symbol j benutzt, so daß sie seitdem als Colburn j-Faktor bezeichnet wird. Der Reibungsbeiwert f_S wird basierend auf der tatsächlich herrschenden Schubspannung an der Phasengrenzfläche mit Gl. (227) berechnet.

9. 6. 3   Ringströmung

Tritt in dem Rohr eine Ringströmung auf, so ist der dampfseitige Wärme- und Stoffübergang, ähnlich wie der flüssigkeitsseitige Stoffübergang, aus zwei Anteilen zu berechnen; dem Beitrag des Films (Index δ) und dem Beitrag der Flüssigkeitströpfchen (Index C).

[287]   Colebrook, C. F., und White, C. M.: The reduction of carrying capacity of pipes with age. J. Inst. Civ. Eng., London, 1937/38, Paper Nr. 5137, S. 99-118.

[288]   Lienhard, J. H., 1987, a.a.O., S. 319, Gl. (7.95).

$$h_{VS_{total}} = \frac{a_{S_\delta}}{a_{S_{total}}} h_{VS_\delta} + \frac{a_{S_C}}{a_{S_{total}}} h_{VS_{drop}} \qquad\qquad \not g_{VS_{total}} = \frac{a_{S_\delta}}{a_{S_{total}}} \not g_{VS_\delta} + \frac{a_{S_C}}{a_{S_{total}}} \not g_{VS_{drop}} \qquad (414)$$

Man muß somit sowohl den Wärmeübergangskoeffizienten an der dampfseitigen Filmoberfläche als auch den an der dampfseitigen Tröpfchenoberfläche bestimmen. Der korrespondierende Stoffübergangskoeffizient ermittelt sich dann aus der schon erwähnten Analogie zwischen Wärme- und Stoffübergang.

Filmoberfläche

An der Filmoberfläche kann der dampfseitige Wärmeübergangskoeffizient basierend auf der im vorhergehenden Kapitel durch Gl. (413) eingeführten Reynolds-Colburn-Analogie zwischen Impuls- und Wärmeübergang berechnet werden. Für diesen Fall ist der gleiche Reibungsbeiwert f_S, der auch in den Gln. (234) oder (246) vorkommt, einzusetzen.

Tröpfchenoberfläche

Eine gute Zusammenstellung von Beziehungen für Transportkoeffizienten an gasumströmten Flüssigkeitströpfchen, die z.B. aus analytischen Lösungen für Potential- oder Stokessche Strömungen resultieren, wird von Hashimoto und Kawano [289] gegeben. Für den dampfseitigen Wärmeübergang an Flüssigkeitströpfchen benutzt man die bekannte empirische Korrelation, die z.B. von Whalley [290] basierend auf den mittleren Sauter-Tröpfchendurchmesser $D_{sm\,drop}$ nach Gl. (258) angegeben wird.

$$Nu_{1\Phi VS_{drop}} = \frac{h_{1\Phi VS} D_{sm\,drop}}{k_V} = 2 + 0.6\,Re_{sm\,drop}^{\frac{1}{2}}\,Pr_V^{\frac{1}{3}} \qquad (415)$$

Hier ist die Reynoldszahl $Re_{sm\,drop}$ mit der Relativgeschwindigkeit zwischen der Dampfströmung und den Flüssigkeitströpfchen definiert. Geht man davon aus, daß die Flüssigkeitströpfchen, wenn sie aus dem Film gerissen werden, etwa Filmgeschwindigkeit v_{zL} besitzen und, indem sie durch den Dampfkern hindurchwandern, auf etwa Dampfgeschwindigkeit v_{zV} beschleunigt werden, so kann man eine mittlere Tröpfchengeschwindigkeit von etwa $(v_{zV} + v_{zL})/2$ annehmen.

$$Re_{sm\,drop} = \frac{D_{sm\,drop}(v_{zV} - v_{zL})}{2\,v_V} \qquad (416)$$

[289]   Hashimoto, H., und Kawano, S.: Mass transfer around a moving encapsulated drop. Int. J. Multiphase Flow, 1993, Vol. 19, S. 213-228.

[290]   Whalley, P. B., 1990, a.a.O., S. 199, Gl. (20.31).

9. 6. 4   Schwall- und Pfropfenströmung

Ähnlich den Koeffizienten des vorhergehenden Kapitels setzen sich auch die dampfseitigen Transportkoeffizienten der Schwall- und Pfropfenströmung aus zwei gewichteten Anteilen zusammen: dem Beitrag der Filmzone (Index stratified) und dem der Schwallzone (Index bubble).

$$h_{VS_{total}} = \frac{a_{S_{film}}}{a_{S_{total}}} \frac{l_f}{l_u} h_{VS_{stratified}} + \frac{a_{S_{slug}}}{a_{S_{total}}} \frac{l_s}{l_u} h_{VS_{bubble}}$$

$$\dot{q}_{VS_{total}} = \frac{a_{S_{film}}}{a_{S_{total}}} \frac{l_f}{l_u} \dot{q}_{VS_{stratified}} + \frac{a_{S_{slug}}}{a_{S_{total}}} \frac{l_s}{l_u} \dot{q}_{VS_{bubble}}$$

$$(417)$$

Die Annahme, daß die Dampfhauptströmung sowohl in der länglichen großen Blase über dem Film als auch in den kleinen Blasen im Schwall nur durch einen Zustand beschrieben werden kann, ist durch die ständige starke Durchmischung zwischen beiden Zonen gerechtfertigt.

Filmzone

Die Filmzone zeichnet sich durch ein Strömungsbild ähnlich der Schichtenströmung aus, so daß der Wärmeübergangskoeffizient basierend auf der durch Gl. (413) gegebenen Reynolds-Colburn-Analogie zwischen Wärme- und Impulsaustausch berechnet werden kann, wenn man den Reibungsbeiwert f_S gleich dem Produkt $B\,f_f$, das in der Gleichung (384) für die Schubspannung der Phasengrenzfläche des Filmes vorkommt, setzt $f_S = B\,f_f$. Weiterhin ist die in Gl. (413) auftretende Reynoldszahl mit der Geschwindigkeitsdifferenz $(V_{Ge} - V_{fe})$ und dem hydraulischen Durchmesser D_V zu bilden.

$$D_V = D \sqrt{\frac{G_{Vfilm}}{\rho_V V_{Ge}}} \ .$$

Schwallzone

Da in der Schwallzone eine Art Blasenströmung herrscht, kann die Nusseltbeziehung, die durch Gl. (407) gegeben ist, zusammen mit der Bestimmungsgleichung (296) für den mittleren Sauter-Blasendurchmesser in der Schwallzone zur Errechnung des Wärmeübergangskoeffizienten herangezogen werden.

10 Die Phasengrenzkurven eines Gemisches

Zur Berechnung der Transportvorgänge in einer Dampf-Flüssigkeits-Strömung eines Zwei-komponentengemisches benötigt man die thermophysikalischen Stoffeigenschaften des Gemi-sches. In diesem Kapitel sollen einige Aspekte der benötigten thermodynamischen Eigenschaf-ten skizziert werden. Bezüglich der Transporteigenschaften sei an dieser Stelle auf die Stan-dard-Literatur, z.B. Reid et al. [291], verwiesen.

Liegen mehrere Phasen eines Gemisches aus verschiedenen Stoffkomponenten im thermodyna-mischen Gleichgewicht nebeneinander vor, so bestehen zwischen den thermodynamischen Zu-standsgrößen bestimmte Gesetzmäßigkeiten, die durch die Phasengrenzkurven gegeben sind. Betrachtet man ein System im thermodynamischen Gleichgewicht, das aus r Bestandteilen und q Phasen besteht, so besitzt dieses System die $r + 2$ intensiven Zustandgrößen T, p, μ_1, μ_2, ..., μ_r. Man kann in diesem System F intensive Zustandsgrößen *unabhängig* voneinander variieren, um das System in einen benachbarten Zustand, der ebenfalls die gleichen q Phasen besitzt, zu überführen. Die Zahl der unabhängigen Freiheitsgrade F wird durch die *Gibbssche Phasen-regel* (siehe z.B. Gyftopoulos und Beretta [292]) bestimmt:

$$F = r + 2 - q \tag{418}$$

Für die exemplarische Berechnung der Zweiphasenströmung ($q = 2$) eines Zweistoff-(Ammoni-ak-Wasser-)Gemisches ($r = 2$) folgt die Zahl von zwei unabhängigen Freiheitsgraden ($F = 2$).

10. 1 Mol- und Massenkonzentrationen

Für den thermodynamischen Dampf-Flüssigkeits-Gleichgewichtszustand eines Ammoniak-Wasser-Gemisches bedeutet dies, daß unter Vorgabe der Temperatur T und des Druckes p als den zwei unabhängigen Variablen alle anderen intensiven Zustandgrößen, wie z.B. die Massenkonzentrationen in Flüssigkeit (Index l) und Dampf (Index g), festgelegt und allein von T und p abhängig sind.

$$m_{1,l} = m_{1,l}(T, p) \tag{419}$$

$$m_{1,g} = m_{1,g}(T, p) \tag{420}$$

[291] Reid, R. C., Prausnitz, J. M., und Poling, B. E.: The Poperties of Gases and Liquids. McGraw-Hill, New York, 1987.

[292] Gyftopoulos, E. P., und Beretta, G. P., 1991, a.a.O., S. 278.

Die Massenkonzentrationen m_i sind durch folgende Relationen mit den Molkonzentrationen x_i und den Molekulargewichten M_i der Bestandteile verknüpft:

$$m_i = \frac{x_i\,M_i}{\Sigma\,x_j\,M_j} \tag{421}$$

Für die leichter siedende Komponente eines Zweistoffgemisches ergibt sich somit eine Bestimmungsgleichung für m_1:

$$\frac{1}{m_1} = \frac{M_1 + \left(\dfrac{1}{x_1} - 1\right)\dfrac{M_2}{M_1}}{1}$$

Führt man nun die folgenden Substitutionen ein

$$u = \frac{1}{m_1}\,;\quad \frac{du}{dm_1} = -\frac{1}{m_1{}^2}\,;\quad v = \frac{1}{x_1}\,;\quad \frac{dv}{dx_1} = -\frac{1}{x_1{}^2}$$

und

$$\frac{dx_1}{dm_1} = \left(\frac{x_1}{m_1}\right)^2 \frac{dv}{du}\,,$$

so kann die Bestimmungsgleichung für m_1 umgeschrieben werden

$$u = M_2/M_1\,(v - 1) + M_1\ .$$

Mit Hilfe des Gradienten

$$\frac{du}{dv} = \frac{M_2}{M_1}$$

läßt sich so ein Ausdruck für die Ableitung zwischen Mol- und Massenkonzentration bilden.

$$\frac{dx_1}{dm_1} = \left(\frac{x_1}{m_1}\right)^2 \frac{M_1}{M_2} = \frac{1}{M_1\,M_2\left(\displaystyle\sum\frac{m_k}{M_k}\right)^2} = \frac{M_1\,M_2}{[(M_1 - M_2)m_1 + M_2]^2} \tag{422}$$

Liegt z.B. die Molkonzentration in der Flüssigkeit eines Ammoniak-Wasser-Gemisches in dem Bereich von etwa $x_1 \approx 0.35 \ldots 0.4$, so unterscheiden sich die Mol- und Massenkonzentrationen x_1 und m_1 um 3.4 bis 3.7 %, da die beiden Stoffe nahezu das gleiche Molekulargewicht besitzen ($M_{NH3} = 17.031$ [kg/kmol] und $M_{H2O} = 18.015$ [kg/kmol], Daten entnommen aus

Reid et al. [293]. Der korrespondierende Gradient dx_1/dm_1 variiert zwischen 1.014 und 1.018. Für die Beispielrechnung mit einem Ammoniak-Wasser-Gemisch kann man also in guter Näherung die Unterschiede zwischen Mol- und Massenkonzentrationen vernachlässigen.

$$\frac{dx_1}{dm_1} \approx 1 \qquad \text{für ein Ammoniak-Wasser-Gemisch} \qquad (423)$$

Da dies jedoch nicht generell der Fall ist, soll der Vollständigkeit halber auch weiterhin der Gradient dx_1/dm_1 in den Gleichungen mitgeführt werden.

Die totalen Differentiale der Massenkonzentration der leichter siedenden Komponente eines Zweistoffgemisches lassen sich in Abhängigkeit von Temperatur und Druck für die flüssige und dampfförmige Phase im thermodynamischen Gleichgewicht aufschreiben.

$$dm_{1,l} = \frac{dm_{1,l}}{dx_{1,l}}\left(\frac{\partial x_{1,l}}{\partial T}\right)_p dT + \frac{dm_{1,l}}{dx_{1,l}}\left(\frac{\partial x_{1,l}}{\partial p}\right)_T dp = K_{mlT} \, dT + K_{mlp} \, dp \qquad (424)$$

$$dm_{1,g} = \frac{dm_{1,g}}{dx_{1,g}}\left(\frac{\partial x_{1,g}}{\partial T}\right)_p dT + \frac{dm_{1,g}}{dx_{1,g}}\left(\frac{\partial x_{1,g}}{\partial p}\right)_T dp = K_{mgT} \, dT + K_{mgp} \, dp \qquad (425)$$

Zur besseren Übersicht wurden die folgenden Abkürzungen eingeführt.

$$K_{mlT} = \frac{dm_{1,l}}{dx_{1,l}}\left(\frac{\partial x_{1,l}}{\partial T}\right)_p \qquad (426)$$

$$K_{mlp} = \frac{dm_{1,l}}{dx_{1,l}}\left(\frac{\partial x_{1,l}}{\partial p}\right)_T \qquad (427)$$

$$K_{mgT} = \frac{dm_{1,g}}{dx_{1,g}}\left(\frac{\partial x_{1,g}}{\partial T}\right)_p \qquad (428)$$

$$K_{mgp} = \frac{dm_{1,g}}{dx_{1,g}}\left(\frac{\partial x_{1,g}}{\partial p}\right)_T \qquad (429)$$

Unter Verwendung der Differentiale für das chemische Potential und der Gibbs-Duhem-Relation leiten Stephan und Mayinger [294] durch das Gleichsetzen der chemischen Potentiale der flüssigen und dampfförmigen Phase Ausdrücke für die Steigungen der Phasengrenzkurven her.

---

[293] Reid, R. C., Prausnitz, J. M., und Poling, B. E., 1987, a.a.O.

$$\left(\frac{\partial x_{1,l}}{\partial T}\right)_p = \frac{(1 - x_{1,l})\,[\,x_{1,g}\,(H_{1,g} - H_{1,l}) + (1 - x_{1,g})\,(H_{2,g} - H_{2,l})]}{T\,(x_{1,l} - x_{1,g})\left(\dfrac{\partial \mu_{1,l}}{\partial x_{1,l}}\right)_{T,p}} \tag{430}$$

$$\left(\frac{\partial x_{1,g}}{\partial T}\right)_p = \frac{(1 - x_{1,g})\,[\,x_{1,l}\,(H_{1,g} - H_{1,l}) + (1 - x_{1,l})\,(H_{2,g} - H_{2,l})]}{T\,(x_{1,l} - x_{1,g})\left(\dfrac{\partial \mu_{1,g}}{\partial x_{1,g}}\right)_{T,p}} \tag{431}$$

$$\left(\frac{\partial x_{1,l}}{\partial p}\right)_T = \frac{(1 - x_{1,l})\,[\,x_{1,g}\,(V_{1,g} - V_{1,l}) + (1 - x_{1,g})\,(V_{2,g} - V_{2,l})]}{(x_{1,g} - x_{1,l})\left(\dfrac{\partial \mu_{1,l}}{\partial x_{1,l}}\right)_{T,p}} \tag{432}$$

$$\left(\frac{\partial x_{1,g}}{\partial p}\right)_T = \frac{(1 - x_{1,g})\,[\,x_{1,l}\,(V_{1,g} - V_{1,l}) + (1 - x_{1,l})\,(V_{2,g} - V_{2,l})]}{(x_{1,g} - x_{1,l})\left(\dfrac{\partial \mu_{1,g}}{\partial x_{1,g}}\right)_{T,p}} \tag{433}$$

In diesen Relationen treten die folgenden Zustandgrößen für die flüssige und dampfförmige Phase auf:

$V_{i,l}$, $V_{i,g}$ [m³/kmol] - partielles Molvolumen;

$H_{i,l}$, $H_{i,g}$ [J/kmol] - partielle molare Enthalpie;

$\mu_{1,l}$, $\mu_{1,g}$ [J/kmol] - chemisches Potential der leichter siedenden Komponente.

10. 2   Molare Zustandsgrößen

Die Beziehungen zwischen den extensiven Zustandsgrößen eines Gemisches und den partiellen molaren Zustandgrößen kann man ebenfalls bei Stephan und Mayinger [295] finden. Thermodynamische Berechnungsgleichungen für das partielle Molvolumen V_i und die partielle molare Enthalpie H_i geben z.B. Gyftopoulos und Beretta [296] in Abhängigkeit von den Ableitungen des chemischen Potentials an.

---

[294] Stephan, K., und Mayinger, F.: Thermodynamik. Grundlagen und technische Anwendungen. Band 2: Mehrstoffsysteme und chemische Reaktionen. Springer, Berlin, 1988, S. 198-200, Gln. (329)-(334).

[295] Stephan, K., und Mayinger, F., 1988, a.a.O., S. 110-116.

[296] Gyftopoulos, E. P., und Beretta, G. P., 1991, a.a.O., S. 273, Gln. (17.48) und (17.49).

$$V_i = \left(\frac{\partial \mu_i}{\partial p}\right)_{T,m_j} \tag{434}$$

$$H_i = \mu_i - T\left(\frac{\partial \mu_i}{\partial T}\right)_{p,m_j} \tag{435}$$

Für ein Gemisch aus Ammoniak und Wasser setzte Ziegler [297] die chemischen Potentiale mit den molaren freien Enthalpien von Flüssigkeit und Dampf G_l^* und G_g^* [J/kmol] in Beziehung.

$$\mu_{1,l} = G_l^* + (1 - x_{1,l})\left(\frac{\partial G_l^*}{\partial x_{1,l}}\right)_{T,p} \tag{436}$$

$$\mu_{1,g} = G_g^* + (1 - x_{1,g})\left(\frac{\partial G_g^*}{\partial x_{1,g}}\right)_{T,p} \tag{437}$$

$$\mu_{2,l} = G_l^* - x_{1,l}\left(\frac{\partial G_l^*}{\partial x_{1,l}}\right)_{T,p} \tag{438}$$

$$\mu_{2,g} = G_g^* - x_{1,g}\left(\frac{\partial G_g^*}{\partial x_{1,g}}\right)_{T,p} \tag{439}$$

Die molaren freien Enthalpien werden von ihm durch Beiträge der einzelnen Komponenten und für die Flüssigkeit zusätzlich durch einen Exzeß-Term (Index E) ausgedrückt.

$$
\begin{aligned}
G_l^*\,(T, p, x_{1,l}) = \quad & (1 - x_{1,l})\,G_{2,l}^*\,(T, p) + x_{1,l}\,G_{1,l}^*\,(T, p) \\
& + \mathcal{R}\,T\,[\,(1 - x_{1,l})\ln(1 - x_{1,l}) + x_{1,l}\ln(x_{1,l})\,] + G_E^*\,(T, p, x_{1,l})
\end{aligned} \tag{440}
$$

$$
\begin{aligned}
G_g^*\,(T, p, x_{1,g}) = \quad & (1 - x_{1,g})\,G_{2,g}^*\,(T, p) + x_{1,g}\,G_{1,g}^*\,(T, p) \\
& + \mathcal{R}\,T\,[\,(1 - x_{1,g})\ln(1 - x_{1,g}) + x_{1,g}\ln(x_{1,g})\,]
\end{aligned} \tag{441}
$$

In diesen Gleichungen steht $\mathcal{R}$ [J / kmol K] für die universelle Gaskonstante. Ziegler entwickelte Bestimmungsgleichungen zwischen den molaren freien Enthalpien der reinen Stoffe Ammoniak

---

[297] Ziegler, B.: Wärmetransformation durch einstufige Sorptionsprozesse mit dem Stoffpaar Ammoniak-Wasser. Dissertation, ETH Zürich, 1982, S. 9-36.

(Index 1) und Wasser (Index 2) $G_{i,l}{}^*$ und $G_{i,g}{}^*$ und der Temperatur und dem Druck. Weiterhin erarbeitete er basierend auf einem Redlich-Kister-Ansatz [298] eine Beziehung für die molare freie Exzeß-Enthalpie $G_E{}^*$ in Abhängigkeit von T, p und der Molkonzentration der flüssigen Phase $x_{1,l}$. Da die Beziehung für die freie Enthalpie in Abhängigkeit von Druck und Temperatur eine *Fundamentalgleichung* ist, hat man mit den so gewonnenen Relationen für die molaren freien Enthalpien der Dampf- und der Flüssigkeitsphase alle notwendigen Informationen für die thermodynamischen Eigenschaften des betrachteten Stoffpaares vorliegen. Alle anderen thermodynamischen Zustandsgrößen, wie z.B. die Enthalpie oder die Entropie, lassen sich aus der Fundamentalgleichung durch entsprechende Ableitungen und algebraisches Umstellen gewinnen. Hierauf soll jedoch im einzelnen nicht weiter eingegangen werden, da alle dazu benötigten Herleitungen z.B. in der Arbeit von Ziegler (aber auch in der Standard-Literatur) zu finden sind.

Da für die Impuls- oder Beschleunigungsdruckänderung in Kapitel 6.3 die Änderung der Dichte in Abhängigkeit von Druck und Temperatur benötigt wird, soll hierzu im folgenden noch kurz etwas erwähnt werden. Für das Molvolumen des Dampfes $V_g{}^*$ [m³/kmol] gibt Ziegler die folgende Gleichung an:

$$V_g{}^* = \left(\frac{\partial G_g{}^*}{\partial p}\right)_{T,\,x_{1,g}} \tag{442}$$

Mit dem Molekulargewicht des Dampfes $M_g = \Sigma\,(x_k M_k)_g$ kann man die Dichte des Dampfes ausdrücken:

$$\rho_g\,(T,\,p,\,x_{1,g}) = \frac{M_g}{\left(\dfrac{\partial G_g{}^*}{\partial p}\right)_{T,\,x_{1,g}}} \qquad \left[\frac{kg_{\text{vapor}}}{m^3{}_{\text{vapor}}}\right] \tag{443}$$

Mit Gl. (422) läßt sich das totale Differential der Dichte des Dampfes in Abhängigkeit von Massenkonzentration, Temperatur und Druck schreiben.

$$d\rho_g = \left(\frac{\partial \rho_g}{\partial x_{1,g}}\right)_{T,p}\frac{dx_{1,g}}{dm_{1,g}}\,dm_{1,g} + \left(\frac{\partial \rho_g}{\partial T}\right)_{p,x_{1,g}} dT + \left(\frac{\partial \rho_g}{\partial p}\right)_{T,x_{1,g}} dp \tag{444}$$

In einem Zustand des thermodynamischen Gleichgewichtes bei gleichzeitiger Anwesenheit von zwei Phasen (Flüssigkeit und Dampf) reduzieren sich nach der Gibbsschen Phasenregel die unabhängigen Variablen z.B. auf die Temperatur und den Druck. Es läßt sich so die Änderung der Massenkonzentration der leichter siedenden Komponente im Dampf durch Gl. (425) ausdrücken.

---

[298] Redlich, O., und Kister, A. T.: Algebraic representation of thermodynamic properties and the classification of solutions. Ind. Eng. Chem., 1948, Vol. 40, S. 345-348.

$$d\rho_g = K_{\rho T}\, dT + K_{\rho p}\, dp \tag{445}$$

Aus Gründen der Übersichtlichkeit wurden wiederum Abkürzungen eingeführt.

$$K_{\rho T} = \left(\frac{\partial \rho_g}{\partial x_{1,g}}\right)_{T,p} \left(\frac{\partial x_{1,g}}{\partial T}\right)_p + \left(\frac{\partial \rho_g}{\partial T}\right)_{p,x_{1,g}} \tag{446}$$

$$K_{\rho p} = \left(\frac{\partial \rho_g}{\partial x_{1,g}}\right)_{T,p} \left(\frac{\partial x_{1,g}}{\partial p}\right)_T + \left(\frac{\partial \rho_g}{\partial p}\right)_{T,x_{1,g}} \tag{447}$$

Für den Bereich, in dem sich der Ammoniak-Wasser-Dampf wie ein ideales Gas verhält, kann man diese Abkürzungen unter Verwendung der Abschätzung von Gl. (423) weiter vereinfachen.

$$K_{\rho T} = \left(\frac{\partial x_{1,g}}{\partial T}\right)_p - \frac{\rho_g}{T} \tag{448}$$

$$K_{\rho p} = \left(\frac{\partial x_{1,g}}{\partial p}\right)_T + \frac{\rho_g}{p} \tag{449}$$

Der Einfluß einer sich mit der Konzentration ändernden Gaskonstanten R_g kann für ein Gemisch aus Ammoniak und Wasser wegen der schon erwähnten nahezu gleichen Molekulargewichte vernachlässigt werden.

11 Vergleiche zwischen Experimenten und Simulationsrechnungen

In Form von einigen Beispielrechnungen werden in diesem Kapitel theoretische Voraussagen des Zweifluidmodell mit Meßdaten verglichen, um die Leistungsfähigkeit des entwickelten Modells zu demonstrieren. Dazu wurde für das in den vorhergehenden Kapiteln hergeleitete Differentialgleichungssystem mit allen Geometriefunktionen sowie Wärme- und Stoffübertragungsrelationen ein Computerprogramm in der Programmiersprache Pascal geschrieben. Unter ständiger Aktualisierung der Wärme- und Stoffübergangskoeffizienten wie auch der Oberflächenkonzentrationen in Abhängigkeit von der lokalen Strömungsform löst das Computerprogramm schrittweise in Hauptströmungsrichtung das System der Differentialgleichungen mit Hilfe einer Runge-Kutta-Fehlberg-Methode mit Schrittweitenoptimierung [299]. Abhängig von der notwendigen Schrittweite betrugen die typischen Rechenzeiten auf einem IBM-kompatiblen 386/20 PC für eine Rechnung über etwa 2000 Rohrdurchmesser zwischen fünfzehn Minuten und acht Stunden, wobei die optimale Schrittweite sehr stark von der Strömungsform abhängt.

11.1 Versuch

Die Vergleichsmeßdaten zur Überprüfung der Beispielrechnungen wurden an einer handelsüblichen Ammoniak-Wasser-Absorptionskühlanlage zur Klimatisierung von Einfamilienhäusern gewonnen. In Abb. 19 sind die wesentlichen Komponenten der verwendeten Kaltwasser-Klimaanlage skizziert. Im Generator wird das Ammoniak-Wasser-Gemisch durch einen Gasbrenner beheizt. Da der Siedepunkt des Ammoniaks wesentlich unter dem des Wassers liegt, wird durch das Beheizen Ammoniakdampf aus der Lösung ausgetrieben und zum Rektifikator geleitet. Im Rektifikator findet eine Konzentrationsanreicherung des Ammoniakdampfes auf über 95 % statt, bevor es mit hoher Temperatur und hohem Druck in den Verflüssiger strömt. Dort wird das Ammoniak-Wasser-Dampfgemisch durch die außen am Lamellenrohr entlangströmende Luft bei gleitender Kondensationstemperatur auskondensiert. Bedingt durch die hohe Siedetemperatur des Wassers kondensiert zuerst überproportional viel Wasser aus, was eine Anfangs-Ammoniakkonzentration der flüssigen Phase von etwa 50 bis 60 % zur Folge hat. Von dem Verflüssiger kommend strömt das nun flüssige Ammoniak-Wasser-Gemisch in den Kältetauscher, in dem es unterkühlt wird, bevor es auf niedrigen Druck und tiefe Temperatur gedrosselt in den Verdampfer eintritt. Durch einen Wärmeaustausch mit dem Kaltwasserkreislauf erfolgt eine Verdampfung des Gemisches ebenfalls bei gleitender Verdampfungstemperatur. Von dem Verdampfer kommend wird das fast vollständig verdampfte Ammoniak-Wasser-Gemisch in dem Kältetauscher weiter verdampft oder etwas überhitzt, bevor es in den lösungsgekühlten Absorber eintritt. Im lösungsgekühlten Absorber trifft der Dampf mit hoher

---

[299] Engeln-Müllges, G., und Reutter, F.: Formelsammlung zur Numerischen Mathematik mit Turbo-Pascal Programmen. BI Wissenschaftsverlag, Mannheim, 1987, S. 243-247.

Ammoniakkonzentration auf die arme Lösung, die aus dem Austreiber kommt. In dem Austreiber läßt der ausgetriebene Ammoniakdampf eine an Ammoniak arme Lösung zurück, die mittels eines internen Lösungsrückführungs-Wärmeaustauschers von der höchsten Austreibertemperatur bis nahe an die niedrigste Temperatur des Austreibers heruntergekühlt wird. Anschließend wird die arme Lösung durch ein Drosselorgan von dem hohen Austreiberdruck auf den niedrigen Absorberdruck gedrosselt, bevor sie zu dem lösungsgekühlten Absorber geführt wird. Dort beginnt die Absorption des vom Verdampfer kommenden Ammoniakdampfes unter Abgabe eines Teils der freiwerdenden Absorptionswärme an die reiche Lösung. In dem sich anschließenden luftgekühlten Absorber erfolgt die eigentliche Wärmeabgabe an die Umgebungsluft, ohne die der Absorptionsprozeß zum Stillstand käme.

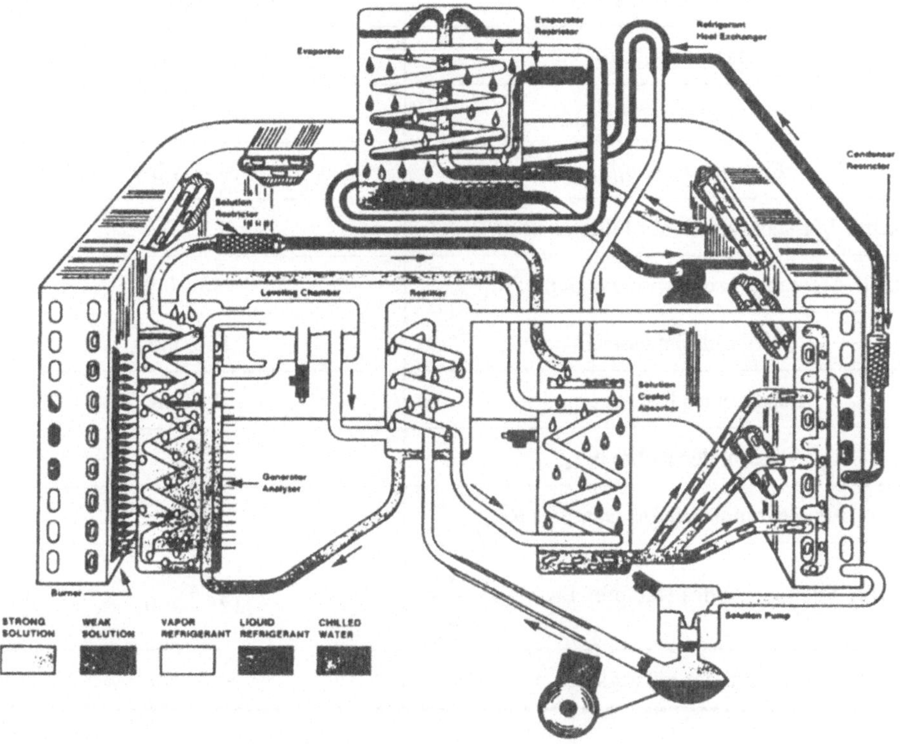

Abb. 19: Luftgekühlte Absorptionskälteanlage [300]

Im Absorber wird der Ammoniakdampf vollständig absorbiert, so daß am Austritt nur noch Flüssigkeit - die reiche Lösung - vorliegt. Vom Absorber kommend wird die reiche Lösung von einer ölbetriebenen Membranpumpe angesaugt, auf den Austreiberdruck gepumpt und in den Rektifikator bzw. Dephlegmator geführt. Hier erwärmt sich die reiche Lösung durch einen

---

[300]   Althouse, A. D., Turnquist, C. H., und Bracciano, A. F: Modern Refrigeration and Air Conditioning. Goodheart-Willcox, South Holland, 1992, S. 623.

Wärmeaustausch mit dem heißen Ammoniak-Wasser-Dampf. Aus diesem kondensiert Wasser aus, wodurch sich der Ammoniakgehalt im Dampf erhöht. Die reiche Lösung wird anschließend in dem lösungsgekühlten Absorber durch eine Art Absorber-Lösungsrückführung weiter erwärmt, bevor sie wieder in den Austreiber eintritt und sich der Kreis schließt. Eine detaillierte Beschreibung der verwendeten Haushalts-Absorptionsklimaanlage wird von Althouse et al. [301] gegeben.

Strömungsbedingungen	**Bereich**
Arbeitsstoffpaar	Ammoniak-Wasser
Massenstrom $\dot{m}$	0.0116 - 0.013 kg/s
Eintrittstemperatur $T_{Eintritt}$	65 - 105 °C
Eintrittsdruck $p_{Eintritt}$	15 - 24 bar
Eintritts-Massenkonz. in der Flüssigkeit $m_{1\,Eintritt}$	0.5 - 0.6
Eintritts-Massenkonzentration im Dampf $m_{1\,Eintritt}$	0.978 - 0.995
Rohrdurchmesser D	15.2 mm
Länge eines Rohres L_{pipe}	2.37 m
Anzahl der Rohre n_{pipe}	14
Eintritts-Reynoldszahl des Dampfes Re_{supV}	$7.6 - 9.4 \cdot 10^4$
Eintritts-Froudezahl des Dampfes $Fr_V = \dfrac{G^2 x^2}{gD\rho_V^2}$	125 - 300
Lewiszahl der Flüssigkeit Le_L	60 - 90

Tab. 5: *Betriebsbereich der experimentellen Untersuchungen am Verflüssiger einer Haushalts-Absorptionsklimaanlage*

Der luftgekühlte Verflüssiger der Anlage bestand aus vierzehn horizontalen, außenberippten Stahlrohren, die durch Rohrbögen verbunden waren. Am Eintritt des Verflüssigers sowie am Ende eines jeden Rohres waren von unten Oberflächenthermoelemente der Paarung Cromel-Alumel (Nickelchrom-Nickel) zur Messung der flüssigkeitsseitigen Rohraußenwandtemperatur T_{LW} angebracht. Der Verflüssiger war so aufgebaut, daß die ersten beiden Rohre in Luftströ-

---

[301]   Althouse, A. D., Turnquist, C. H., und Bracciano, A. F., 1992, a.a.O., S. 622-626.

mungsrichtung hinter Rohr Nummer drei und vier angeordnet waren, was eine höhere Lufteintrittstemperatur für die ersten beiden Rohre zur Folge hatte. Mit einer computergesteuerten Meßdatenerfassungsanlage des Types Hewlett-Packard 3421 wurden sowohl die Lufteintritts- als auch die Oberflächentemperaturen der Verflüssigerrohre zusammen mit den über Druckaufnehmer der Firma Hartmann und Braun gemessenen Hoch- und Niederdrücken der Anlage aufgenommen. Weiterhin wurde aus der elektrischen Verdampfer-Gegenheizung und den Ein- und Austrittszuständen des Verdampfers der Massenstrom ermittelt. Der mittlere Fehler der Thermoelemente lag dabei in der Größenordnung von 1 K. Bei einer typischen Temperaturdifferenz (Verflüssigereintrittstemperatur $T_{Eintritt}$ minus Lufteintrittstemperatur $T_{0\,in}$) von etwa 40 bis 50 K für alle Experimente bedeutet dies eine Temperaturungenauigkeit von 2 bis 2.5 % bezogen auf ($T_{Eintritt} - T_{0\,in}$). Es wurden zwölf verschiedene Meßreihen durchgeführt, deren Betriebsbereichsspanne in Tab. 5 aufgelistet ist.

Strömungsbedingungen	Bereich
Kühlmedium	Luft
Volumenstrom $\dot{V}_{air}$	1.5 m³/s
Lufteintrittstemperatur $T_{0\,in}$	27 - 50 °C
mittlere Geschwindigkeit v_{air}	1.07 m/s
Wärmeübergangskoeffizient h_0	1100 W/m²K

Tab. 6: *Betriebsbereich der Verflüssiger-Kühlluft einer Haushalts-Absorptionsklimaanlage*

Die Lewiszahl der Flüssigkeit wurde basierend auf Meßdaten von Arnold [302] berechnet, wobei Einflüsse von Temperatur und Massenkonzentration nur über die Viskosität in der Berechnung berücksichtigt wurden. Die Lewiszahl des Dampfes sowie die Prandtlzahlen von Flüssigkeit und Dampf liegen für alle Meßreihen in der Größenordnung von eins. Wie schon erwähnt, wurde der Verflüssiger durch die Umgebungsluft, die durch ein Gebläse über die Verflüssigerrohre gesaugt wurde, gekühlt. Die Rohre waren mit Aluminiumlamellen versehen, um den luftseitigen Wärmeübergang zu erhöhen. Der Einfluß von Geometriebedingungen, wie Rohrteilung, Rohrdurchmesser oder Lamellenabstand, auf den luftseitigen Wärmeübergang ist in der Vergangenheit von einer Vielzahl von Autoren eingehend untersucht worden, und zuverlässige Berechnungsmethoden für den luftseitigen Wärmeübergangskoeffizienten werden beispielsweise von Plank [303] oder McQuiston [304] gegeben. Tab. 6 gibt eine Auflistung der Kühlluft-Strömungsbedingungen aller Meßreihen.

[302]   Arnold, J. H.: Studies in diffusion, II. A kinetic theory of diffusion in liquid systems. J. American Chemical Society, Okt. 1930, S. 3937-3955.

[303]   Plank R.: Handbuch der Kältetechnik, Band VI/B, Kapitel 12: Wärmeübertragung in Luftkühlern. Springer Verlag, Berlin, 1988.

11. 2   Vergleich

In den Abbn. 20 bis 22 werden für drei charakteristische Meßreihen die Ergebnisse der Simulationsrechnung mit Meßdaten verglichen. In den Diagrammen sind die gemessenen und gerechneten dimensionslosen flüssigkeitsseitigen Rohrwandtemperaturen über der dimensionslosen Koordinate in Hauptströmungsrichtung (z/L_{pipe}) aufgetragen. Die Definition der dimensionslosen flüssigkeitsseitigen Rohrwandtemperatur lautet: $T'_{LW} = (T_{LW} - T_{0\,in})/(T_{Eintritt} - T_{0\,in})$. Zusätzlich ist zur Veranschaulichung noch der Verlauf des gerechneten Dampfgehaltes mit in die Diagramme eingezeichnet. Die Betriebsbedingungen der drei Meßreihen unterscheiden sich im wesentlichen durch die mittlere treibende Temperaturdifferenz zwischen Arbeitsstoff und Kühlluft. Diese Temperaturdifferenz ist für die Meßreihe von Abb. 21 am höchsten und für die Meßreihe von Abb. 22 am geringsten. Während die Lufteintrittstemperaturen der Meßreihen von Abb. 20 und 21 beide etwa 28 °C betragen, liegt die Lufteintrittstemperatur der Meßreihe von Abb. 22 um etwa 22 K höher.

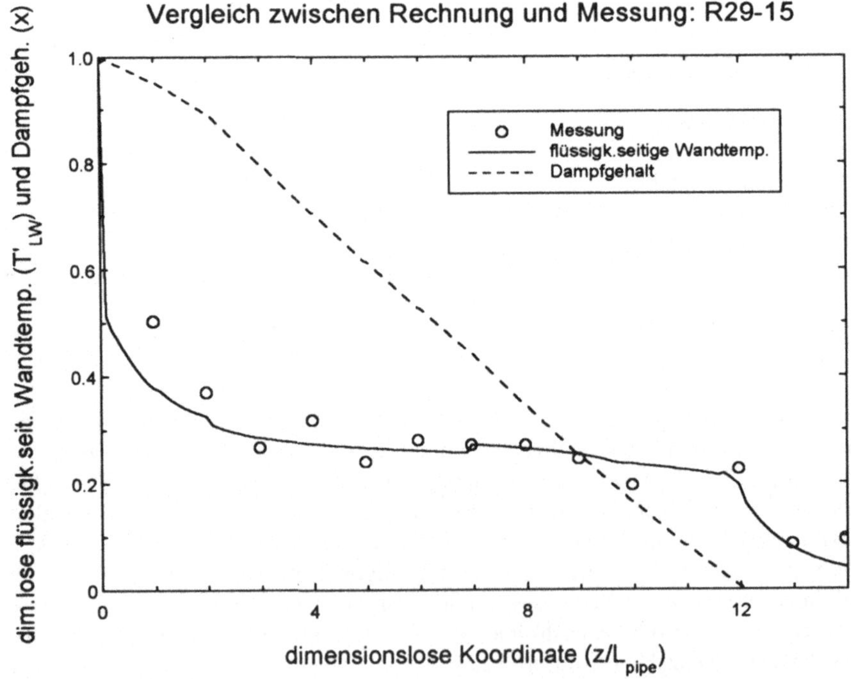

Abb. 20: *Vergleich zwischen berechneten flüssigkeitsseitigen Rohrwandtemperaturen und experimentellen Daten mit $L_{pipe}/D = 156$ und $T_{Eintritt} - T_{0\,in} = 46{,}8$ K*

---

[304]   McQuiston, F. C.: Finned tube heat exchangers: state of the art for the air side. ASHRAE Trans, CH-81-16 Nr. 2, 1981, Vol. 87, Part I, S. 1077-1085.

Sowohl das Experiment wie auch die Rechenergebnisse zeigen einen relativ starken Abfall der flüssigkeitsseitigen Rohrwandtemperatur innerhalb der ersten drei Rohre. Unmittelbar am Eintritt des Verflüssigers beginnt die erste Flüssigkeit auszukondensieren, d.h. der Flüssigkeitsmassenstrom ist hier noch sehr gering. Entsprechend dünn ist der Film der sich ausbildenden Ringströmung. Der dünne Film wiederum hat einen sehr hohen Wert des flüssigkeitsseitigen Wärmeübergangskoeffizienten in der Größenordnung von 20000 W/m^{2}K und damit eine verschwindend kleine Temperaturdifferenz zwischen Flüssigkeit und Wand zur Folge. Das bedeutet, daß die in dem Eintrittsbereich gemessene Wandtemperatur nahezu identisch ist mit der Flüssigkeitshauptstromtemperatur, die aus Gründen der Übersichtlichkeit nicht in das Diagramm eingezeichnet wurde.

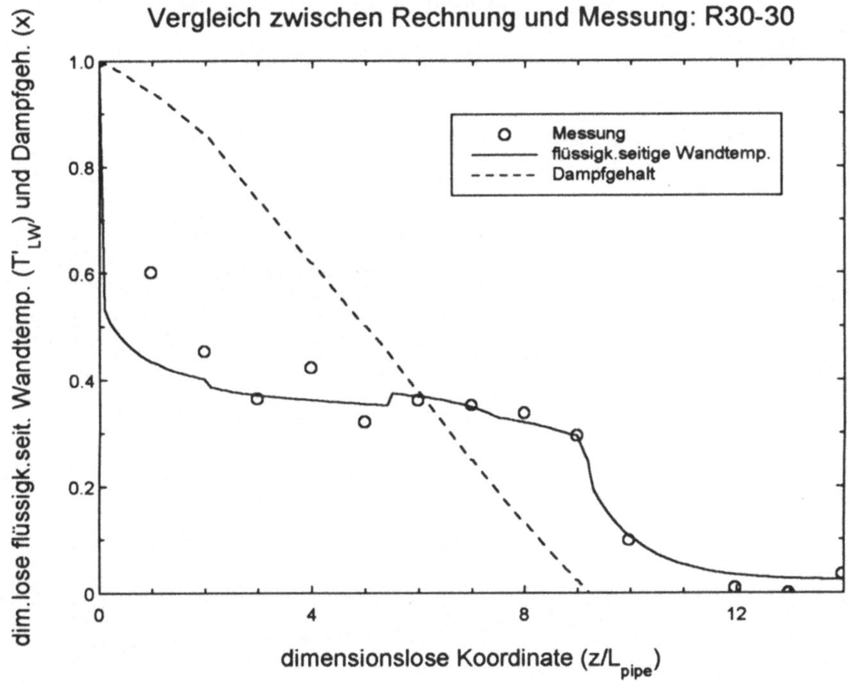

Abb. 21: Vergleich zwischen berechneten flüssigkeitsseitigen Rohrwandtemperaturen und experimentellen Daten mit $L_{pipe}/D = 156$ und $T_{Eintritt} - T_{0\,in} = 43,0\,K$

Da die Speichereigenschaft der verschwindend kleinen Flüssigkeitsmasse vernachlässigt werden kann, sind für die Temperatur der zuerst auskondensierenden Flüssigkeit im wesentlichen zwei Faktoren von Bedeutung: a) der Wärme- und Stoffaustausch zwischen Flüssigkeit und Dampf, wobei hier der dampfseitige Transport mit dem höheren Widerstand der Bestimmende ist; und b) der Wärmeaustausch zwischen der Flüssigkeit und der Kühlluft, wobei hier der luftseitige Wärmeübergang den höheren Widerstand besitzt und daher den Gesamtwärmedurchgang wesentlich bestimmt. Da die dampf- und luftseitigen Wärmeübergangskoeffizienten sehr ähnliche Werte annehmen (beide liegen in der Größenordnung von 10^3 W/m²K), fällt die gerechnete dimensionslose Temperatur der Flüssigkeit unmittelbar hinter dem Verflüssigereintritt auf Werte um 0.5, während der Dampf, dessen Kurvenverlauf ebenfalls nicht im Diagramm dargestellt ist, noch keine wesentliche Temperaturänderung erfährt.

Generell sagt die Modellrechnung einen stärkeren Abfall der Flüssigkeitstemperatur im Verflüssigereintrittsbereich voraus, als sich durch die Messung zeigt. Dies könnte bedeuten, daß für die dampfseitigen Transportkoeffizienten, die sich durch die Reynolds-Colburn-Analogie nach Gl. (413) bestimmen, zu geringe Werte errechnet werden und die Transportkoeffizienten nach oben korrigiert werden müßten. Anscheinend bildet sich in der tatsächlichen Strömung ein stärkerer dampfseitiger Wärme- und Stofftransport heraus, so daß die Flüssigkeitstemperatur wesentlich näher an der gerechneten Dampftemperatur, die einen schwächeren Abfall im Eintrittsbereich zeigt, etwa entsprechend der gemessenen flüssigkeitsseitigen Wandtemperaturen (siehe auch Abb. 23) liegt.

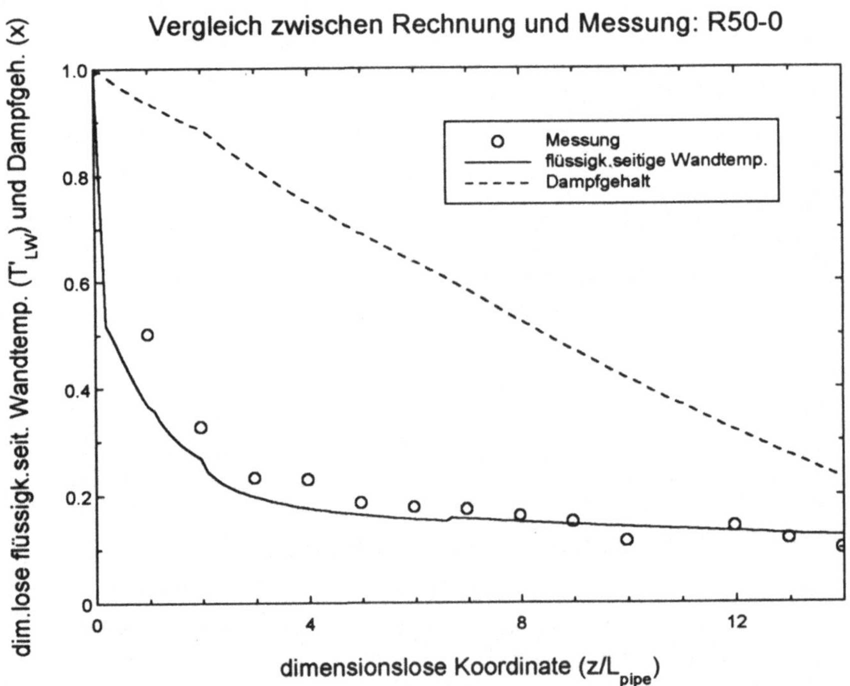

Abb. 22: *Vergleich zwischen berechneten flüssigkeitsseitigen Rohrwandtemperaturen und experimentellen Daten mit $L_{pipe}/D = 156$ und $T_{Eintritt} - T_{0\,in} = 50{,}3\,K$*

Nach den ersten drei Rohren fällt die gemessene Wandtemperatur nicht mehr so stark ab und nähert sich asymptotisch einem unteren Grenzwert, bis der Dampf völlig kondensiert ist. Ab der Stelle der vollständigen Kondensation kann man wiederum einen deutlichen Temperaturabfall erkennen, der dann asymptotisch den Wert null anzustreben scheint. Das heißt, die Temperatur der nun unterkühlten Flüssigkeit nähert sich der Temperatur der Kühlluft. Die Stelle, an der vollständige Kondensation erreicht ist, kann durch den gemessenen Temperaturverlauf eindeutig eingegrenzt werden. Sie liegt für die Meßreihe von Abb. 20 in Rohr Nummer 13 und für die Meßreihe von Abb. 21 in Rohr Nummer 10. Die mittlere treibende Temperaturdifferenz der Meßreihe, die in Abb. 22 dargestellt ist, reicht nicht aus, um den Dampf vollständig zu kondensieren. Hier ist deutlich zu erkennen, daß sich das Fluid am Austritt des Verflüssigers noch im Naßdampfgebiet befindet.

Der gerechnete Verlauf des Dampfgehaltes zeigt einen ständigen und über weite Bereiche nahezu linearen Abfall, jedoch ist zwischen dem zweiten und dem dritten Rohr deutlich ein Knick in der Kurve mit einer Vergrößerung der Steigung zu erkennen. Der Dampfgehalt ist direkt von dem Wärmeaustausch zwischen Arbeitsfluid und Kühlmedium abhängig. Wird bei konstantem Druck keine Wärme ausgetauscht, ändert sich auch der Dampfgehalt nicht. Da die beiden ersten Rohre eine höhere Lufteintrittstemperatur und damit einen geringeren Wärmeaustausch mit der Luft aufweisen, ändert sich hier der Dampfgehalt mit einem geringeren Gradienten im Vergleich zu den restlichen Rohren. Die für die ersten beiden Rohre höhere Lufteintrittsstemperatur ist auch für einen Knick bzw. eine Stufe in dem Verlauf der flüssigkeitsseitigen Wandtemperatur verantwortlich. Da die Rohre durch Bögen verbunden sind, in denen kein Wärmeaustausch stattfindet, tritt auch zwischen den Rohren ein gewisser Knick im Temperaturverlauf auf. Normalerweise ist dieser Knick nicht stark ausgeprägt, in Abb. 22 ist er jedoch zwischen dem ersten und zweiten Rohr gut zu erkennen.

Wie schon erwähnt beginnt die Zweiphasenströmung am Eintritt des Verflüssigers als Ringströmung. Je nach Strömungsbedingungen wechselt die Strömungsform bei Dampfgehalten zwischen 0.5 und 0.2 zu einer Schichtenströmung. Das heißt, die Flüssigkeit, die zuerst ringförmig an der Rohrwand entlangströmte, verlagert sich bedingt durch Gravitationseffekte langsam nach unten, bis alle Flüssigkeit nur noch in einer Schicht am Rohrboden entlangströmt. Durch die nun höhere mittlere Flüssigkeitshöhe können an der Flüssigkeitsoberfläche auch größere Wellen, die die Schubspannung an der Phasengrenzfläche erhöhen, auftreten. Die Arbeit von Hanratty [305] untersuchte den Einfluß der Phasengrenzflächen-Schubspannung auf die flüssigkeitsseitige Wandschubspannung, wobei ein deutlicher Zusammenhang zwischen beiden festgestellt wurde. Bedingt durch die höhere Welligkeit läßt sich die höhere errechnete flüssigkeitsseitige Wandschubspannung einer Schichtenströmung im Vergleich zu einer benachbarten Ringströmung erklären. Da der wandseitige Wärmeübergang direkt von der Wandschubspannung abhängt, ist somit auch der im Vergleich höhere Wärmeübergangskoeffizient und die leichte Aufwärts-Stufe in dem Verlauf der Wandtemperatur, die beim Wechsel von Ring- zu Schichtenströmung auftritt, verständlich. Diese Stufe ist in Abb. 20 am Ende von Rohr Nummer 7 zu erkennen. In Abb. 21 liegt sie in Rohr Nummer 6 und in Abb. 22 tritt sie in Rohr Nummer 7 auf.

Für relativ geringe Dampfgehalte von unter 0.10 bis 0.05 wechselt die Strömungsform zu einer Schwall- oder Pfropfenströmung. Diese Strömungsform existiert dann jedoch nur noch für etwa 20 bis 50 Rohrdurchmesser, bis das Arbeitsfluid vollständig kondensiert ist. In Schwall- und Pfropfenströmungen wird die Flüssigkeit ständig von der länglichen großen Dampfblase, die einen Flüssigkeitsschwall vor sich herschiebt, überholt und stark vermischt. Dies führt zu

---

[305]   Hanratty, T. J., 1987, a.a.O.

einer im Vergleich mit einer benachbarten Schichtenströmung höheren Turbulenz. Mit dem so erhöhten Wärmeübergang ist der leichte Anstieg der Rohrwandtemperatur beim Wechsel zu der Schwall- bzw. Pfropfenströmung zu erklären. Mit sinkendem Dampfgehalt fällt der Wandwärmeübergangskoeffizient in der Schwall- und Pfropfenströmung sehr stark und nähert sich dem Wert des einphasigen Wärmeübergangskoeffizienten einer Flüssigkeitsströmung. Dies ist in Abb. 20 in dem letzten Viertel von Rohr Nummer 12 und in Abb. 21 in dem ersten Viertel von Rohr Nummer 10 deutlich zu erkennen. Der Übergang zur unterkühlten Flüssigkeitsströmung ist durch einen leichten Knick im Verlauf der Wandtemperatur zu identifizieren.

Der mittlere Fehler zwischen den Voraussagen der Simulationsrechnung und den Wandtemperaturmessungen lag unter 4 % für alle 156 Temperaturmeßpunkte. Für 84 % aller Messungen konnte die Wandtemperatur dabei mit weniger als 8 % Abweichung vorherberechnet werden. Die Resultate für alle zwölf Meßreihen sind in Diagrammform im Anhang als Vergleich zwischen gemessener und gerechneter flüssigkeitsseitiger Rohrwandtemperatur zusammengestellt.

12 Parametervariationen

Um den Einfluß einiger praxisrelevanter Parameter auf die Verflüssigung bzw. Absorption eines Zweistoffgemisches aufzuzeigen und dem Entwicklungsingenieur dadurch interessante Auslegungskriterien an die Hand zu geben, werden in diesem Kapitel beispielhaft Rechenergebnisse einiger Parametervariationen vorgestellt und diskutiert. Alle Simulationsrechnungen wurden exemplarisch für einen luftbeaufschlagten Lamellenrohrbündel-Wärmetauscher durchgeführt, der prinzipiell dem aus dem vorhergehenden Kapitel bekannten Verflüssiger gleicht. Wärmetauscher dieses Types sind in der Kälte- und Klimaindustrie weitverbreitet. Im einzelnen wurden folgende Parameter variiert: der Arbeitsmittelmassenstrom, der Rohrdurchmesser, der Volumenstrom der Kühlluft, der Eintrittsdampfgehalt und der Eintrittsdruck. Der Bereich, in dem diese Parameter variiert wurden, ist in Tab. 7 aufgelistet.

Strömungsbedingungen	Simulationsbereich
Massenstrom des Arbeitsmittels $\dot{m}$	0.008 - 0.013 kg/s
Rohrdurchmesser D	10 - 15.2 mm
Volumenstrom der Kühlluft $\dot{V}_{air}$	1.5 - 2.5 m³/s
Eintrittsdampfgehalt x_{in}	0.5 - 1.0
Eintrittsdruck $p_{Eintritt}$	4 - 17 bar

Tab. 7: *Variationsbereich der Parameter*
(Die unterstrichenen Werte geben die Bedingungen der Standard-Rechnung an)

12. 1 Standard-Simulationsrechnung

Alle Parametervariationen wurden ausgehend von einer Standard-Simulationsrechnung durchgeführt, wobei für die Variationsrechnungen alle bis auf den jeweils variierten Parameter identisch mit denen der Standard-Rechnung waren. Die Betriebsbedingungen der Standard-Rechnung sind denen des Beispieles aus Abb. 21 ähnlich, mit der Ausnahme, daß die Simulationsrechnung, um Einflüsse durch die Rohrverschaltung zu eliminieren, nur für ein langes Rohr ohne Unterbrechungen durch Rohrbögen durchgeführt wurde. Weiterhin wurde mit etwas geringerer mittlerer treibender Temperaturdifferenz zwischen Arbeitsmittel und Luft gerechnet, was eine Verlagerung der Stelle der vollständigen Kondensation in Hauptströmungsrichtung nach sich zog. Die Ergebnisse der Standard-Rechnung sind in Abb. 23 dargestellt. In diesem

Diagramm sind neben den schon bekannten Kurven für den Dampfgehalt und die flüssigkeitsseitige Rohrwandtemperatur noch die Temperaturen und die Massenkonzentrationen der Flüssigkeit und des Dampfes über der hier mit dem Rohrdurchmesser dimensionslos gemachten
Koordinate in Hauptströmungsrichtung (z/D) eingetragen. Alle Temperaturen sind mit der charakteristischen Temperaturdifferenz zwischen den Eintrittstemperaturen von Arbeitsmittel und
Kühlluft ($T_{Eintritt}$ - $T_{0\ in}$) dimensionslos gemacht. Diese Temperaturdifferenz wurde für alle Variationsrechnungen konstant gehalten mit $T_{Eintritt}$ = 70 °C und $T_{0\ in}$ = 32 °C. Weiterhin wurde
für alle Variationsrechnungen thermodynamisches Gleichgewicht des Sättigungszustandes am
Eintritt in den Verflüssiger angenommen. Dies bedeutet, daß dort die Massenkonzentrationen
in Flüssigkeit und Dampf durch die Zustandsgrößen Druck und Temperatur festgelegt sind.

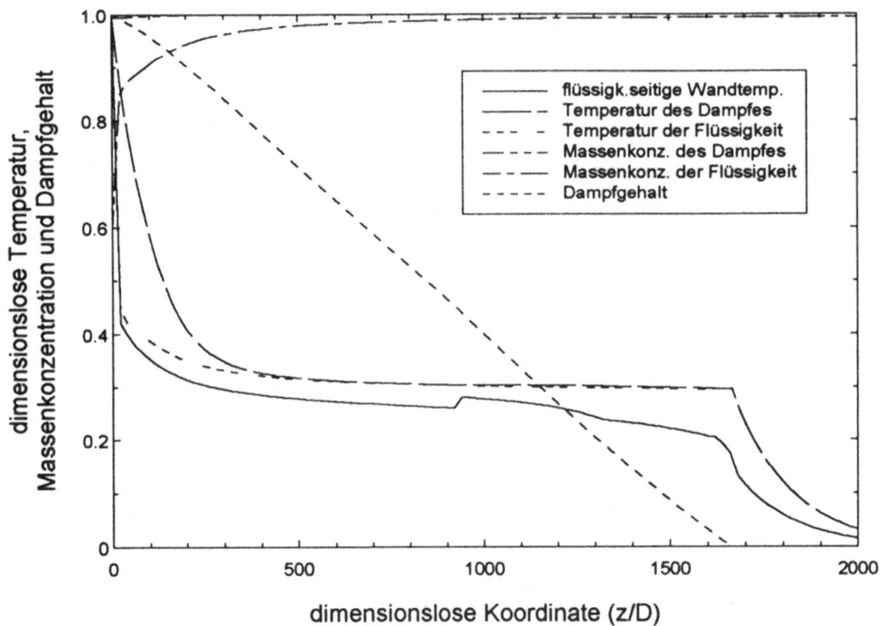

Abb. 23: *Standard-Simulationsrechnung* $\dot{m}$ *= 0.013 kg/s*
   D = 15.2 mm $\dot{V}_{air}$ *= 1.5 m³/s*
   x_{in} *= 1.0* p_{in} *= 17 bar*

Der Verlauf der flüssigkeitsseitigen Wandtemperatur ist der im vorausgegangenen Kapitel
diskutierten Verteilung sehr ähnlich. Im ersten Teil des Rohres tritt wieder eine Ringströmung
auf, während im zweiten Teil eine Schichtenströmung anzutreffen ist. Der Übergang von Ring-
zu Schichtenströmung ist an der Stelle z/D = 940 durch eine kleine Aufwärtsstufe zu erkennen.
In den letzten 45 Rohrdurchmessern (1620 < z/D < 1665) bevor das Arbeitsmittel vollständig
kondensiert ist, findet man Schwall- oder Pfropfenströmung. In diesem Bereich ändert sich die
Steigung der Wandtemperatur deutlich. Die Strömungsbedingungen nähern sich rasch denen

der einphasigen Flüssigkeitsströmung, die einen Wandwärmeübergangskoeffizienten in der Größenordnung von 10^3 W/m^{2}K aufweist.

Bedingt durch den sehr kleinen Massenstrom und den im vorhergehenden Kapitel schon diskutierten Wärme- und Stofftransport zeigt die Kurve der Flüssigkeits-Hauptstromtemperatur einen starken Abfall innerhalb der ersten 50 Rohrdurchmesser. In diesem Bereich sind die Temperaturen von Rohrwand und Flüssigkeitshauptstrom nahezu identisch, da der Flüssigkeitsfilm nur wenige Mikromillimeter dick ist und der damit verbundene Wandwärmeübergang in der Größenordnung von $2 \cdot 10^4$ W/m^{2}K liegt. Nach etwa 200 bis 400 Rohrdurchmessern ändert sich die Flüssigkeitstemperatur nicht mehr wesentlich, sondern nähert sich in dem restlichen Bereich bis zur Stelle der vollständigen Kondensation asymptotisch einem Endwert. Nachdem das Arbeitsmittel vollständig kondensiert ist, beginnt die Flüssigkeitstemperatur wieder zu fallen und nähert sich nun asymptotisch dem Wert der Lufteintrittstemperatur. Die Hauptstromtemperatur des Dampfes zeigt im wesentlichen einen der Flüssigkeit ähnlichen Verlauf mit der Ausnahme, daß der Temperaturabfall am Eintritt des Verflüssigers mit deutlich geringerer Steigung erfolgt. Bedingt durch den hohen Massenstrom reagiert die Temperatur des Dampfes wesentlich träger auf die Wärmeabfuhr als die der Flüssigkeit, aber nach etwa 400 Rohrdurchmessern haben sich beide Kurven soweit angenähert, daß sie nahezu aufeinander fallen und demselben unteren Grenzwert zustreben. Dieser Grenzwert ist durch die Sättigungstemperatur des reinen Ammoniaks bei dem herrschenden Druck gegeben.

Das Ammoniak-Wasser-Dampfgemisch tritt in den Verflüssiger mit einer Ammoniakkonzentration von 99.4 % ein und beginnt zu kondensieren, wobei das Wasser als die schwerer flüchtige Komponente am Anfang wesentlich stärker auskondensiert. Der ungleichmäßige Kondensationsvorgang führt zu einer Anreicherung des Ammoniaks als der leichter siedenden Komponente im Dampf, so daß dort die Massenkonzentration dem Wert eins zustrebt. Mit anderen Worten, indem der Verflüssigungsprozeß entlang der Rohrhauptströmung fortschreitet, wird aus dem anfänglichen Ammoniak-Wasser-Dampfgemisch ein reiner Ammoniak-Dampf, für den die Sättigungstemperatur nur durch den lokal herrschenden Druck bestimmt ist. Andererseits hat der ungleichmäßige Kondensationsvorgang eine Ammoniakkonzentration in der Flüssigkeit am Eintritt von nur 60 % zur Folge. Indem die Konzentration des Dampfes dem Wert eins zustrebt, kondensiert mehr und mehr Ammoniak aus, so daß die Ammoniakkonzentration in der Flüssigkeit rasch ansteigt und sich nach etwa 400 Rohrdurchmessern einem Grenzwert, der aus Massenerhaltungsgründen durch die Anfangskonzentration des Dampfes festgelegt ist, nähert. Das Aussehen der Kurve der Flüssigkeits-Massenkonzentration gleicht etwa der auf den Kopf gestellten Kurve der Flüssigkeitstemperatur.

Die Kurve des Dampfgehaltes zeigt einen nahezu linearen Verlauf über den gesamten Bereich der Zweiphasenströmung. Der Abfall des Dampfgehaltes wird im wesentlichen durch den Gesamt-Wärmeaustausch mit der Kühlluft bestimmt. Da der Wärmedurchgangskoeffizient für den gesamten Kondensationsprozeß etwa in der gleichen Größenordnung bleibt und das gleiche auch für die treibende Temperaturdifferenz gilt, ist ein nahezu konstanter Gradient und linearer Abfall des Dampfgehaltes zu erwarten. Tatsächlich hat die Kurve des Dampfgehaltes eine ganz leichte S-Form, da der Wärmeaustausch zum Ende des Kondensationsprozesses etwas geringer wird.

In den folgenden Sektionen werden die einzelnen Resultate der Beispiel-Parametervariationen vorgestellt und diskutiert. Da sich die Temperatur- und Massenkonzentrations-Kurven für alle Variationen in ihrem prinzipiellen Verlauf ähnlich sind, werden aus Gründen der Übersichtlichkeit pro Variationsrechnung nur zwei charakteristische Kurven dargestellt, so daß in den folgenden Diagrammen immer nur die Kurven der Flüssigkeitstemperatur und des Dampfgehaltes zu finden sind. Diese werden für die verschiedenen Variationen miteinander verglichen. Die Verläufe der anderen Zustandsgrößen verhalten sich entsprechend.

12. 2   Variation des Massenstromes

Beginnt ein Entwicklungsingenieur einen neuen Lamellenrohrbündel-Wärmetauscher - z.B. als einen Verflüssiger - auszulegen, so besteht eine der ersten Entscheidungen darin, die Anzahl der Einspritzungen, auf die das Arbeitsmittel verteilt wird, festzulegen. In Verbindung mit der Gesamtzahl der Rohre ist die Anzahl der Einspritzungen ein wesentlicher Parameter, um den Wärmetauscher hinsichtlich Leistung und Druckverlust zu optimieren. Letztlich läuft die Wahl der Anzahl der Einspritzungen auf die Festlegung des optimalen Massenstromes hinaus, da mit steigendem Massenstrom sowohl die Wärmeübergangszahl als auch der Druckverlust steigt. Mit ansteigender Wärmeübergangszahl wächst auch die Leistung, während sie mit größer werdendem Druckverlust sinkt, so daß sich oft ein optimaler Massenstrom für die gegebenen Randbedingungen bestimmen läßt. Der Frage, ob in dem betrachteten Betriebsbereich ein Optimum auftritt, ist somit bei jeder Auslegung zu stellen. Tritt ein Optimum auf, so kommt der Ermittlung dieses optimalen Massenstromes eine große Bedeutung zu.

Abb. 24 vergleicht die Kurven der dimensionslosen Flüssigkeitstemperatur und des Dampfgehaltes von zwei Simulationsrechnungen mit unterschiedlichen Massenströmen: 0.008 kg/s und 0.013 kg/s. Von ihrem grundsätzlichen Verlauf sind sich die beiden Kurvenpaare ähnlich, nur daß das Kurvenpaar für die Rechnung mit dem geringeren Massenstrom einen steileren Abfall des Dampfgehaltes und - in der Eintrittsregion - auch der Flüssigkeitstemperatur aufweist. Der Wechsel von Ringströmung zu Schichtenströmung erfolgt an der Stelle $z/D = 940$ für den höheren Massenstrom und entsprechend früher, an der Stelle $z/D = 307$, für den geringeren Massenstrom.

Der Abfall des Dampfgehaltes hängt von den Massenstromdichten in Hauptstromrichtung und an der Phasengrenzfläche ab. In dem Bereich der Ringströmung ändert sich der Wärmedurchgang nicht so entscheidend, so daß die Dampfgehaltskurve nahezu linear verläuft, wenn man von einer leichten (nach oben konvexen) negativen Krümmung im Eintrittsbereich absieht. Im Bereich der Schichten- und auch der Schwall- und Pfropfenströmung wird der Dampfgehalt im wesentlichen durch den dampfseitigen Wandwärmeübergang bestimmt. Dieser ist proportional zu der dampfseitig benetzten Rohrwandfläche, die sich mit sinkendem Dampfgehalt und damit steigender Filmhöhe verringert. Somit erklärt sich die Verringerung des Dampfgehalts-Gradienten und die geringe (nach oben konkave) positive Krümmung der Kurve des Dampfgehaltes mit kleiner werdendem Dampfgehalt in dem Bereich der Schichten- und intermittierenden Strömung.

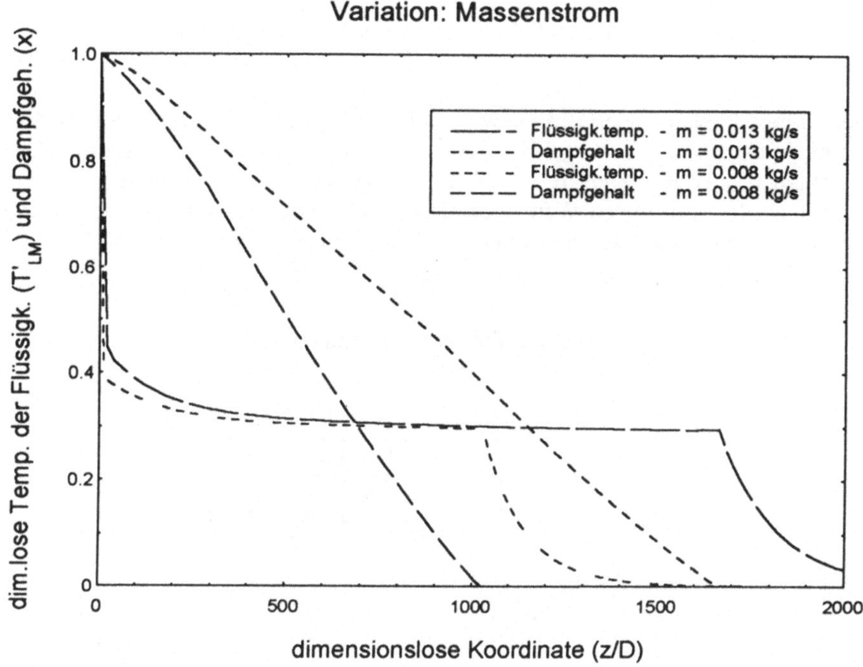

Abb. 24: *Variation des Massenstromes*

Die Stelle, an der der Verflüssigungsvorgang abgeschlossen ist, kann für den höheren Massenstrom bei z/D = 1665 lokalisiert werden, während sie für den niedrigeren Massenstrom bei z/D = 1025 liegt. Bildet man das Verhältnis dieser beiden dimensionslosen Längen, so erhält man einen Wert von 1.621. Dieser ist nahezu indentisch mit dem Verhältnis der Massenströme von 1.625. Mit anderen Worten, die zur totalen Verflüssigung benötigte Rohrlänge ist dem Massenstrom direkt proportional. In dem hier betrachteten Betriebsbereich hält sich also der positive Einfluß des mit dem Massenstrom ansteigenden Wärmeübergangskoeffizienten mit dem negativen Einfluß des Druckabfalls in etwa die Waage. Beide Einflüsse sind relativ gering; z.B. liegt der Gesamtdruckverlust für beide Rechnungen lediglich in der Größenordnung von 10^2 mbar.

12. 3 Variation des Rohrdurchmessers

Neben dem Massenstrom ist der Rohrdurchmesser, der die Massenstromdichte mitbestimmt, ein wesentlicher Auslegungsparameter bei der Leistungsoptimierung zwischen Wärmeübergangskoeffizient und Druckverlust. Um die auf das Bauvolumen bezogene Leistung zu erhöhen, zeichnet sich in den letzten Jahren, insbesondere in der Fahrzeugkühlung und -klimatisierung, ein deutlicher Trend zu immer kleineren Rohrdurchmessern ab. Standard-Rohrdurchmesser liegen in der Gewerbe- und Haushaltskältetechnik zwischen 12 und 16 mm, während zur Fahrzeugkühlung und -klimatisierung oft Rohrdurchmesser zwischen 8 und 10 mm eingesetzt werden.

Für die hier vorgestellte Parametervariation wurden Rechnungen mit den Durchmessern 10 mm und 15.2 mm durchgeführt. Die Ergebnisse von diesen Rechnungen sind wiederum für die beiden charakteristischen Kurvenpaare in Abb. 25 eingetragen. Da normalerweise der Rohrdurchmesser auch den luftseitigen Wärmeübergangskoeffizienten beeinflußt, wurde letzterer für beide Rechenläufe konstant gehalten, um den luftseitigen Einfluß zu eliminieren.

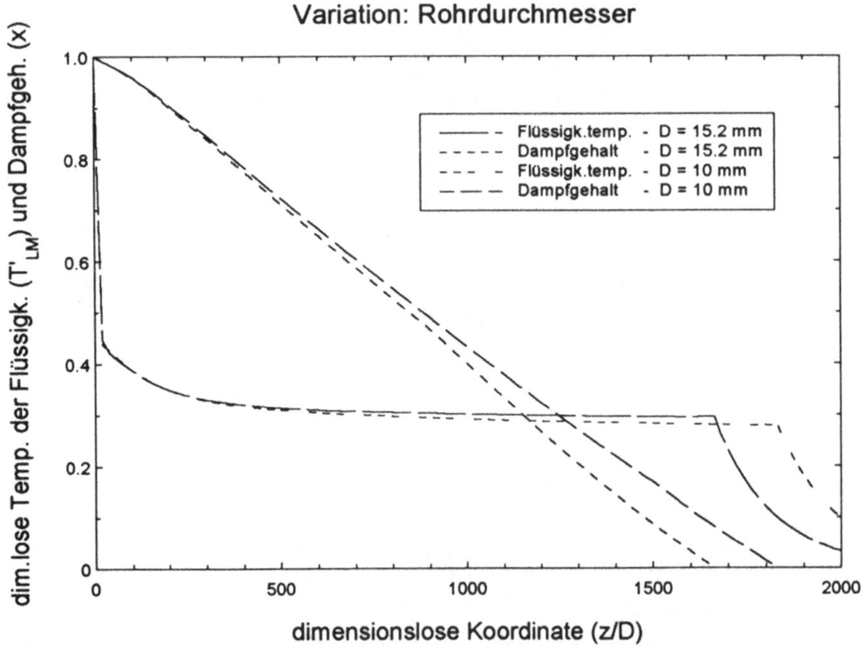

Abb. 25: *Variation des Rohrdurchmessers*

Die beiden Kurvenpaare zeigen nahezu das gleiche Aussehen, wobei die Rechnung mit dem kleineren Durchmesser eine etwas geringere Steigung der Dampfgehaltkurve und einen geringfügig niedrigeren unteren Naßdampf-Grenzwert der Flüssigkeitstemperatur besitzt. Der Wechsel von Ring- zu Schichtenströmung erfolgt für den größeren Durchmesser bei z/D = 940, während er bei dem kleineren Durchmesser wesentlich später bei z/D = 1540 stattfindet, d.h. bei dem kleineren Durchmesser ist die Ringströmung die dominierende Strömungsform.

Bei gleichem absoluten Massenstrom ergibt sich ein wesentlich stärkerer Druckverlust für die Variation mit dem kleineren Durchmesser. Da, wie schon erwähnt, der untere Grenzwert der

Fluidtemperaturen im Naßdampfgebiet durch die nur durch den lokalen Druck bestimmte Sättigungstemperatur des reinen Ammoniaks festgelegt ist, erklärt dies die etwas niedrigere Endtemperatur für den kleineren Durchmesser im Naßdampfgebiet. Die durch die niedrigere Endtemperatur reduzierte treibende Temperaturdifferenz zwischen Arbeitsmittel und Kühlluft liefert einen Grund für die leicht flachere Steigung des Dampfgehaltes. Ein weiterer Grund ist darin zu finden, daß die Ringströmung, bedingt durch die höherere Massenstromdichte und die damit verbundenen höheren Geschwindigkeiten, wesentlich länger im Rohr vorherrscht. Da der Wärmeübergangskoeffizient für 'alte' Ringströmungen, die schon eine gewisse Strecke im Rohr existieren, so daß sich ein dickerer Film aufbauen konnte, kleinere Werte annimmt als der dampfseitige Wärmeübergangskoeffizient einer Schichtenströmung, erklärt dies die geringere Steigung des Dampfgehaltes, der bekanntlich direkt von dem Wärmeaustausch mit der Kühlluft abhängt.

Die Stelle, an der das Arbeitsmittel vollständig kondensiert ist, liegt für den größeren Durchmesser bei $z/D = 1665$, während in dem kleineren Rohr erst ab der dimensionslosen Koordinate $z/D = 1830$ das Arbeitsmittel vollständig in flüssiger Form vorliegt. Es soll an dieser Stelle jedoch ausdrücklich darauf hingewiesen werden, daß die tatsächlich zur vollständigen Verflüssigung benötigte Rohrlänge für den kleineren Rohrdurchmesser wesentlich kürzer ist als für den größeren Rohrdurchmesser, nämlich 18.3 m im Vergleich zu 25.3 m. Die oben erwähnten negativen Einflüsse auf den Wärmeübergangskoeffizienten des höheren Druckverlustes und der ungünstigeren Strömungsform wiegen den durch die größeren Massenstromdichten stark erhöhten Wärmetransport nicht auf. Dies liefert eine Erklärung für den oben schon angesprochenen Trend zu kleineren Rohrdurchmessern.

12. 4   Variation des Kühlluftstromes

Setzt man eine ausreichende Versorgung von elektrischer Energie voraus, so kann man in einfacher und oft kostengünstiger Weise die Leistung eines Lamellenrohrbündel-Wärmetauschers steigern, indem man den Luftvolumenstrom durch den Einsatz stärkerer Ventilatoren erhöht. Diese Maßnahme wird sehr oft von Entwicklungsingenieuren durchgeführt, insbesondere dann, wenn alle anderen Parameter zur Leistungserhöhung nicht geändert werden können, wie es z.B. bei schon bestehenden Altanlagen der Fall ist. In jüngster Zeit taucht dieses Problem öfters bei der gesetzlich bedingten Umstellung von FCKW- und HFCKW-betriebenen Kälteanlagen auf FKW-betriebene Anlagen, die kein Ozonabbau-Potential besitzen, auf. Um der Umwelt-Gesetzgebung [306] Rechnung zu tragen, werden z.Zt. verschiedene Kältemittel-Gemische entwickelt und erprobt, da für bestimmte Anwendungsgebiete in absehbarer Zeit keine reinen Alternativ-Kältemittel zur Verfügung stehen werden. Nach Wilms et al. [307] hat man bei diesen neuen, nichtazeotropen Kältemittelgemischen mit einer gleitenden Verdampfungs- und Verflüssigungstemperatur zu rechnen, so daß die hier vorgestellten Rechenergebnisse - über die reine Anwendung auf Ammoniak-Wasser-Gemische hinaus - durchaus auch auf generelles Interesse

---

[306]   Bundesminister für Umwelt, Naturschutz und Reaktorsicherheit (Ed.): Zweiter Bericht der Bundesregierung an den Deutschen Bundestag über die Maßnahmen zum Schutz der Ozonschicht. Eine Information des Bundesumweltministeriums, Drucksache 12/3846, Bonn, 26. Nov. 92.

[307]   Wilms, M., Gerstel, J., und Zakrzewski, U.: Alternativen zu R-502 und R-22. DKV-Tagungsbericht, 20. Jahrgang, 1993, Nürnberg, Band II/2, S. 81-94.

stoßen werden. Um den Einfluß des Kühlluftvolumenstromes auf die Verflüssigung eines Gemisches zu untersuchen, wurden Rechnungen zur Variation des Luftvolumenstromes durchgeführt, deren charakteristische Resultate in Abb. 26 eingezeichnet sind. Wie erwartet hat eine Erhöhung des Luftvolumenstromes eine Leistungssteigerung und damit eine Reduzierung der zur vollständigen Kondensation benötigten Rohrlänge zur Folge, was sich in dem generell steileren Abfall der Kurven des Dampfgehaltes und der Flüssigkeitstemperatur ausdrückt.

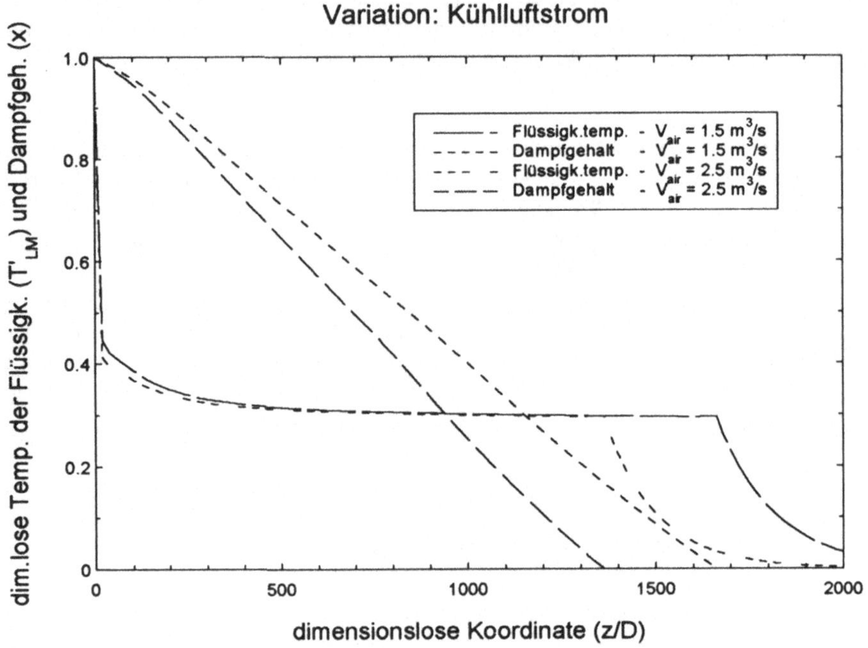

Abb. 26:   *Variation des Kühlluftstromes*

Abb. 26 vergleicht die Rechenergebnisse von zwei verschiedenen Luftvolumenstrom-Variationen: 1.5 m³/s und 2.5 m³/s. Eine Erhöhung des Luftvolumenstromes von 67 % ergibt eine Steigerung der Nusseltzahl und des luftseitigen Wärmeübergangskoeffizienten um 38 %, da die Reynoldszahl der Luft mit einem Exponenten, der kleiner als eins ist, in die Berechnung der Nusseltzahl eingeht. Durch die Erhöhung des Luftvolumenstromes läßt sich die zur vollständigen Verflüssigung benötigte Rohrlänge von z/D = 1665 auf z/D = 1363 verkürzen, was einer Reduktion um 18 % entspricht. Da der luftseitige Wärmeübergang nur einen Teil des gesamten Wärmedurchganges bestimmt, erklärt sich dieser vergleichsweise geringe Anstieg der Leistung des Verflüssigers.

Der Wechsel von Ring- zu Schichtenströmung vollzieht sich an der Stelle z/D = 940 für den niedrigeren Luftvolumenstrom und an der Stelle z/D = 779 für den höheren Volumenstrom.

Man kann also sagen, daß das Rohrlängen-Verhältnis von Ringströmung zu Schichtenströmung für beide Variationsrechnungen etwa gleich ist.

12. 5 Variation des Eintritts-Dampfgehaltes

Die übliche Verflüssigung eines (reinen) Kältemittels in einer Kaltdampfmaschine zeichnet sich durch eine konstante Verflüssigungstemperatur aus. Den vorhergehenden Kapiteln ist zu entnehmen, daß die Verflüssigung in einer einstufigen Absorptionsmaschine in der der Arbeitsmitteldampf normalerweise mit einer relativ geringen Menge an Lösungsmittel durchsetzt ist, bei gleitender Verflüssigungstemperatur stattfindet, wobei aber ein großer Teil des Verflüssigungsprozesses bei nahezu konstanter Temperatur abläuft. Das zur Abführung der Kondensationswärme dienende Kühlmedium Luft erwärmt sich jedoch bei dem Vorgang kontinuierlich um

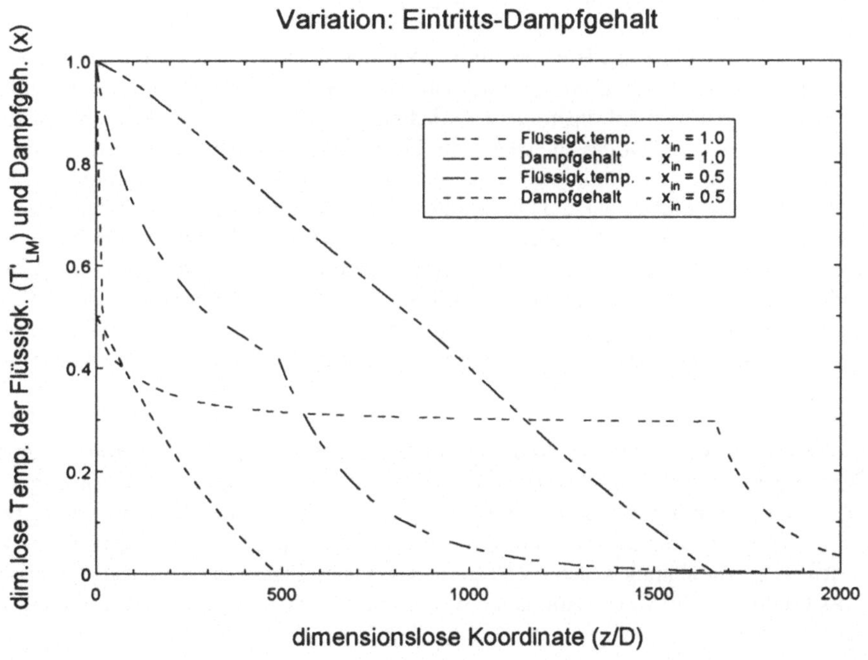

Abb. 27: *Variation des Eintritts-Dampfgehaltes*

einen größeren Temperaturbetrag (meist 10 K und mehr), und zwar nahezu gleichmäßig zwischen Eintritt und Austritt, so daß notwendigerweise in weiten Bereichen des Verflüssigers ein nicht unbeträchtlicher Temperaturunterschied zwischen Arbeitsmittel und Kühlmedium besteht. In manchen Fällen strebt man an, die damit einhergehenden Verluste durch Irreversibilitäten zu minimieren, indem man versucht, den Verflüssigungsprozeß ebenfalls bei gleichmäßig sich ändernder Temperatur ablaufen zu lassen. Dies läßt sich realisieren, indem man die Niederschlagung der Kältemitteldämpfe nicht durch Kondensation, sondern durch Absorption mittels einer Lösung von geeigneter Konzentration bewirkt. Mit anderen Worten, der Verflüssiger wird durch einen Absorber ersetzt, den man aus historischen Gründen mit *Resorber* bezeichnet (siehe auch Niebergall [308] oder Alefeld und Radermacher [309]). Physikalisch unterscheiden sich Verflüssiger und Resorber nur durch den unterschiedlichen Eintrittsdampfgehalt, der beim Resorber, wie auch beim Absorber, deutlich unter eins liegt. In einer Variationsrechnung wurde daher der Einfluß des Eintritts-Dampfgehaltes untersucht.

In Abb. 27 werden die charakteristischen Kurvenpaare der Simulationsresultate für zwei verschiedene Eintritts-Dampfgehalte einander gegenübergestellt. Es wurden mit den Eintritts-Dampfgehalten von $x_{in} = 1.0$ und $x_{in} = 0.5$ gerechnet. Während bei dem Eintritts-Dampfgehalt von 1.0 der Umschlag von Ringströmung zu Schichtenströmung bei $z/D = 940$ erfolgt, tritt das Arbeitsmittel bei einem Eintritts-Dampfgehalt von 0.5 zwar ebenfalls mit Ringströmung ein, nach einer Distanz von nur zwanzig Rohrdurchmessern ($z/D = 20$) schlägt die Strömungsform jedoch schon in Schichtenströmung um. Dies bedeutet, daß für niedrige Eintritts-Dampfgehalte die Schichtenströmung die beherrschende Strömungsform ist.

Der Vergleich der beiden Flüssigkeitstemperaturen zeigt den oben schon erwähnten gewünschten gleichmäßigen Temperaturabfall für die Rechnung mit einem Eintritts-Dampfgehalt von 0.5 (Resorber-Rechnung). Dies ist auf das trägere Verhalten des größeren Flüssigkeitsmassenstromes zurückzuführen. Abgesehen davon scheint die Flüssigkeitstemperatur aber denselben unteren Grenzwert, der durch die Sättigungstemperatur des reinen Ammoniaks bestimmt ist, anzustreben. Während die Flüssigkeitstemperatur der Rechnung mit $x_{in} = 1.0$ diesen unteren Grenzwert schon nach 400 bis 500 Rohrdurchmessern nahezu erreicht hat, ist die Verflüssigung für die Rechnung mit $x_{in} = 0.5$ schon vollständig abgeschlossen, bevor die Flüssigkeitstemperatur den Grenzwert nur annähernd erreicht hat. Nach der Stelle der vollständigen Kondensation, die durch einen ausgeprägten Knick im Temperaturkurvenverlauf deutlich zu erkennen ist, streben die Temperaturen beider Rechnungen der Kühllufttemperatur als Grenzwert entgegen.

Die Stelle, an der das Arbeitsmittel vollständig kondensiert ist, liegt bei $z/D = 486$ für einen Eintritts-Dampfgehalt von 0.5 im Vergleich zu $z/D = 1665$ für die Standard-Rechnung mit $x_{in} = 1.0$. Um den Gesamtmassenstrom für beide Variationsrechnungen konstant zu halten, wurde der Dampfmassenstrom der Resorber-Rechnung auf 50 % des Dampfmassenstromes der Standard-Verflüssiger-Rechnung gesetzt. Die geringere Dampfmasse der Resorber-Rechnung benötigt jedoch nur etwa 30 % der Rohrlänge des Standard-Verflüssigers, um vollständig zu verflüssigen.

Der Verlauf der Dampfgehalts-Kurve ist für die Rechnung mit $x_{in} = 1.0$, wie schon erwähnt, nahezu linear. Im Gegensatz hierzu zeigt der Dampfgehalts-Verlauf der Rechnung mit $x_{in} = 0.5$ eine erkennbare nach oben konkave Krümmung (Durchhängen nach unten), wobei die mittlere Steigung merklich größer ist als die der Rechnung mit $x_{in} = 1.0$. Sowohl die höhere mittlere Steigung als auch die stärkere Krümmung läßt sich durch die Form des Temperaturverlaufes

[308]   Niebergall, W.: Sorptions-Kältemaschinen. Handbuch der Kältetechnik, Bd. 7, Springer-Verlag, Berlin, 1959, Reprint 1981, S. 16-19.

[309]   Alefeld, G., und Radermacher, R.: Heat conversion systems. CRC Press, Boca Raton, 1994, S. 83-90.

der Flüssigkeit erklären. Die größere mittlere treibende Temperaturdifferenz zwischen Arbeitsmittel und Kühlluft ist über den dadurch erhöhten Wärmeaustausch für den steileren Verlauf
der Dampfgehalts-Kurve verantwortlich. Die Tatsache, daß der über dem Verlauf des Kondensationsprozesses gemittelte Temperaturgradient für die Rechnung mit $x_{in} = 0.5$ wesentlich
höher liegt, liefert die Erklärung für die deutlicher ausgeprägte Krümmung der Dampfgehalts-
Kurve.

12. 6   Variation des Druckes

Wie schon erwähnt unterscheiden sich Resorber und Absorber physikalisch nicht. Das einzige
Kriterium für eine Unterscheidung könnte darin gefunden werden, daß Resorber und auch
Verflüssiger in dem Hochdruckbereich einer einstufigen Absorptionsanlage angeordnet sind,
während sich der Absorber im Niederdruckbereich derselben Absorptionsanlage befindet. Auch
dieses Unterscheidungskriterium verwischt jedoch bei den modernen Mehrkreis- bzw. Mehr-
stufenanlagen, die, bedingt durch die Forderung nach immer höheren Leistungskoeffizienten,
in den letzten Jahren vermehrt entwickelt wurden (siehe auch Perez-Blanco [310] oder Alefeld
und Radermacher [311]). Solche Anlagen können mehrere Absorber, die in verschiedenen Druck-
bereichen arbeiten, enthalten.

Um das generelle Verhalten eines Absorptionsvorganges zu untersuchen, wurde eine Variation
des Eintrittsdruckes durchgeführt. In Abb. 28 sind die wesentlichen Resultate der Rechnungen
in der aus den vorhergehenden Kapiteln bekannten Darstellungsform eingezeichnet. Normalerweise liegt der Eintritts-Dampfgehalt für einen Absorber in der Größenordnung von 0.5 und
kleiner. Aus diesem Grund wird für die Vergleichsrechnung mit dem höheren Druck von
17 bar diesmal nicht die Standard-Rechnung herangezogen, sondern die Rechnung mit einem
Eintritts-Dampfgehalt von 0.5, die in dem vorhergehenden Kapitel diskutiert wurde. Dieser
Rechnung wird hier die Simulationsrechnung mit einem niedrigeren Druck von 4 bar und einem
Eintritts-Dampfgehalt von ebenfalls 0.5 gegenübergestellt. Bedingt durch den hohen Flüssigkeitsanteil überwiegt bei beiden Variationsrechnungen der Schichtenströmungsbereich.

Betrachtet man ein Zweiphasen-Gemisch aus Ammoniak und Wasser, so liegen normalerweise
die Verflüssigungs- bzw. Resorptionsdrücke einer einstufigen Absorptionsanlage zwischen 10
und 25 bar. Wie schon erwähnt, wird der untere Grenzwert der Temperatur während des Ver-
flüssigungs- bzw. Resorptionsprozesses von der druckabhängigen Sättigungstemperatur des
reinen Ammoniaks bestimmt. Da die Sättigungstemperatur bei gegebenem Druck für solche
Betriebsbedingungen deutlich über der Umgebungstemperatur liegt, wird dieser untere
Grenzwert der Temperatur normalerweise in einem Verflüssigungs- bzw. Resorptionsprozeß
angestrebt. Anders sieht es für den Fall eines Absorptionsprozesses in derselben Anlage aus,
der sich von dem Resorptionsprozeß, wie schon erwähnt, prinzipiell nur durch den geringeren
Arbeitsdruck unterscheidet. Der übliche Betriebsdruck eines einstufigen Ammoniak-Wasser-
Absorptionsprozesses liegt zwischen 1.0 und 6.0 bar Absolutdruck. Da die zu diesen Drücken
gehörigen Sättigungstemperaturen deutlich unter der Kühllufttemperatur liegen, wird der

---

[310]   Perez-Blanco, H.: Conceptual design of a high-efficiency absorption cooling cycle. Int. J. Refrig.,
          1993, Vol. 16, S. 429-433.
[311]   Alefeld, G., und Radermacher, R., 1994, a.a.O., S. 179-206.

untere Grenzwert, dem die Fluidtemperatur zustreben kann, für den gesamten Absorptionsprozeß nur durch die Lufttemperatur bestimmt.

Im Vergleich zu der 17 bar-Rechnung zeigt die Flüssigkeitstemperatur der 4 bar-Rechnung
eine steilere Anfangssteigung und strebt ohne Knick dem unteren Grenzwert zu, der durch die
Lufttemperatur gegeben ist und den sie nach etwa 1300 bis 1500 Rohrdurchmessern nahezu erreicht. Etwa in diesem Bereich fallen auch die Temperatur-Kurven der 17 bar-Rechnung und
der 4 bar-Rechnung aufeinander. Während das Arbeitsmittel in der 17 bar-Rechnung erst
vollständig kondensiert und dann als unterkühlte Flüssigkeit mit seiner Fluidtemperatur den
unteren Grenzwert der Lufttemperatur anstrebt, befindet sich das Arbeitsmittel der 4 bar-
Variation am Ende der Simulationsrechnung nach 2000 Rohrdurchmessern immer noch im
Naßdampfgebiet. Da für diesen Fall nach etwa 600 Rohrdurchmessern fast kein Dampf mehr
absorbiert wird, ist zwischen 600 < z/D < 2000 nahezu nur noch sensible Wärme an die Umgebungsluft abzuführen.

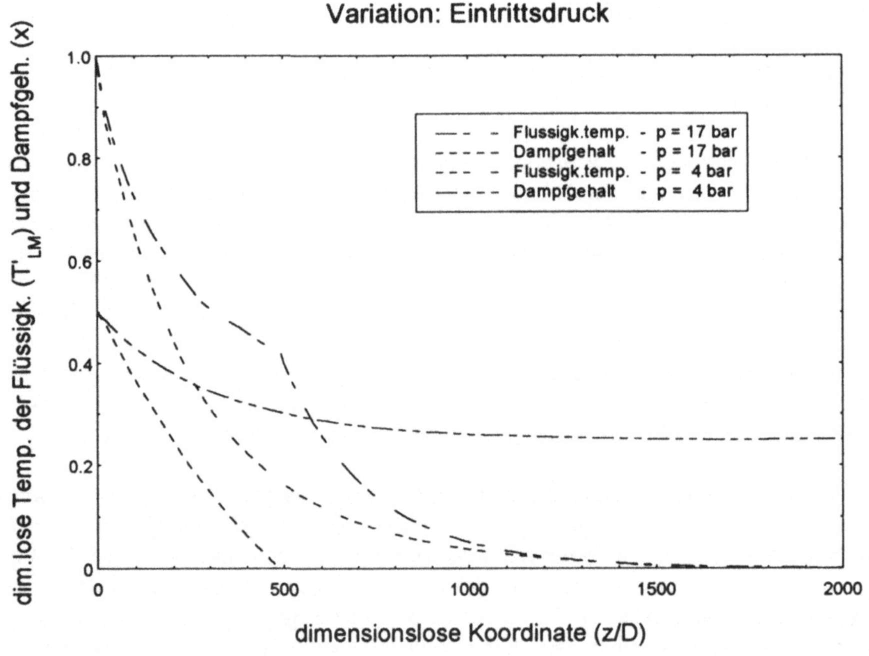

Abb. 28: *Variation des Druckes*

Der Abfall des Dampfgehaltes in der 4 bar-Rechnung ist wesentlich schwächer als der in der
17 bar-Rechnung. Auch erreicht der Dampfgehalt der 4 bar-Rechnung nicht den Wert null
(vollständige Kondensation bzw. Absorption), sondern strebt simultan mit der Temperatur
einem unteren Grenzwert zu. Dieser Grenzwert liegt bei 0.25 im Naßdampfgebiet. Der
Endzustand ist ein Zustand thermodynamischen Gleichgewichtes, wobei die Massenkonzentra-

tionen in Flüssigkeit und Dampf durch Druck und Temperatur bestimmt sind. Der End-Dampfgehalt bestimmt sich bei den so gegebenen Massenkonzentrationen durch eine Massenbilanz, basierend auf dem Eintritts-Dampfgehalt und den durch die Gleichgewichtsbedingung am Eintritt gegebenen Massenkonzentrationen in Flüssigkeit und Dampf.

13 Zusammenfassung

In diesem Buch wurde ein Zweifluidmodell zur Simulation einer nicht-adiabaten Zweiphasenströmung eines Gemisches aus zwei Stoffkomponenten in einem waagrechten Rohr vorgestellt. Solche Strömungsformen treten sehr häufig in verfahrens- und kältetechnischen Anlagen auf. Insbesondere wurden Verflüssigungs- und Absorptionsvorgänge untersucht. Das hier diskutierte Zweifluidmodell geht dabei von der Annahme aus, daß sowohl die Flüssigkeits- als auch die Dampfphase korrekt durch eine mittlere Temperatur und Massenkonzentration beschrieben werden kann. Die Entwicklung der Strömung in Hauptstromrichtung wird durch den Stoff- und Wärmetransport über die Phasengrenzfläche und den Wärmetransport durch die Rohrwand bestimmt. Alle Wärme- und Stoffübergangsvorgänge sind dabei stark von der lokal herrschenden Strömungsform abhängig. Die hier gewählte Präsentation des Zweifluidmodelles hatte dabei inbesondere zum Ziel, alle auftretenden Wärme- und Stofftransportprozesse in Abhängigkeit von den möglichen Strömungsformen in sich geschlossen zu beschreiben, um so dem Entwicklungsingenieur ein vollständiges System von Berechnungsgleichungen an die Hand zu geben.

Basierend auf Stoff- und Energiebilanzen für jede Phase wurde ein System von Differentialgleichungen zur Bestimmung der Temperaturen und Massenkonzentrationen in jeder Phase hergeleitet. In diesen Bestimmungsgleichungen wurde große Bedeutung auf die korrekte Beschreibung der Wand- und Phasengrenzflächentransportvorgänge gelegt, da durch sie die einzelnen Gleichungen gekoppelt sind und die Strömungs-Entwicklung in Hauptströmungsrichtung bestimmt wird. Die Transportvorgänge an Phasengrenzfläche und Wand wurden dabei mit Hilfe von volumenbezogenen Flächenkonzentrationen, Transportkoeffizienten und treibenden Kräften in Form von charakteristischen Temperatur- oder Konzentrationsdifferenzen beschrieben.

Da, wie schon erwähnt, diese Transportvorgänge stark von der lokal herrschenden Strömungsform abhängen, wurden die Flächenkonzentrationen und Transportkoeffizienten für jede mögliche Strömungsform ermittelt, wobei die Strömungsformen in vier wesentliche Regionen unterteilt wurden: Blasenströmung, Schichtenströmung, Ringströmung und Schwall- bzw. Pfropfenströmung. Die Blasenströmung tritt als eigene Strömungsform selten auf, doch wurde sie als Teilströmungsform zur Berechnung der Schwall- und Pfropfenströmung benötigt. Bei der Berechnung der Schichtenströmung wurde zwischen glatter und welliger Oberfläche der Flüssigkeitsschicht unterschieden. Die Ringströmung berücksichtigt den Einfluß der in den Dampfstrom mitgerissenen Flüssigkeitströpfchen (Entrainment), so daß auch die Strömungsform der Nebelströmung als Unterform der Ringströmung berechnet werden kann. Bei der Bearbeitung der verschiedenen Strömungsregionen wurden insbesondere neue Bestimmungsgleichungen für die dampfseitigen Wandwärmeübergangskoeffizienten von Schichten-, Schwall- und Pfropfenströmungen und für den flüssigkeitsseitigen Stoffübergangskoeffizienten an der Phasengrenzfläche entwickelt.

Der dampfseitige Wandwärmeübergangskoeffizient in einer Schichten-, Schwall- oder Pfropfenströmung läßt sich mit Hilfe der Nusseltschen Wasserhauttheorie basierend auf einer charakteristischen Temperaturdifferenz zwischen Dampf und Wand bestimmen. Im Vergleich zur

Strömung eines reinen Stoffes mißt man bei Zweistoffgemischen beträchtliche Verschlechterungen des Wärmeüberganges. Die Reduzierung läßt sich durch Wärme- und Stoffübergangsprozesse, die die treibende Temperaturdifferenz in dem an der Wand ablaufenden Flüssigkeitsfilm verkleinern, erklären. Es wurde ein neues Modell, das die Verringerung der treibenden Temperaturdifferenz beschreibt und damit den Wandwärmeübergangskoeffizienten korrigiert, basierend auf den Wärme- und Stofftransporten an der Oberfläche des laminaren Flüssigkeitsfilmes entwickelt.

Auf der Grundlage einer Reihe von Veröffentlichungen verschiedener Autoren über experimentelle Beobachtungen von Schwall- und Pfropfenströmungen, die belegen, daß die Schwallzone einer Blasenströmung und die Filmzone einer Schichtenströmung gleicht, wurde vorgeschlagen, die Transportkoeffizienten der Schwall- und Pfropfenströmung aus der Superposition eines Schichtenströmungs- und eines Blasenströmungsanteils zu ermitteln.

Ausgehend von den Annahmen der Oberflächenerneuerungs-Theorie wurde ein Modell zur Bestimmung der flüssigkeitsseitigen Transportkoeffizienten an einer Phasengrenzfläche in Abhängigkeit von der Turbulenzstruktur der Strömung entwickelt. Der wesentliche Gedanke geht davon aus, daß die Erneuerungsrate von zwei charakteristischen Zeitmaßstäben bestimmt wird. Der erste Zeitmaßstab wird durch die charakteristische Geschwindigkeit und das Längenmaß der großen Turbulenzballen in der Strömung geliefert. Mit zunehmender Turbulenz gewinnt ein zweites Zeitmaß für den flüssigkeitsseitigen Transport mehr und mehr an Bedeutung: das Zeitintervall zwischen Flüssigkeitsausbrüchen (bursting) an der Phasengrenzfläche. Durch Einführen der beiden charakteristischen Zeiten in das Modell konnte eine Relation, die die Nusselt- bzw. Sherwoodzahl in Beziehung mit der Turbulenz-Reynoldszahl und der Prandtl- bzw. Schmidtzahl setzt, gewonnen werden. Das Modell unterscheidet sich von früheren Modellen anderer Veröffentlichungen unter anderem in dem weiten Bereich der Turbulenz-Reynoldszahl, für den die Gleichung gültig ist. Dies konnte durch Vergleiche mit Meßdaten anderer Autoren gezeigt werden.

Abschließend wurden beispielhaft Simulationsrechenergebnisse des hier vorgestellten Zweifluidmodells mit Meßdaten verglichen. Dazu wurde ein Computerprogramm geschrieben, das das System von Differentialgleichungen unter ständigem strömungsregionabhängigem Aktualisieren aller Flächenkonzentrationen und Transportkoeffizienten löste. Typische Rechenzeiten auf einem IBM-kompatiblen 386/20 PC betrugen abhängig von der notwendigen Schrittweite zwischen fünfzehn Minuten und acht Stunden. Der Vergleich der Simulationsergebnisse mit Messungen, die an einer handelsüblichen Haushalts-Absorptionsklimaanlage gewonnen wurden, zeigte eine sehr gute Übereinstimmung mit einem mittleren Fehler zwischen Messungen und Vorhersagen von weniger als vier Prozent. Weiterhin wurde als Beispiel eine Variation von einigen praxisrelevanten Parametern durchgeführt, um dem Entwicklungsingenieur Informationen zur Auslegung und Optimierung von Lamellenrohrbündel-Verflüssigern und -Absorbern mit Zweistoffgemischen zu liefern. Alle Simulationsrechnungen wurden exemplarisch mit dem weit verbreiteten Stoffpaar Ammoniak-Wasser durchgeführt.

Anhang

In dieser Sektion werden die Verläufe der Rohrwandtemperatur von zwölf durchgeführten Meßreihen zusammen mit den Vorhersagen der Beispiel-Simulationsrechnung in Diagrammform über der dimensionslosen Hauptstromkoordinate dargestellt. Die genaue Versuchsbeschreibung findet sich in Kapitel 11. 1. Die Meßreihen unterscheiden sich im wesentlichen durch die Variation der Luft- und Kältemitteleintrittstemperaturen, wobei sie nach ansteigender Lufteintrittstemperatur sortiert sind, d.h. die Meßreihen mit den niedrigsten Lufteintrittstemperaturen sind am Anfang und die mit den höchsten Lufteintrittstemperaturen am Schluß des Anhangs aufgeführt.

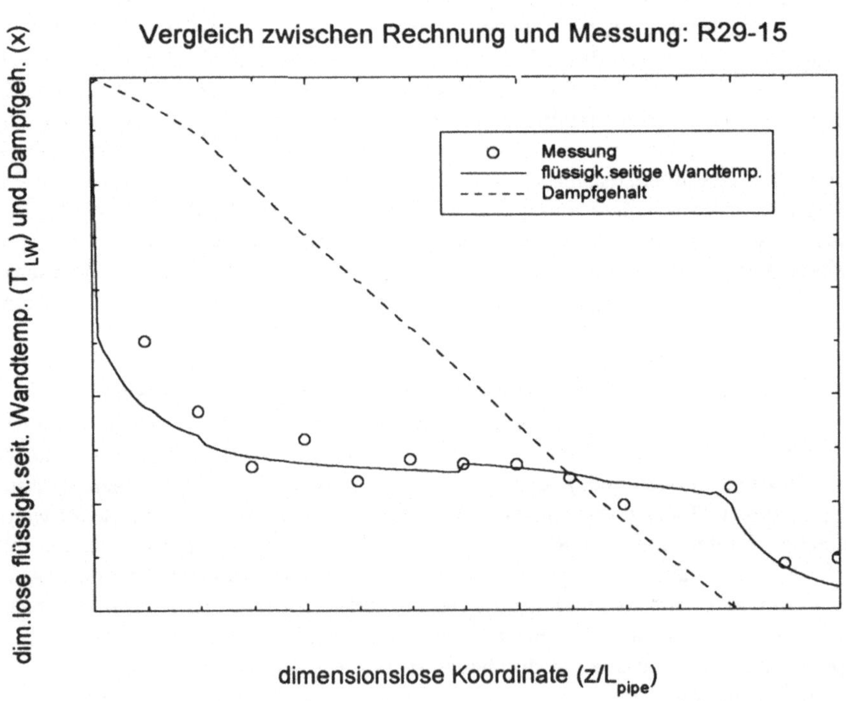

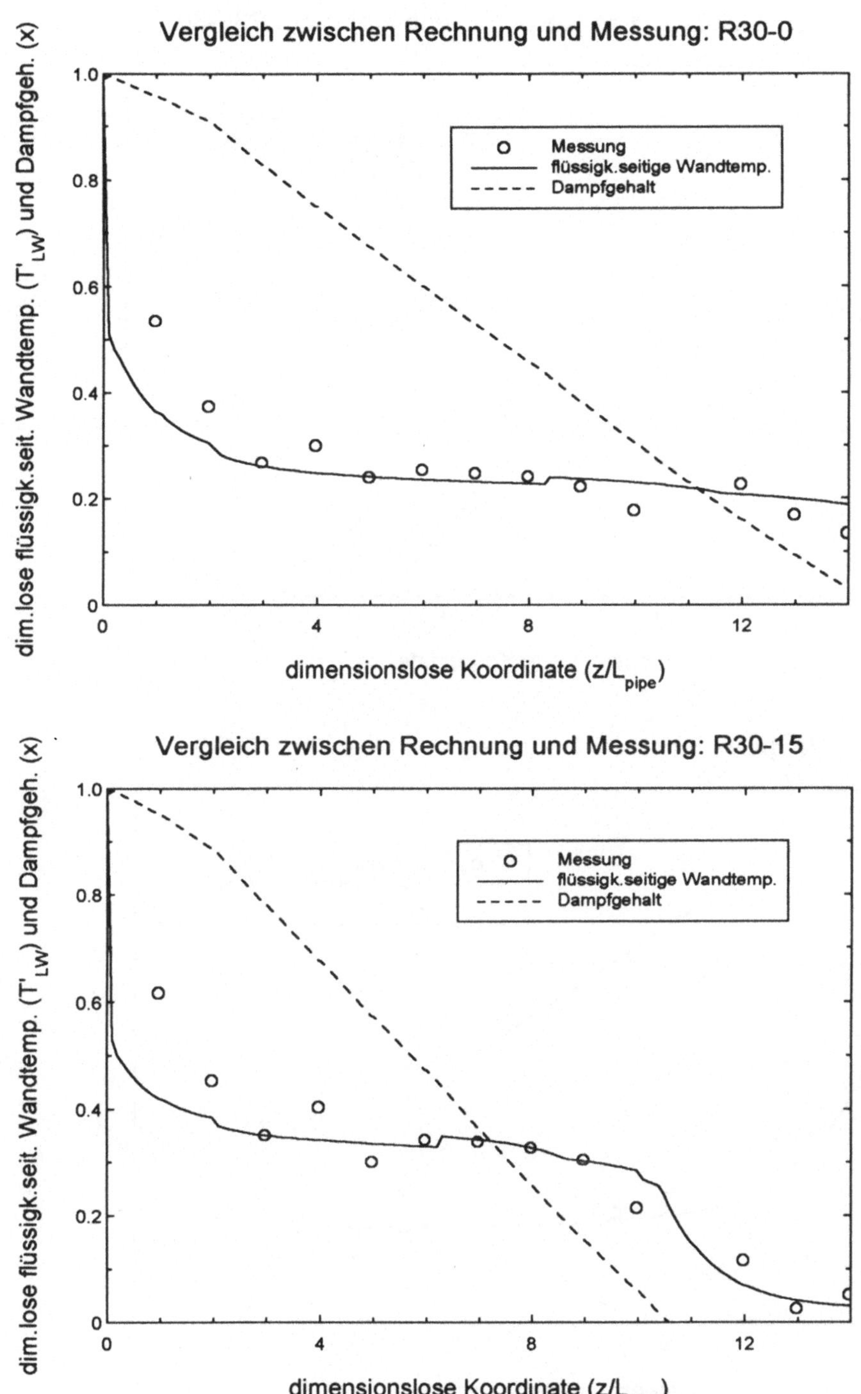

Vergleich zwischen Rechnung und Messung: R30-0
dim.lose flüssigk.seit. Wandtemp. (T'_LW) und Dampfgeh. (x)
1.0
0.8
0.6
0.4
0.2
0
o   Messung
flüssigk.seitige Wandtemp.
Dampfgehalt
0   4   8   12
dimensionslose Koordinate (z/L_pipe)

Vergleich zwischen Rechnung und Messung: R30-15
dim.lose flüssigk.seit. Wandtemp. (T'_LW) und Dampfgeh. (x)
1.0
0.8
0.6
0.4
0.2
0
o   Messung
flüssigk.seitige Wandtemp.
Dampfgehalt
0   4   8   12
dimensionslose Koordinate (z/L_pipe)

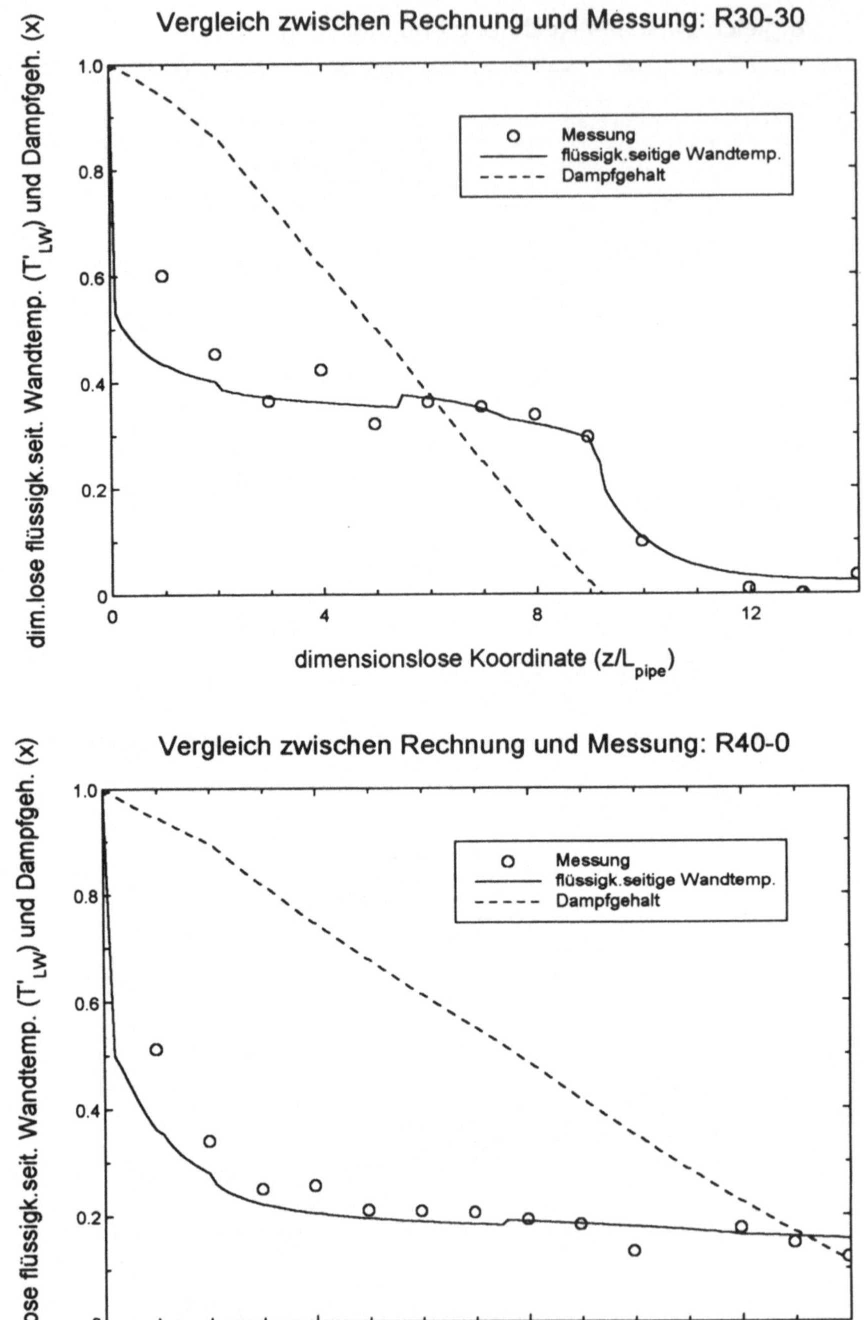

Vergleich zwischen Rechnung und Messung: R30-30
dim.lose flüssigk.seit. Wandtemp. (T'_LW) und Dampfgeh. (x)
1.0
0.8
0.6
0.4
0.2
0
Messung
flüssigk.seitige Wandtemp.
Dampfgehalt
0
4
8
12
dimensionslose Koordinate (z/L_pipe)
Vergleich zwischen Rechnung und Messung: R40-0
dim.lose flüssigk.seit. Wandtemp. (T'_LW) und Dampfgeh. (x)
1.0
0.8
0.6
0.4
0.2
0
Messung
flüssigk.seitige Wandtemp.
Dampfgehalt
0
4
8
12
dimensionslose Koordinate (z/L_pipe)

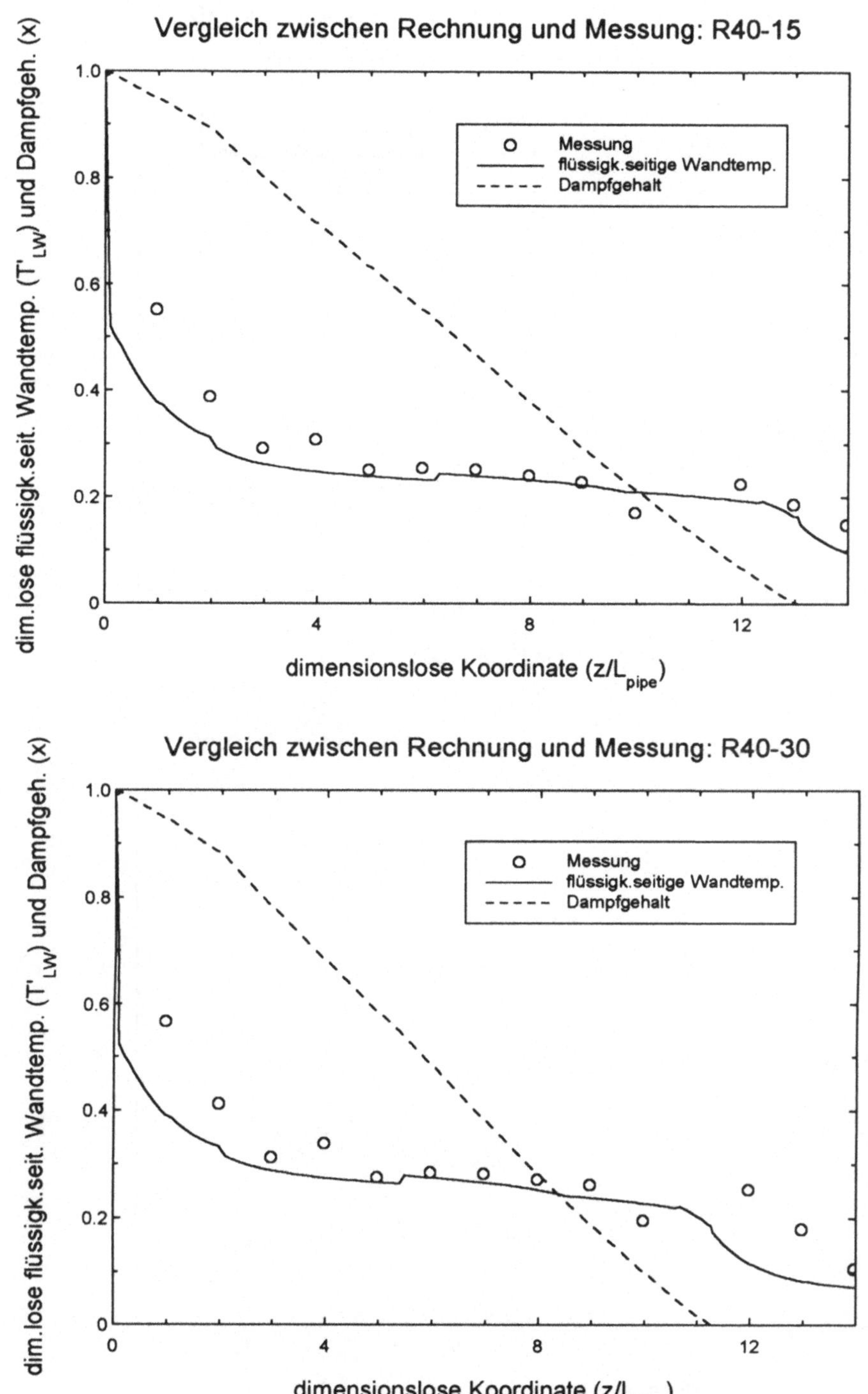

Vergleich zwischen Rechnung und Messung: R40-15
dim.lose flüssigk.seit. Wandtemp. (T'_LW) und Dampfgeh. (x)
1.0
0.8
0.6
0.4
0.2
0
o   Messung
flüssigk.seitige Wandtemp.
Dampfgehalt
0
4
8
12
dimensionslose Koordinate (z/L_pipe)
Vergleich zwischen Rechnung und Messung: R40-30
dim.lose flüssigk.seit. Wandtemp. (T'_LW) und Dampfgeh. (x)
1.0
0.8
0.6
0.4
0.2
0
o   Messung
flüssigk.seitige Wandtemp.
Dampfgehalt
0
4
8
12
dimensionslose Koordinate (z/L_pipe)

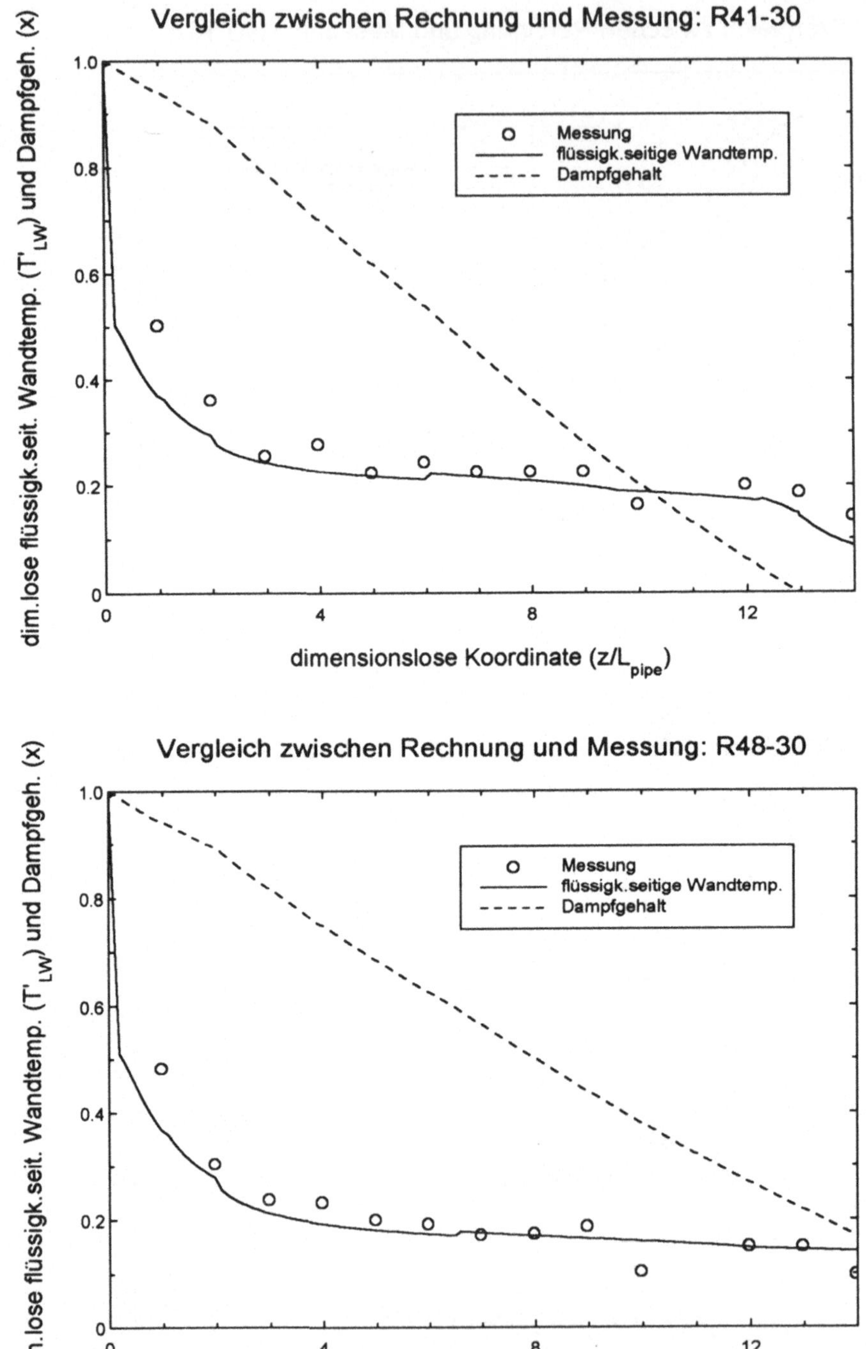

Vergleich zwischen Rechnung und Messung: R41-30
dim.lose flüssigk.seit. Wandtemp. (T'_LW) und Dampfgeh. (x)
1.0
0.8
0.6
0.4
0.2
0
o   Messung
flüssigk.seitige Wandtemp.
Dampfgehalt
0
4
8
12
dimensionslose Koordinate (z/L_pipe)
Vergleich zwischen Rechnung und Messung: R48-30
dim.lose flüssigk.seit. Wandtemp. (T'_LW) und Dampfgeh. (x)
1.0
0.8
0.6
0.4
0.2
0
o   Messung
flüssigk.seitige Wandtemp.
Dampfgehalt
0
4
8
12
dimensionslose Koordinate (z/L_pipe)

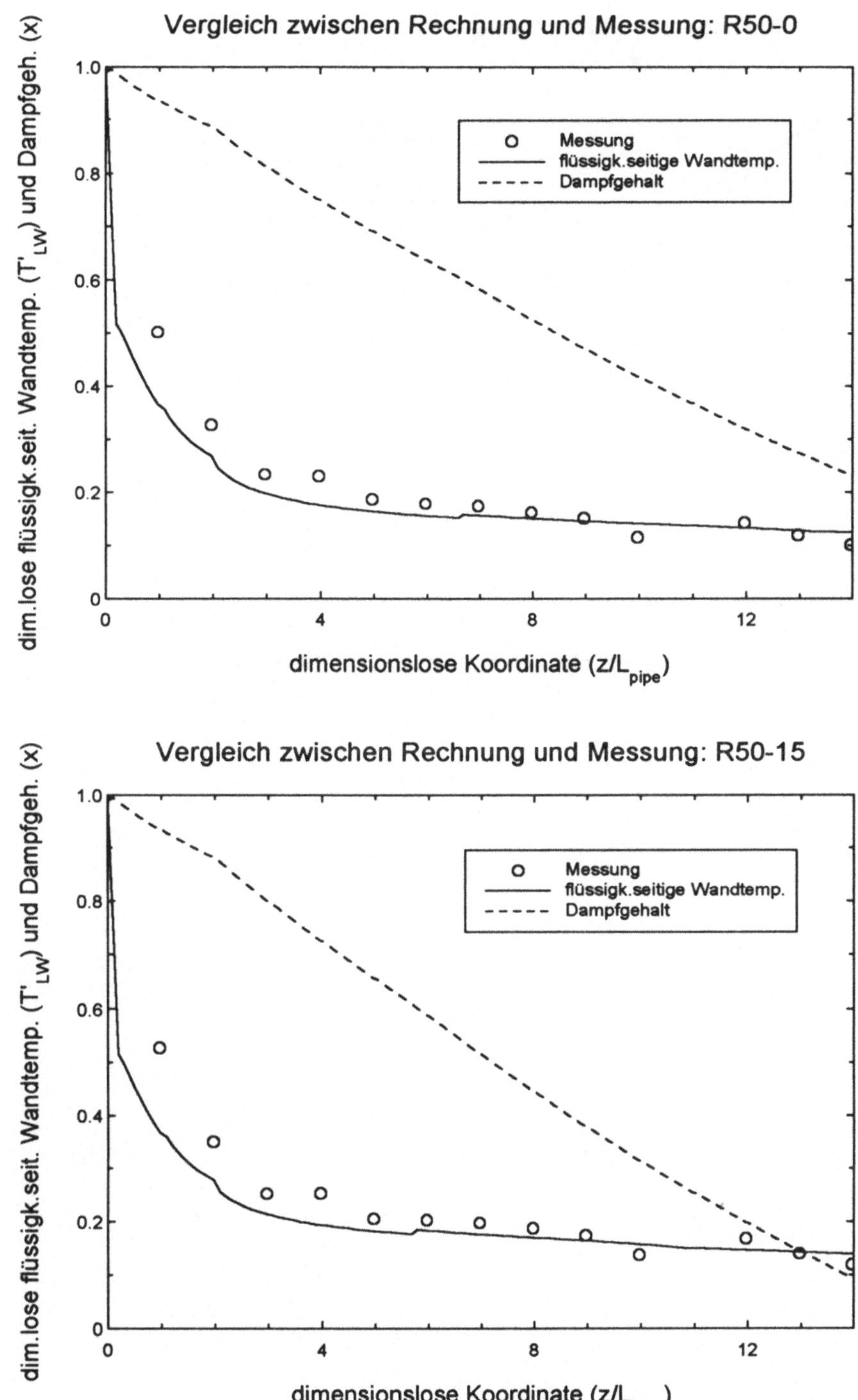

Vergleich zwischen Rechnung und Messung: R50-0
dim.lose flüssigk.seit. Wandtemp. (T'_LW) und Dampfgeh. (x)
dimensionslose Koordinate (z/L_pipe)
Messung
flüssigk.seitige Wandtemp.
Dampfgehalt
Vergleich zwischen Rechnung und Messung: R50-15
dim.lose flüssigk.seit. Wandtemp. (T'_LW) und Dampfgeh. (x)
dimensionslose Koordinate (z/L_pipe)
Messung
flüssigk.seitige Wandtemp.
Dampfgehalt

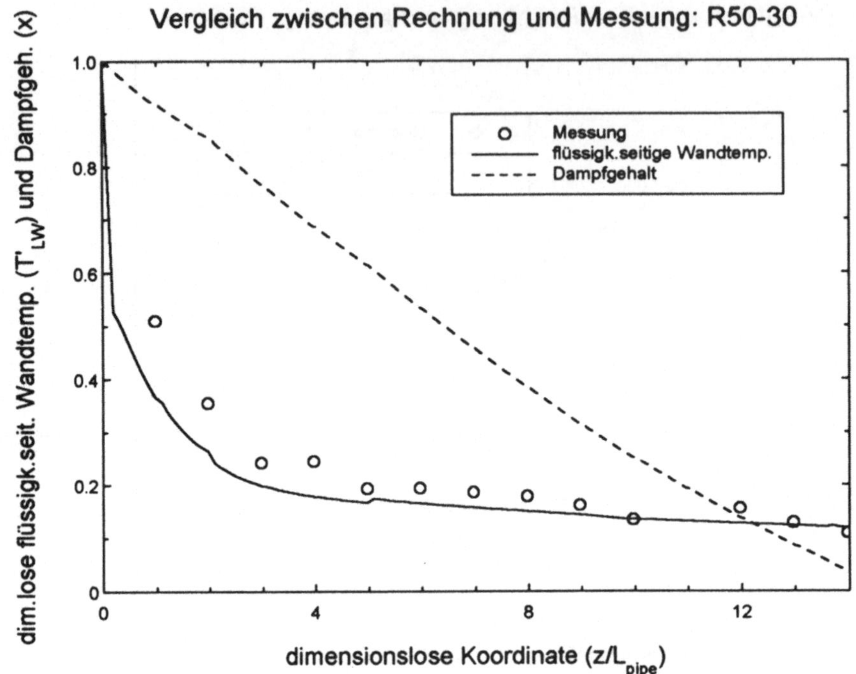

Vergleich zwischen Rechnung und Messung: R50-30
dim.lose flüssigk.seit. Wandtemp. (T'LW) und Dampfgeh. (x)
1.0
0.8
0.6
0.4
0.2
0
Messung
flüssigk.seitige Wandtemp.
Dampfgehalt
0
4
8
12
dimensionslose Koordinate (z/Lpipe)

Literaturverzeichnis

Abolfadl, M., und Wallis, G. B.: An improved mixing-length model for annular two-phase flow with liquid entrainment. Nuclear Engineering and Design, 1986, Vol. 95, S. 233-241.

Ackermann, G.: Wärmeübertragung und molekulare Stoffübertragung im gleichen Feld bei großen Temperatur- und Partialdruckdifferenzen. VDI-Forschungsheft Nr. 382, VDI-Verlag, Düsseldorf, 1937.

Akiyama, M.: Bubble Collapse in Subcooled Boiling. Bulletin of the JSME, 1973, 16, 93, S. 530-575.

Alefeld, G., und Radermacher, R.: Heat conversion systems. CRC Press, Boca Raton, 1994.

Althouse, A. D., Turnquist, C. H., und Bracciano, A. F.: Modern Refrigeration and Air Conditioning. Goodheart-Willcox, South Holland, 1992.

Ambrosini, W., Andreussi, P., und Azzopardi, B. J.: A Physically Based Correlation for Drop Size in Annular Flow. Int. J. Multiphase Flow, 1991, Vol. 17, Nr. 4, S. 497-507.

Andreussi, P., Azzopardi, B. J., und Hanratty, T. J.: Special issue on two-phase annular and dispersd flows, Physico Chemical Hydrodynamics, 1985, Vol. 6.

Andreussi, P., und Bendiksen, K.: An Investigation of Void Fraction in Liquid Slugs for Horizontal and Inclined Gas-Liquid Pipe Flow. Int. J. Multiphase Flow, 1989, Vol. 15, Nr. 6, S. 937-946.

Andritsos, N., und Hanratty, T. J.: Influence of Interfacial Waves in Stratified Gas-Liquid Flows. A.I.Ch.E. J., 1987, Vol. 33, S. 444-454.

Andritsos, P.: Effect of Pipe Diameter and Liquid Viscosity on Horizontal Stratified Flow. Ph.D. Thesis, Univ. Illinois, Urbana, 1986.

Arnold, J. H.: Studies in diffusion, II. A kinetic theory of diffusion in liquid systems. J. American Chemical Society, Oct. 1930, S. 3937-3955.

Aziz, K., Gregory, G. A., und Nicholson, M.: Some Observations on the Motion of Elongated Bubbles in Horizontal Pipes. Canadian J. Chemical Engineering, 1974, Vol. 52, S. 695-702.

Azzopardi, B. J.: Special issue on annular and dispersed flows, Int. J. Multiphase Flow, 1989, Vol. 15.

Azzopardi, B. J.: The role of drops in annular gas-liquid flow: drop sizes and velocities. Jap. J. Multiphase Flow, 1988, Vol. 2, S. 15-35.

Bae, S., Maulbetsch, J. S., und Rohsenow, W. M.: Refrigerant Forced Convection Condensation inside Horizontal Tubes. ASHRAE Trans., 1971.

Baehr, H. D., Stephan, K.: Wärme- und Stoffübertragung. Springer, Berlin, 1994.

Banerjee, S., Rhodes, E., und Scott, D. S.: Mass Transfer to falling wavy liquid films in turbulent flow. Ind. Engng. Chem. Fundam., 1968, Vol. 7, S. 22-27.

Banerjee, S.: A Surface Renewal Model for Interfacial Heat and Mass Transfer in Transient Two-Phase Flow. Int. J. Multiphase Flow, 1978, Vol. 4, S. 571-573.

Banerjee, S.: Turbulence/Interface Interactions. In: Hewitt, G. F., Mayinger, F., und Riznic, J. R. (Ed.): Phase-Interface Phenomena in Multiphase Flow, Proceedings of the International Centre of Heat and Mass Transfer, Hemisphere, New York, 1991, S. 3-19.

Bankoff, S. G., Tankin, R. S., und Yuen, M. C.: Steam-Water Mixing Studies. The Sixth Int. Light-Water Reactor Savety Information Meeting, NRC, Gaithersburg, 1978.

Bankoff, S. G.: A variable density single-fluid model for two-phase flow with particular reference to steam-water-flow. J. Heat Transfer, Trans ASME, Ser. C, 1960, Vol. 82, S. 265-276.

Barnea, D., und Brauner, N.: Holdup of the liquid slug in two-phase intermittent flow. Int. J. Multiphase Flow, 1985, Vol. 11, S. 43-49.

Barnea, D., und Taitel, Y.: Kelvin-Helmholtz stability criteria for stratified flow: viscous versus non-viscous (inviscid) approaches. Int. J. Multiphase Flow, 1993, Vol. 19, S. 639-649.

Batchelor, G. K.: The Theory of Homogeneous Turbulence. Cambridge University Press, London, 1967.

Bejan, A.: Advanced Engineering Thermodynamics. Wiley, New York, 1988.

Bendiksen, K. H.: An experimental investigation of the motion of long bubbles in inclined tubes. Int. J. Multiphase Flow, 1984, Vol. 10, S. 467-483.

Benjamin, T. B.: Gravity currents and related phenomena. J. Fluid Mechanics, 1968, Vol. 31, S. 209-248.

Bennet, D. L., und Chen, J. C.: Forced Convection Boiling in Vertical Tubes for Saturated Pure Components and Binary Mixtures. A.I.Ch.E. J., 1980, Vol. 26, S. 454-461.

Bird, R. B., Stewart, W. E., und Lightfoot, E. N.: Transport Phenomena. Wiley, New York, 1960.

Bornhorst, W. J., und Hatsopoulos, G. N.: Bubble-Growth Calculation Without Neglect of Interfacial Discontinuities. J. Applied Mechanics, Trans ASME, Dec. 1967, S. 847-853.

Bosnjakovic, F.: Technische Thermodynamik, Bd. 2. Steinkopff-Verlag, Dresden u. Leipzig, 1937.

Breber, G., Palen, J. W., und Taborek, J.: Prediction of Horizontal Tubeside Condensation of Pure Components Using Flow Regime Criteria. J. Heat Transfer, 1980, Vol. 102, S. 471-476.

Brown, J. S.: Vapor Condensation on Turbulent Liquid. Ph.D. Thesis, Massachusetts Institute of Technology, Cambridge, 1991.

Bundesminister für Umwelt, Naturschutz und Reaktorsicherheit (Ed.): Zweiter Bericht der Bundesregierung an den Deutschen Bundestag über die Maßnahmen zum Schutz der Ozonschicht. Eine Information des Bundesumweltministeriums, Drucksache 12/3846, Bonn, 26. Nov. 92.

Butterworth, D.: Air-Water Annular Flow in a Horizontal Tube. Int. Symp. on Research in Co-current Gas-Liquid Flow, University of Waterloo, Ontario, 1968.

Butterworth, D.: Condensation of vapor mixtures. In: Schlünder, E. U., et al. (Ed.): Heat Exchanger Design Handbook. Hemisphere Publishing Corporation, Washington, 1984, Vol. 2, S. 2.6.3-5 - 2.6.3-6.

Butterworth, D.: Note on fully-developed, horizontal, annular two-phase flow. Chemical Engineering Science, 1969, Vol. 24, S. 1832-1834.

Callen, H. B.: Thermodynamics and an Introduction to Thermostatistics. Wiley, New York, 1985.

Carrington, C. G., und Sun, Z. F.: Second law analysis of combined heat and mass transfer phenomena. Int. J. Heat and Mass Transfer, 1991, Vol. 34, Nr. 11, S. 2767-2773.

Carslaw, H. S., und Jaeger, J. C.: Conduction of Heat in Solids. Clarendon Press, Oxford, 1990.

Chawla, J. M.: Druckverlust in durchströmten Verdampferrohren. VDI-Wärmeatlas, VDI-Verlag, Düsseldorf, 1988, S. Lg2.

Chen, J. C.: Correlation for boiling heat transfer to saturated fluids in convective flow. I&EC Proc Des Dev, 1966, Vol. 5, S. 322-329.

Cheremisinoff, N. P., und Davis, E. J.: Stratified Turbulent-Turbulent Gas-Liquid Flow. A.I.Ch.E. J., 1979, Vol. 25, S. 48-56.

Chun, J.-H., Shimko, M. A., und Sonin, A. A.: Vapor condensation onto a turbulent liquid-II. Condensation burst instability at high turbulence intensities. Int. J. Heat and Mass Transfer, 1986, Vol. 29, Nr. 9, S. 1333-1338.

Colebrook, C. F., und White, C. M.: The reduction of carrying capacity of pipes with age. J. Inst. Civ. Eng., London, 1937/38, Paper Nr. 5137, S. 99-118.

Colin, C., Fabre, J., und Dukler, A. E.: Gas-Liquid Flow at Microgravity Conditions - I Dispersed Bubble and Slug Flow. Int. J. Multiphase Flow, 1991, Vol. 17, Nr. 4, S. 533-544.

Collier, J. G.: Convective Boiling and Condensation. McGraw-Hill, New York, 2nd ed., 1981. Zwischenzeitlich erschienen als: Collier, J. G., und Thome, J. R.: Convective Boiling and Condensation. Clarendon Oxford University Press, Oxford, 3rd ed., 1994.

Crowe, K. E., und Griffith, P.: Intermittent flow dryout limit in heated horizontal pipes. Int. J. Multiphase Flow, 1993, Vol. 19, S. 575-588.

Dallman, J. C., Laurinat, J. E., und Hanratty, T. J.: Entrainment for horizontal annular gas liquid flow. Int. J. Multiphase Flow, 1984, Vol. 10, S. 677-690.

Danckwerts, P. V.: Significance of liquid-film coefficients in gas absorption. Ind. Engng. Chem., 1951, Vol. 43, S. 1460-1467.

Davies, J. T.: Turbulence Phenomena. Academic Press, New York, 1972.

Delmas, H., und Angelino, H.: Vapor Bubble Collapse - The Influence of the Initial Radius and of Subcooling. Chemical Engineering Science, 1977, Vol. 32, S. 723-727.

Dienel, H. L.: Kältetechnik an Technischen Hochschulen, Teil 1: Die Dresdener Schule der Thermodynamik und Kältetechnik. Ki Klima-Kälte-Heizung, 1993, Vol. 21, Nr. 6, S. 233-237.

Dimic, M.: Collapse of One-Component Vapor Bubbles with Translatory Motion. Int. J. Heat and Mass Transfer, 1977, Vol. 20, S. 1322-1325.

Dukler, A. E., und Fabre, J.: Gas-liquid slug flow, knots and loose ends. Third International Workshop on Two-Phase Flow Fundamentals, Imperial College London, June 15-19, 1992.

Dukler, A. E., und Hubbard, M. G.: A Model for Gas-Liquid Slug Flow in Horizontal and Near Horizontal Tubes. Ind. Eng. Chem., Fundam., 1975, Vol. 14, Nr. 4, S. 337-347.

Dukler, A. E., Moalem Maron, D., und Brauner, N.: A physical model for predicting the minimum stable slug length. Chemical Engineering Science, 1985, Vol. 40, Nr. 8, S. 1379-1385.

Durst, F., und Beer, H.: Blasenbildung an Düsen bei Gasdispersionen in Flüssigkeiten. Chemie-Ingenieur-Technik, 1969, Vol. 41, S. 1000-1006.

Edwards, D. K., Denny, V. E., und Mills, A. F.: Transfer Processes. McGraw-Hill, New York, 1979.

Engeln-Müllges, G., und Reutter, F.: Formelsammlung zur Numerischen Mathematik mit Turbo-Pascal Programmen. BI Wissenschaftsverlag, Mannheim, 1987.

Fabre, J., und Liné, A.: Modelling of two phase slug flow. Annu. Rev. Fluid Mech, 1992, Vol. 24, S. 21-46.

Falk, G., und Ruppel, W.: Energie und Entropie. Springer, Berlin, 1976.

Fan, Z., Ruder, Z., und Hanratty, T. L.: Pressure profiles for slugs in horizontal pipelines. Int. J. Multiphase Flow, 1993, Vol. 19, S. 421-437.

Farlow, S. L.: Partial Differential Equations for Scientists and Engineers. John Wiley & Sons, New York, 1982.

Fernandes, R. C.: Experimental and theoretical studies of isothermal upward gas-liquid flows in vertical tubes. Ph.D. Thesis, University of Houston, 1981.

Ferré, D.: Ecoulements diphasiques à poches en conduite horizontale. Rev. Inst. Fr. Pét., 1979, Vol. 34, S. 113-142.

Fisher, S. A., und Pearce, D. L.: A Theoretical Model for Describing Horizontal Annular Flows. Interface Transport in Liquid Films. Central Electricity Research Laboratories, Leatherhead, England, 1979.

Florschuetz, L. W., und Chao, B. T.: On the Mechanics of Bubble Collapse. J. Heat Transfer, 1965, Vol. 87, S. 209-220.

Fortescue, G. E., und Pearson, J. R.: On gas absorption into a turbulent liquid. Chem. Engng. Sci., 1967, Vol. 22, S. 1163-1176.

Frössling, N.: Gerlands Beiträge zur Geophysik, 1938, Vol. 52, S. 170.

Fukano, T., und Ousaka, A.: Prediction of the Circumferential Distribution of Film Thickness in Horizontal and Near-Horizontal Gas-Liquid Annular Flows. Int. J. Multiphase Flow, 1989, Vol. 15, Nr. 3, S. 403-419.

Fullarton, D., und Schlünder, E. U.: Filmkondensation von Gemischen ohne und mit Inertgasen. VDI-Wärmeatlas, VDI-Verlag, Düsseldorf, 1988, Jb.

Gnielinski, V: New Equations for Heat and Mass Transfer in Turbulent Pipe and Channel Flow. Int. Chem. Eng., 1976, Vol. 16, S. 359-368.

Gosney, W. B.: Principles of Refrigeration. Cambridge University Press, Cambridge, 1982, S. 401-473.

Gregory, G. A., und Scott, D. S.: Correlation of Liquid Slug Velocity and Frequency in Horizontal Cocurrent Gas-Liquid Slug Flow. A.I.Ch.E. J., 1969, Vol. 15, Nr. 6, S. 933-935.

Gregory, G. A., Nicholson, M. K., und Aziz, K.: Correlation of the liquid volume fraction in the slug for horizontal gas-liquid slug flow. Int. J. Multiphase Flow, 1978, Vol. 4, S. 33-39.

Greskovich, E. J., und Shrier, A. L.: Slug Frequency in Horizontal Gas-Liquid Slug Flow. Ind. Eng. Chem., Process Des. Develop., 1972, Vol. 11, Nr. 2, S. 317-318.

Griffith, P., und Wallis, G.B.: Two-phase slug flow. J. Heat Transfer, 1961, Vol. 83, S. 307-320.

Griffith, P.: Two-Phase Flow. In: Rohsenow, W. M., Hartnett, J. P., und Ganic, E. N. (Ed.): Handbook of Heat Transfer Fundamentals. McGraw-Hill, New York, 1985.

Grossman, G., und Heath, M. T.: Simultaneous heat and mass transfer in absorption of gases in turbulent liquid films. Int. J. Heat and Mass Transfer, 1984, Vol. 24, S. 2365-2376.

Gyftopoulos, E. P., und Beretta, G. P.: Thermodynamics: Foundations and Applications. Macmillan, New York, 1991.

Hammerton, D., und Garner, F. H.: Gas Absorption from Single Bubbles. Trans. Instn. Chem. Engrs., 1954, Vol. 32, S. S18-24.

Hancox, W. T., und Nicoll, W. B.: A general technique for the prediction of void distributions in non-steady two-phase forced convection. Int. J. Heat and Mass Transfer, 1971, Vol.14, S. 1377-1394.

Hanratty, T. J., und McCready, M.J.: Phenomenological understanding of gas-liquid separated flows. Third International Workshop on Two-Phase Flow Fundamentals, Imperial College London, June 15-19, 1992.

Hanratty, T. J.: Gas-Liquid Flow in Pipelines. PCH PhysicoChemical Hydrodynamics, 1987, Vol. 9, Nr. 1-2, S. 101-114.

Hanratty, T. J.: Turbulent exchange of mass and momentum with a boundary. A.I.Ch.E. J., 1956, Vol. 2, S. 359-362.

Hashimoto, H., und Kawano, S.: Mass transfer around a moving encapsulated drop. Int. J. Multiphase Flow, 1993, Vol. 19, S. 213-228.

Henstock, W. H., und Hanratty, T. J.: Gas Absorption by a Liquid Layer Flowing on the wall of a Pipe. A.I.Ch.E. J., 1979, Vol. 25, S. 122-131.

Henstock, W. H., und Hanratty, T. J.: The Interfacial Drag and the Heigth of the Wall Layer in Annular Flows. A.I.Ch.E. J., 1976, Vol. 22, S. 990-1000.

Higbie, R.: The rate of absorption of a pure gas into a still liquid during short periods of exposure. Trans. A.I.Ch.E., 1935, Vol. 31, S. 365-388.

Hinze, J. O.: Fundamentals of the Hydrodynamic Mechanism of Splitting in Dispersion Processes, A.I.Ch.E. J., 1955, Vol. 1, Nr. 3, S. 289-295.

Hinze, J. O.: Turbulence. McGraw-Hill, New York, 2nd ed., 1975.

Hughes, E. D., und Duffey, R. B.: Direct Contact Condensation and Momentum Transfer in Turbulent Separated Flows. Int. J. Multiphase Flow, 1991, Vol. 17, Nr. 5, S. 599-619.

Hughmark, G. A.: Film thickness, entrainment, and pressure drop in an upward annular and dispersed flow. A.I.Ch.E. J., 1973, Vol. 19, S. 1021-1056.

Hutchinson, P., und Whalley, P. B.: A possible characterization of entrainment in annular flow. Chem. Eng. Sci., 1973, Vol. 28, S. 974-975.

Ishii, M., und Mishima, K.: Two-fluid model and analysis of interfacial area. May 31, 1980, ANL/RAS/LWR 80-3, Reactor Analysis and Savety Division, Argonne National Laboratory, 9700 South Cass Avenue, Argonne, Illinois 60439, USA.

Jischa, M.: Konvektiver Impuls-, Wärme- und Stoffaustausch. Vieweg, Braunschweig, 1982.

Johannessen, T.: A theoretical solution of the Lockhart and Martinelli flow model for calculating two-phase flow pressure and hold-up. Int. J. Heat and Mass Transfer, 1972, Vol. 15, S. 1443-1449.

Johnson, A. I., Besik, F., und Hamielec, A. E.: Mass Transfer from a Single Rising Bubble. Canadian J. Chemical Engineering, 1969, Vol. 47, S. 559-564.

Jung, D. S., McLinden, M., Radermacher, R., und Didion, D.: Horizontal flow boiling heat transfer experiments with a mixture of R22/R114. Int. J. Heat and Mass Transfer, 1989, Vol. 32, S. 131-145.

Jung, D. S., und Radermacher, R.: Prediction of evaporation heat transfer coefficient and pressure drop of refrigerant mixtures in horizontal tubes. Int. J. Refrig., 1993, Vol. 16, S. 201-209.

Jung, D. S., und Radermacher, R.: Prediction of evaporation heat transfer coefficient and pressure drop of refrigerant mixtures. Int. J. Refrig., 1993, Vol. 16, S. 330-338.

Kang, H. C., und Kim, M. H.: The relation between the interfacial shear stress and the wave motion in a Stratified flow. Int. J. Multiphase Flow, 1993, Vol. 19, S. 35-49.

Kelly, J. E., und Kazimi, M. S.: Development of the Two-Fluid Multi Dimensional Code THERMIT for LWR Analysis. A.I.Ch.E. Symposium Series, 1980, Nr. 199, Vol. 76, S. 149-162.

Kitaigorodskii, S. A., und Donelan, M. A.: Wind-wave effects on gas transfer. In: Brutsaert, W., und Jirka, G. H. (Ed.): Gas Transfer at Air-Water Surfaces. Reidel/North-Holland, Amsterdam, 1984, S. 147-170.

Kocamustafaogullari, G., und Wang, Z.: An Experimental Study on Local Interfacial Parameters in a Horizontal Bubbly Two-Phase Flow. Int. J. Multiphase Flow, 1991, Vol. 17, Nr. 5, S. 553-572.

Köhler, J., und Lienhard V, J. H.: Modellierung von Wärme- und Stoffübergangsprozessen an Dampf-Flüssigkeits-Phasengrenzflächen. DKV-Tagungsbericht, 21. Jahrgang, 1994, Bonn, Band II/1, S. 133-148.

Komori, S., und Ueda, H.: Turbulence structure and transport mechanism at the free surface in an open channel flow. Int. J. Heat and Mass Transfer, 1982, Vol. 25, Nr. 4, S. 513-521.

Kou-Shing Liang: Experimental and Analytical Study of Direct Contact Condensation of Steam in Water. Ph.D. Thesis, Massachusetts Institute of Technology, Cambridge, 1991.

Lamont, J. C., und Scott, D. S.: An eddy cell model of mass transfer into the surface of a turbulent liquid. A.I.Ch.E. J., 1970, Vol. 16, S. 513-519.

Lamont, J. C., und Scott, D. S.: Mass transfer from bubbles in cocurrent flow. Canadian J. Chemical Engineering, 1966, Vol. 44, S. 201-208.

Lamont, J. C.: Gas absorption in cocurrent turbulent bubble flow. Ph.D. Thesis, University of British Columbia, 1966.

Laufer, J.: The Structure of Turbulence in a Fully Developed Pipe Flow. NACA Rep. 1174, 1954.

Laurinat, J. E., Hanratty, T. J., und Dallman, J. C.: Pressure drop and film height measurements for annular gas-liquid flow. Int. J. Multiphase Flow, 1984, Vol. 10, S. 341-356.

Laurinat, J. E., Hanratty, T. J., und Jepson, W. P.: Film Thickness Distribution for Gas-Liquid Annular Flow in a Horizontal Pipe. PCH PhysicoChemical Hydrodynamics, 1985, Vol. 6, Nr. 1/2, S. 179-195.

Lee, G. Y., und Gill, W. N.: A note on velocity and eddy viscosity distributions in turbulent shear flows with the free surfaces. Chem. Eng. Sci., 1977, Vol. 32, S. 967-979.

Levich, V. G.: Physiochemical Hydrodynamics. Prentice-Hall, Englewood Cliffs, 1962.

Levy, S.: Stream slip - theoretical prediction from momentum model. J. Heat Transfer, 1960, S. 113-123.

Lewis, W. K., und Whitman, W. G.: Principles of gas absorption. Ind. Engng. Chem., 1924, Vol. 16, S. 1215-1220.

Lienhard, J. H.: A Heat Transfer Textbook. Prentice-Hall, Englewood Cliffs, 1987.

Liu, Z., und Winterton, R. H. S.: A general correlation for saturated and subcooled flow boiling in tubes and annuli, based on a nucleate pool boiling equation. Int. J. Heat and Mass Transfer, 1991, Vol. 34, Nr. 11, S. 2759-2766.

Lockhart, R. W., und Martinelli, R. C.: Proposed Correlation of Data for Isothermal Two-Phase Two-Component Flow in Pipes. Chem. Eng. Prog., 1947, Vol. 45, S. 39.

Luninski, Y., Barnea, D., und Taitel, Y.: Film Thickness in Horizontal Annular Flow. Canadian J. Chemical Engineering, 1983, Vol. 61, S. 621-626.

Luninski, Y.: Two-Phase Flow in Small Diameter Lines-Flow Patterns Pressure Drop. M.S. Thesis, School of Engineering, Univ. of Tel-Aviv, 1981.

Malnes, D.: Slug flow in vertical, horizontal and inclined pipes. Report IFE/KR/E-83/002 V, Inst. for Energy Technology, Kjeller, Norway, 1982.

Marchaterre, J. F., und Hoglund, B. M.: Correlation for two-phase flow. Nucleonics, 1962, Vol. 20, S. 142.

Martin, G. Q., und Johanson, L. N.: Turbulence characteristics of liquids in pipe flow. A.I.Ch.E. J., 1965, Vol. 11, S. 29-33.

Mayinger F.: Strömungen und Wärmeübergang in Gas-Flüssigkeits-Gemischen. Springer, Wien, 1982.

McCready, M. H., Vassiliadou, E., und Hanratty, T. J.: Computer simulation of turbulent mass transfer at a mobile interface. A.I.Ch.E. J., 1986, Vol. 32, S. 1108-1115.

McQuiston, F. C.: Finned tube heat exchangers: state of the art for the air side. ASHRAE Trans, CH-81-16 Nr. 2, 1981, Vol. 87, Part I, S. 1077-1085.

Melber, A.: Experimentelle und theoretische Untersuchungen über den Druckabfall von Zweiphasenströmungen in beliebig geneigten Rohren. Dissertation, TH Darmstadt, 1989.

Melin, P. (Ed.): The Behaviour of HFC-134a, HFC-152a and HCFC-22 in Evaporators. Annex 17. Report Nr. HPP-AN17-1, IEA Heat Pump Centre, Sittard, The Netherlands, 1994.

Mills, A. F., und Chung, D. K.: Heat transfer across turbulent falling films. Int. J. Heat and Mass Transfer, 1973, Vol. 16, S. 694-696.

Mishima, K., und Ishii, M.: Theoretical prediction of onset of horizontal slug flow. J. Fluids Engineering., 1980, Vol. 102, S. 441-445.

Moalem Maron, D., Yacoub, N., und Brauner, N.: New Thoughts on the Mechanism of Gas-Liquid Slug Flow. Letters in Heat and Mass Transfer, 1982, Vol. 9, S. 333-342.

Moalem Maron, D., Yacoub, N., Brauner, N., und Naot, D.: Hydrodynamic mechanisms in the horizontal slug pattern. Int. J. Multiphase Flow, 1991, Vol. 17, Nr. 2, S. 227-245.

Moalem, D., und Sideman, S.: The Effect of Motion on Bubble Collapse. Int. J. Heat and Mass Transfer, 1973, Vol. 16, S. 2321-2329.

Moissis, R., und Griffith, P.: Entrance effects in a two-phase slug flow. J. Heat Transfer, 1962, Vol. 84, S. 29-39.

Moissis, R.: The transition from slug to homogeneous two-phase flows. J. Heat Transfer, 1963, Vol. 85, S. 366-370.

Murata, A., Hihara, E., und Saito, T.: Prediction of heat transfer by direct contact condensation at a steam-subcooled water interface. Int. J. Heat and Mass Transfer, 1992, Vol. 35, S. 101-109.

Murata, K., und Hashizume, K.: Forced Convective Boiling of Nonazeotropic Refrigerant Mixtures Inside Tubes. J. Heat Transfer, Trans ASME, 1993, Vol. 115, S. 680-689.

Murdock, J. W.: An Investigation of High Velocity Flashing Flow in a Straight Tube. Ph.D. Thesis, Massachusetts Institute of Technology, Cambridge, 1967.

Nabizadeh-Araghi, H.: Modellgesetze und Parameteruntersuchungen für den volumetrischen Dampfgehalt in einer Zweiphasenströmung. Dissertation, Universität Hannover, 1977.

Nicholson, M. K., Aziz, K., und Gregory, G. A.: Intermittent Two Phase Flow in Horizontal Pipes: Predictive Models. Canadian J. Chemical Engineering, 1978, Vol. 56, S. 653-663.

Nicklin, D. J., Wilkes, J. O., und Davidson, J. F.: Two phase flow in vertical tubes. Trans. Inst. Chem. Engs., 1962, Vol. 40, S. 61-68.

Niebergall, W.: Sorptions-Kältemaschinen. Handbuch der Kältetechnik, Bd. 7, Springer-Verlag, Berlin, 1959, Reprint 1981.

Nikuradse, J.: Gesetzmässigkeiten der turbulenten Strömung in glatten Rohren. Forschg. Arb. Ing.-Wes., 1932, Nr. 356.

Nydal, O. J., Pintus, S., und Andreussi, P.: Statistical Characterization of Slug Flow in Horizontal Pipes. Int. J. Multiphase Flow, 1992, Vol. 18, Nr. 3, S. 439-453.

Oliver, D. R., und Wright, S. J.: Pressure drop and heat transfer in gas-liquid slug flow in horizontal tubes. British Chemical Engineering, 1964, Vol. 9, Nr. 9., S. 590-596.

Panton, R. L.: Incompressible Flow. Wiley, New York, 1984.

Paras, S. V., und Karabelas, A. J.: Droplet Entrainment and Deposition in Horizontal Annular Flow. Int. J. Multiphase Flow, 1991, Vol. 17, Nr. 4, S. 455-468.

Perez-Blanco, H.: Conceptual design of a high-efficiency absorption cooling cycle. Int. J. Refrig., 1993, Vol. 16, S. 429-433.

Petukhov, B. S.: Heat Transfer and Friction in Turbulent Pipe Flow with Variable Physical Properties. In: Irvine, T. F., und Hartnett, J. P. (Ed.): Advances in Heat Transfer. 1970, Vol. 6, S. 503-564.

Plank R.: Handbuch der Kältetechnik, Band VI/B. Springer Verlag, Berlin, 1988.

Potter, M. C., und Foss, J. F.: Fluid Mechanics. Great Lakes Press, Okemos, 1982.

Prandtl, L.: Über die ausgebildete Turbulenz. Zeitschrift für angewandte Mathematik und Mechanik (ZAMM), 1925, Vol. 5, S. 136-139.

Prausnitz, J. M., Lichtenthaler, R. N., und Azevedo, E. G. de: Molecular Thermodynamics of Fluid-Phase Equilibria. Prentice-Hall, Englewood Cliffs, 1986.

Rashidi, M., Hetsroni, G., und Banerjee, S.: Mechanisms of heat and mass transport at gas-liquid interfaces. Int. J. Heat and Mass Transfer, 1991, Vol. 34, Nr. 7, S. 1799-1810.

Redlich, O., und Kister, A. T.: Algebraic representation of thermodynamic properties and the classification of solutions. Ind. Eng. Chem., 1948, Vol. 40, S. 345-348.

Reid, R. C., Prausnitz, J. M., und Poling, B. E.: The Poperties of Gases and Liquids. McGraw-Hill, New York, 1987.

Rohsenow, W. M.: Boiling. In: Rohsenow, W. M., Hartnett, J. P., und Ganic, E. N. (Ed.): Handbook of Heat Transfer Fundamentals. McGraw-Hill, New York, 1985.

Rohsenow, W. M.: Heat transfer and temperature distribution in laminar film condensation. Trans ASME, 1956, Vol. 78, S. 1645-1648.

Rosson, H. F., und Myers, J. A.: Point values of condensing film coefficients inside a horizontal tube. Heat Transfer-Cleveland, Chem. Engng. Prog. Symp. Series, Nr. 59, 1965, Vol. 61, S. 190-199.

Ruder, Z., Hanratty, P. J., und Hanratty, T. J.: Necessary Conditions for the Existence of Stable Slugs. Int. J. Multiphase Flow, 1989, Vol. 15, Nr. 2, S. 209-226.

Ruder, Z., und Hanratty, T. J.: A Definition of Gas-Liquid Plug Flow in Horizontal Pipes. Int. J. Multiphase Flow, 1990, Vol. 16, Nr. 2, S. 233-242.

Sadasivan, P., und Lienhard, J. H.: Sensible Heat Correction in Laminar Film Boiling and Condensation. J. Heat Transfer, 1987, Vol. 109.

Sardesai, R. G., Owen, R. G., und Pulling, D. J.: Flow Regimes for Condensation of a Vapour Inside a Horizontal Tube. Chemical Engineering Science, 1981, Vol. 36, S. 1173-1180.

Schlichting, H.: Grenzschicht-Theorie. Verlag G. Braun, Karlsruhe, 1982.

Schlünder, E. U.: Einführung in die Wärme- und Stoffübertragung. Vieweg, Braunschweig, 1972.

Schrage, R. W.: A Theoretical Study of Interphase Mass Transfer. Columbia University Press, New York, 1953.

Scriven, L. E.: On the dynamics of phase growth. Chemical Engineering Science, 1959, Vol. 10, S. 1-13.

Sevik, M., und Park, S. H.: The Splitting of Drops and Bubbles by Turbulent Fluid Flow. J. Fluids Engineering, Trans ASME, 1973, S. 53-60.

Smith, S. L.: Void Fraction in Two-Phase Flow: A Correlation Based Upon an Equal Velocity Model. Inst. of Mech. Engng., London, 1969-1970, Vol. 184, S. 647-657.

Sonin, A. A., Shimko, M. A., und Chun, J.-H.: Vapor condensation onto a turbulent liquid - I. The steady condensation rate as a function of liquid-side turbulence. Int. J. Heat and Mass Transfer, 1986, Vol. 29, Nr. 9, S. 1319-1332.

Sonnekalb, M.: Absorption von Ammoniak-Gas in einer wässrigen Ammoniaklösung im Absorber einer Absorptions-Kältemaschine. Diplomarbeit, Technische Hochschule Darmstadt, 1990.

Spedding, P. L., und Spence, D. R.: Flow regimes in two-phase gas-liquid flow. Int. J. Multiphase Flow, 1993, Vol. 19, S. 245-280.

Spurk, J. H.: Strömungslehre. Einführung in die Theorie der Strömungen. Springer-Verlag, Berlin, 1987 (zwischenzeitlich in der 3. Auflage 1993 erschienen).

Steen, D. A.: The onset of droplet entrainment in annular gas-liquid flow. M.S. Thesis, Dartmouth College, 1964.

Steiner, D.: Wärmeübertragung beim Sieden gesättigter Flüssigkeiten. VDI-Wärmeatlas, Düsseldorf, 1988, 5th ed., Kap. Hbb.

Stefan, J.: Über das Gleichgewicht und die Bewegung, insbesondere die Diffusion von Gasmengen. Sitzungsb. Akad. Wiss. Wien, 1871, Vol. 63, S. 63-124.

Stephan, K., und Mayinger, F.: Thermodynamik. Grundlagen und technische Anwendungen. Band 2: Mehrstoffsysteme und chemische Reaktionen. Springer, Berlin, 1988.

Stephan, K.: Wärmeübertragung beim Kondensieren und Sieden. Springer, Heidelberg, 1988.

Stralen, S. J. D. van: The growth rate of vapour bubbles in superheated pure liquids and binary mixtures. Part I + II, Int. J. Heat and Mass Transfer, 1968, Vol. 11, S. 1467-1512.

Taitel, Y., und Dukler, A. E.: A model for predicting flow regime transitions in horizontal and near horizontal gas-liquid flow. A.I.Ch.E. J., 1976, Vol. 22, Nr. 1, S. 47-55.

Taitel, Y., und Dukler, A. E.: A model for slug frequency during gas-liquid flow in horizontal and near horizontal pipes. Int. J. Multiphase Flow, 1977, Vol. 3, S. 585-596.

Taitel, Y., und Dukler, A. E.: Transient Gas-Liquid Flow in Horizontal Pipes: Modeling the Flow Pattern Transitions. A.I.Ch.E. J., 1978, Vol. 24, Nr. 5, S. 920-934.

Taitel, Y., und Barnea, D.: Two-phase slug flow. Adv. Heat Transfer, 1990, Vol. 20, S. 83-132.

Tandon, T. N., Varma, H. K., und Gupta, C. P.: A New Flow Regime Map for Condensation Inside Horizontal Tubes. J. Heat Transfer, 1982, Vol. 104, S. 763-768.

Tandon, T. N., Varma, H. K., und Gupta, C. P.: Prediction of Flow Patterns During Condensation of Binary Mixtures in a Horizontal Tube. J. Heat Transfer, 1985, Vol. 107, S. 424-430.

Tarnogrodzki, A.: Theoretical prediction of the critical Weber number. Int. J. Multiphase Flow, 1993, Vol. 19, S. 329-336.

Tennekes, H., und Lumely, J. L.: A First Course in Turbulence. MIT Press, Cambridge, 1972.

Theofanous, T., Biasi, L., Isbin, H. S., und Fauske, H.: A theoretical study on bubble growth in constant and time-dependent pressure fields. Chemical Engineering Science, 1969, Vol. 24, S. 885-897.

Theofanous, T. G., Hounze, R. N., und Brumfield, L. K.: Turbulent mass transfer at free, gas-liquid interfaces, with applications to open-channel, bubble and jet flows. Int. J. Heat and Mass Transfer, 1976, Vol. 19, S. 613-624.

Theofanous, T. G.: Modeling of Basic Condensation Processes. The Water Reactor Safety Research Workshop on Condensation, Silver Springs, MD, May 24-25, 1979.

Theofanous, T. G.: Conceptual models of gas exchange. In: Brutsaert, W., und Jirka, G.H. (Ed.): Gas Transfer at Air-Water Surfaces. Reidel/North-Holland, Amsterdam, 1984, S. 271-281.

Théron, B.: Ecoulements instationnaires intermittents de gaz et de liquide en conduite horizontale. Thèse Inst. Natl. Polytech., Toulouse, 1989.

Thomas, R. M.: Condensation of Steam on Water in Turbulent Motion. Int. J. Multiphase Flow, 1979, Vol. 5, S. 1-15.

Thomas, R. M.: Bubble Coalescence in Turbulent Flows. Int. J. Multiphase Flow, 1981, Vol. 7, Nr. 6, S. 709-717.

Tien, C. L., Chen, S. L., und Peterson, P. F.: Condensation Inside Tubes. EPRI Report Nr. NP-5700, Research Project 1160-3, 1988.

Traviss, D. P., Rohsenow, W. M., und Baron, A. B.: Forced Convection Condensation inside Tubes: A Heat Transfer Equation for Condenser Design. ASHRAE Trans., 1972.

Tronconi, E.: Prediction of slug frequency in horizontal two-phase slug flow. A.I.Ch.E. J., 1990, Vol. 36, S. 701-709.

Tsotsas, E., und Schlünder, E. U.: Heat transfer during Evaporation and Condensation of Binary Mixtures. Chem. Eng. Process., 1987, Vol. 21, S. 209-215.

Vermeulen, L. R., und Ryan, J. T.: Two-phase slug flow in horizontal and inclined tubes. Canadian J. Chemical Engineering, 1971, Vol. 49, S. 195-201.

Voloshko, A. A.: Condensation of Vapor Bubbles in Liquid. Theoreticheaki Osnovy Khimicheskoi, Tekhndogii, 1973, Vol. 7, S. 269-272.

Wallis, G. B.: Phenomena of liquid transfer in two-phase dispersed annular flow. Int. J. Heat and Mass Transfer, 1968, Vol. 11, S. 783-785.

Wallis, G. B.: One dimensional two phase flow. McGraw-Hill, New York, 1969.

Wang, H., und Touber, S.: Distributed and non-steady-state modeling of an air cooler. Int. J. Refrig., 1991, Vol. 14, S. 98-111.

Welle, R. van der: Void Fraction, Bubble Velocity and Bubble Size in Two-Phase Flow. Int. J. Multiphase Flow, 1985, Vol. 11, Nr. 3, S. 317-345.

Whalley, P. B.: Boiling, Condensation and Gas-Liquid Flow. Clarendon Press, Oxford, 1990.

Whalley, P. B., und Hewitt, G. F.: The Correlation of Liquid Entrainment Fraction and Entrainment Rate in Annular Two-Phase Flow. Rept. AERE-R9187, UKAEA, Harwell, 1978.

White, F. M.: Fluid Mechanics. McGraw-Hill, New York, 1986.

Williams, L. R.: Effect of pipe diameter on horizontal annular two-phase flow. Ph.D. Thesis, University of Illinois, Urbana, 1990.

Wilms, M., Gerstel, J., und Zakrzewski, U.: Alternativen zu R-502 und R-22. DKV-Tagungsbericht, 20. Jahrgang, 1993, Nürnberg, Band II/2, S. 81-94.

Wisman, R.: Fundamental investigation on interaction forces in bubble swarms and its application to the design of centrifugal separators. Ph.D. Thesis, Laboratory for Thermal Power Engineering, Delft University of Technology, 1979.

Ziegler, B.: Wärmetransformation durch einstufige Sorptionsprozesse mit dem Stoffpaar Ammoniak-Wasser. Dissertation, ETH Zürich, 1982.

Zivi, S. M.: Estimation of steady-state steam void-fraction by means of the principle of minimum entropy production. J. Heat Transfer, 1964, Vol. 86, S. 247-252.

Sachwortverzeichnis

A

Absorber: 2, 106, 158, 176, 177
Absorption: 1, 28, 31, 145, 159, 167, 176, 180
Absorptionskälteanlage: 1, 2, 158, 175, 177, 181
Absorptionswärme: 31, 39
Ackermann-Korrektur: 31, 39, 65, 125, 144
adiabate Strömung: 45, 98
Agglomerationsprozeß: 73
ähnliche Temperaturprofile: 119
Ammoniak-Wasser: 2, 27, 30, 37, 62, 151, 155, 157, 158, 169, 173, 181
Analogie zwischen Impuls- und Wärmeübergang: 66, 67, 148, 149, 150, 164
Analogie zwischen Wärme- und Stoffübergang: 31, 37, 63, 111, 123, 144, 149
Anfangsblasenradius: 5
Arbeit: 15, 24
Arbeitsstoffpaar: 2, 27, 62, 158
Auftriebskraft: 89, 94, 129, 131
Ausbruchsperiode: 118
Austreiber: *158*
Austrocknungsgrad: 50
Auswurfvorgänge: 110, 117, 120, 181
azeotrop: 173

B

Beschleunigungsdruckänderung: *siehe Druckverlust infolge einer Impulsänderung*
Bilanzgleichungen: 10
Blasenradius: *siehe Sauter-Blasendurchmesser*
Blasenströmung
    allgemein: 2, 45, 126, 180
    dampfseitiger Wärme- und Stoffübergang: 146
    Dampfvolumenanteil: 70
    flüssigkeitsseitiger Wärme- und Stoffübergang: 123
    Geometrie: 70
    Literatur: 4
    Mischungsweglänge: 142
    Oberflächenkonzentration: 73
    Phasengrenzfläche: 4
    Rohrwandkonzentration: 74
    Schubspannung: 135

    Volumenstromdampfgehalt: 70
    Wandwärmeübergang: 56
Blasius-Gleichung: 53, 75, 127, 136
Bondzahl: *siehe Eötvöszahl*
Breakup-Theorie: 73
burst: *siehe Auswurfvorgänge*

C

charakteristische Schubspannung: 133
charakteristische Turbulenzgeschwindigkeit: 102, 108, 109, 118, 124, 127, 131, 133
charakteristische Zeitperiode bzw. Erneuerungsrate: 107, 108, 115, 117, 118, 123, 181
charakteristisches Turbulenzlängenmaß: 102, 108, 109, 112, 124, 126, 138
chemisches Potential: 17, 113, 151, 153, 154, 155
Colburn j-Faktor: 148
Cromel-Alumel: *siehe Nickelchrom-Nickel*

D

Dampfgehalt: 5, 33, 42, 45, 57, 66, 68, 69, 102, 105, 162, 165, 169, 173, 174, 176, 177
Dampfvolumenanteil: 4, 5, 7, 31, 33, 49, 54, 56, 66, 70, 76, 81, 83, 93, 100, 102, 105
Dephlegmator: 159
Differentialgleichungen
    der Wärmeleitung: 115, 120
    des Zweifluidmodells: 42, 180
    für Schichtenströmung: 77
    gewöhnliche: 120, 121
    partielle: 115, 120
Diffusion: 1, 23, 42, 62, 106, 145
Diffusionskoeffizient: 14, 106, 124
Diffusionsthermik: 20
Dimitrescu-Gasblase: 91
dispergierte Strömung: 134
Dissipationsenergie: *siehe turbulente Dissipationsenergie*
Dittus-Boelter-Gleichung: 57
Drift-flux model: *siehe Driftgeschwindigkeits-Modell*
Driftgeschwindigkeit: 71, 93
Driftgeschwindigkeits-Modell: 70
Drossel: 159

Druckkraft: 47, 73
Druckrückgewinn: 55
Druckverlust
    allgemein: 3, 6, 46, 51, 67, 170, 172
    Gravitation: 30, 48, 54
    Impulsänderung: 30, 54, 103, 156
    Reibung: 30, 48, 51, 75, 77, 89, 91, 103, 127, 134
Dufour-Effekt: 20

E

Eddy-Diffusivity-Modell: 106
Einfaches System: 15, 16
Einheitsvektor: 10
Einlaufeffekte: 147
ejection: *siehe Auswurfvorgänge*
Energie
    innere: 16, 17
    kinetische: 16, 23, 91
    potentielle: 16, 23
Energiebilanz: *siehe Erhaltungssatz der Energie*
Energiegleichung: *siehe Erhaltungssatz der Energie*
Energiestromdichte: 113
Enthalpie: 17, 19, 156
Enthalpiediffusionsstromdichte: 23, 25, 26, 27, 39
Enthalpiestrom: 23
Enthalpiestromdichte: 130
Entropie: 16, 18, 22, 156
Eötvöszahl: 94
Erhaltungssatz
    der Energie: 15, 39, 65, 180
    der Komponente i: 13, 36
    der Masse: 11, 35, 62, 82, 94, 100, 105, 179
    des Impulses: 11, 67, 77, 95, 103
Erneuerungsrate: *siehe charakteristische Zeitperiode bzw. Erneuerungsrate*
Eulerzahl: 47
extensive Zustandgröße: *siehe Zustandgröße*
Exzeß-Term: 155

F

Fahrzeugkühlung und -klimatisierung: 171
Fanning friction factor: *siehe Reibungsbeiwert*
FCKW: 173
Federenergie: 16
Ficksches Gesetz der Diffusion: 14
Filmkondensation: 60
FKW: 173
Flüssigkeitsvolumenanteil: 80, 82, 88, 95, 100
Fouriersches Gesetz der Wärmeleitung: 20, 25
freie Enthalpie: 17

Freiheitsgrad: 151
Froudezahl: 47, 80, 94, 101, 160
Fundamentalgleichung: 156

G

Gamma-Funktion: 122
Gaskonstante: 114, 157
Generator: 158
geodätische Druckdifferenz: *siehe Druckverlust infolge von Gravitation*
geschlossenes System: 15
Geschwindigkeitsvektor: 10, 13
Gibbs-Duhem Beziehung: 17, 153
Gibbs-Relation: 18
Gibbssche Phasenregel: 56, 151, 156
Gravitationsfeld: 15, 80, 91, 111, 131, 165
Gravitationskraft: 11, 45, 47, 75, 89, 97
Grenzschicht
    Impuls: 139
    Stoffübergang: 111, 145
    Temperatur: 112, 116, 119, 145
Grenzschichtdicke: 27, 111

H

Heißfilm-Technik: 128
HFCKW: 173
hochfrequente Wirbel: *siehe kleine Wirbel*
Hunt-Graham Spektrum: 110
hydraulic jump: *siehe Wassersprung*
hydraulischer Durchmesser: 77, 96, 147, 150
hydrostatischer Druck: 11

I

ideales Gas: 157
Impulsbilanz: *siehe Erhaltungssatz des Impulses*
Inertialsystem: 11
inkompressibles Fluid: 20, 30, 41
integriertes Fehlerintegral: 122
intensive Zustandgröße: *siehe Zustandgröße*
intermittent flow: *siehe Schwall- und Pfropfenströmung*
intermittierende Strömung: *siehe Schwall- und Pfropfenströmung*
irreversible Thermodynamik: 113, 175

J

j-Faktor: *siehe Colburn j-Faktor*

K

k-ε-Modell: 7
Kaltdampfmaschine: 175
Kältemittel: 57, 173, 175
Kältetauscher: 158
Kältetechnik: 1
Kartesische Koordinaten: 115
Kelvin-Helmholtz-Instabilität: 45, 90
Kohlendioxid-Wasser-Gemisch: 126
Kolbenblasenströmung: *siehe Schwall- und Pfropfenströmung*
Kolmogorov
    Energiespektrum: 73
    Mikromaße: 108
Kompressionskälteanlage: 1
Kondensation: *siehe Verflüssigung*
Kondensationskoeffizient: 114
Kondensationsrate: 126, 131
Kondensationswärme: 31, 39, 175
konkav: 170, 176
Kontaktkraft: 11
Kontrollvolumen: 10, 11, 35
Konvektion: 14, 23, 62, 144
konvex: 170
Konzept der 'gefährlichsten Welle': 99
Körper: 10
Krümmung: 119, 170, 176

L

Lamellenrohrbündel-Wärmetauscher: 167, 170, 173
laminare Strömung: 12, 14, 20, 25, 28, 53, 99, 145, 147
Laplace-Transformation: 120
large-eddy: *siehe große Wirbel*
Laser-Doppler-Anemometer: 130
Lewiszahl: 28, 31, 37, 145, 160, 161
liquid holdup: *siehe Flüssigkeitsvolumenanteil*
Lockhart-Martinelli-Methode: 51, 67
logarithmische Geschwindigkeitsverteilung: *siehe universelles Geschwindigkeitsprofil*
Lösungsrückführung: 159
Luft-Öl-Gemisch: 88, 89
Luft-Wasser-Gemisch: 51, 74, 80, 82, 84, 88, 89, 98

M

makroskopische Energiespeicherung: 16
Martinelliparameter: 46, 53, 58, 67

mass velocity: *siehe Massenstromdichte*
Massenbilanz: *siehe Erhaltungssatz der Masse*
Massendiffusionsstromdichte: 14, 25, 36, 63
Massenkonzentration: 13, 19, 26, 30, 42, 63, 151, 153, 156, 160, 168, 179, 180
Massenkraft: 11
Massenstromdichte: 13, 23, 33, 37, 42, 56, 64, 65, 69, 95, 102, 105, 130, 171, 173
materielle Ableitung: 10
materielles Volumen: 10
Materieteilchen: 10
Maxwell-Relationen: 18
Membranpumpe: 159
Meßdatenerfassungsanlage: 161
Mischungsweg-Theorie: 125, 138
Mischungsweglänge: 111, 125, 138, 139, 140
molare freie Enthalpie: 155
molare freie Exzeß-Enthalpie: 156
molekulare Diffusion: 14, 115, 144
Molekulargewicht: 152, 156
Molkonzentration: 151, 156
Molvolumen: 156
most dangerous wave: *siehe Konzept der 'gefährlichsten Welle'*

N

Naßdampfgebiet: 165, 173, 178
Nebelströmung: *siehe Ringströmung mit Entrainment*
Neigungswinkel: 54, 94
Newtonisches Fluid: 12
Nickelchrom-Nickel: 160
niederfrequente Wirbel: *siehe große Wirbel*
Nusseltsche Wasserhauttheorie: 60, 180
Nusseltzahl: 21, 57, 66, 67, 111, 112, 122, 123, 146, 147, 149, 174, 181

O

Oberflächenausbrüche: *siehe Auswurfvorgänge*
Oberflächenerneuerungs-Modell: 3, 7, 107, 110, 111, 115, 122, 125, 128, 130, 131, 181
Oberflächenerneuerungsrate: *siehe charakteristische Zeitperiode bzw. Erneuerungsrate*
Oberflächenkonzentration: 4, 32, 35, 42, 69, 70, 158
Oberflächenkraft: 11
Oberflächenkrümmung: 30
Oberflächenspannung: 46, 73, 81, 89, 94, 111
Oberflächenwellen: 91, 98
offenes System: 16, 19
Onsager-Relation: 113

Ozonzerstörungseffekte: 2, 173

P

Partialdichte: 13
partielle molare Enthalpie: 154
partielle spezifische Enthalpie: 20, 23, 26
partielle zeitliche Ableitung: 10
partielles Molvolumen: 154
Pascal: *siehe Programmiersprache*
penetration/surface renewal model: *siehe Oberflächenerneuerungs-Modell*
Penetrationslänge
    Schwall: 91
    Turbulenzballen: 112, 115
Pfropfenströmung: *siehe Schwall- und Pfropfenströmung*
Phasengrenzfläche: 1, 2, 14, 21, 31, 35, 39, 42, 56, 76, 106, 113, 115, 118, 122, 123, 134, 140, 145, 180
Phasengrenzflächenkonzentration: *siehe Oberflächenkonzentration*
Phasengrenzflächentemperatur: 37, 56, 59, 61
Phasengrenzkurven: 151, 153
plug flow: *siehe Schwall- und Pfropfenströmung*
Poiseuille-Strömung: 53
Potentialströmung: 149
Potenzgesetz: 92
Prandtlzahl: 21, 31, 57, 111, 123, 133, 148, 161, 181
Produktionsrate: 24
Produktionsterm: 13
Programmiersprache: 158

Q

quality: *siehe Dampfgehalt*

R

Redlich-Kister-Ansatz: 156
reduzierte Gravitationskonstante: 48
reduzierter Druck: 71
Reibungsbeiwert
    allgemein: 52
    der Phasengrenzfläche: 49, 77, 99, 103, 137, 148, 149, 150
    der Wand: 75, 77, 82, 96, 127, 136, 137, 147
Reibungskraft: *siehe Zähigkeitskraft*
Rektifikator: 158
repeated integral of the complementary error function: *siehe integriertes Fehlerintegral*
Resorber: 176, 177

Reynolds-Colburn-Analogie: *siehe Analogie zwischen Impuls- und Wärmeübergang*
Reynolds-Spannungen: 12
Reynoldssches Transporttheorem: 10
Reynoldszahl: 14, 21, 47, 53, 57, 67, 77, 82, 83, 85, 93, 96, 99, 103, 126, 140, 147, 149, 150, 160, 174
Richardsonzahl: 129, 131
Ringströmung
    allgemein: 2, 45, 163, 165, 168, 170, 172, 174, 176, 180
    dampfseitiger Wärme- und Stoffübergang: 148
    Druckverlust: 51, 79, 83
    Entrainment: 7, 66, 79, 83, 84, 136, 180
    entrainment rate: *siehe Entrainmentstromdichte*
    Entrainmentstromdichte: 80
    Filmhöhe: 7, 80, 81, 82, 83
    flüssigkeitsseitiger Wärme- und Stoffübergang: 123
    Geometrie: 79
    Literatur: 7
    Mischungsweglänge: 142
    Oberflächenkonzentration: 85, 135
    Phasengrenzfläche: 7
    Rohrwandkonzentration: 86
    Schubspannung: 136
    Stofftransportkoeffizient: 135
    Tröpfchendurchmesser: *siehe Sauter-Tröpfchendurchmesser*
    Wandwärmeübergang: 62, 66
Rohrrauhigkeit: 148
Rohrwandkonzentration: 35
Runge-Kutta-Fehlberg-Methode: 158

S

Sättigungsdruck: 114
Sättigungstemperatur: 56, 173, 176, 177
Sauter-Blasendurchmesser: 4, 72, 74, 102, 146, 150
Sauter-Tröpfchendurchmesser: 86, 143, 149
scheinbare Geschwindigkeit: 34, 84, 97, 127
scheinbare Massenstromdichte: 52
Schichtenströmung
    allgemein: 2, 31, 165, 168, 170, 172, 174, 176, 180
    dampfseitiger Wärme- und Stoffübergang: 146
    Druckverlust: 77
    Filmhöhe: 6, 75, 78
    Flüssigkeitshöhe: *siehe Filmhöhe*
    flüssigkeitsseitiger Wärme- und Stoffübergang: 123
    Geometrie: 74
    glatt: 45, 60, 78

Kondensatfilm: 35, 38, 40, 56, 59, 64
Korrekturfaktor: 41, 56, 59, 61, 66
Literatur
   glatt: 5
   wellig: 7
Mischungsweglänge: 142
Oberflächenkonzentration: 77
Phasengrenzfläche: 5, 6
Rohrwandkonzentration: 77
Schubspannung: 135, 148
Wandwärmeübergang
   Dampf: 59
   Flüssigkeit: 66
wellig: 45, 61, 78
Schlupf: 5, 71, 91, 93, 100
Schmidtzahl: 14, 111, 124, 181
Schrittweitenoptimierung: 158
Schubspannung
   Phasengrenzfläche: 59, 61, 75, 77, 81, 83, 91, 134, 148, 150, 165
   Wand: 58, 66, 69, 75, 77, 79, 91, 95, 134, 137, 165
Schubspannungsgeschwindigkeit: 111, 118, 125, 133, 138
Schwall- und Pfropfenströmung
   allgemein: 2, 45, 165, 168, 170, 180
   dampfseitiger Wärme- und Stoffübergang: 150
   Druckverlust: 103, 138
   Filmhöhe: 95, 99, 103, 143
   Flüssigkeitshöhe: *siehe Filmhöhe*
   flüssigkeitsseitiger Wärme- und Stoffübergang: 123
   Gasgeschwindigkeit: 105
   Geometrie: 86
   hydrodynamisches Modell: 92
   Literatur: 8
   Mischungsweglänge: 143
   Oberflächenkonzentration: 102, 104, 137
   Phasengrenzfläche: 8
   Rohrwandkonzentration: 104
   Schubspannung: 137
   Schwallbildung: 90, 99
   Stoffübergangskoeffizient: 137
   Wandwärmeübergang
      Dampf: 69
      Flüssigkeit: 69
Schwallfrequenz: 8, 88, 89, 95, 98
Schwallgeschwindigkeit: 68, 91, 93, 98
Schwallzelle: 68, 88, 91, 97, 99, 104, 105
Schwerkraft: *siehe Gravitationskraft*
Schwerpunktsgeschwindigkeit: 16
shaft work: 24
shear work: 24
Sherwoodzahl: 14, 111, 123, 181
Siedelinie: 62
simple system: *siehe Einfaches System*

slug flow: *siehe Schwall- und Pfropfenströmung*
small-eddy: *siehe kleine Wirbel*
Soret-Effekt: 14
Spannungen
   turbulente: 12, 139
   viskositätsbedingt: 11, 13
Spannungstensor: 11
spezifischer Fluß: 22
Stabilitätsanalyse: 78
Stantonzahl: 130, 133, 148
Stefan-Korrektur: *siehe Ackermann-Korrektur*
Steiggeschwindigkeit: 100
Stoffstromdichte: 2, 113
Stoffübergangskoeffizient: 14, 31, 36, 107, 111, 124, 126, 128, 144, 145, 149, 158, 180
Stokessche Strömung: 149
Strömungsformenkarte: 45
Strömungssichtbarmachung: 89
substantielle Ableitung: 10
superficial velocity: *siehe scheinbare Geschwindigkeit*
Superposition: 68, 181
surface renewal model: *siehe Oberflächenerneuerungs-Modell*

T

Taitel-Dukler-Modell: 45, 75
Taulinie: 62
Taylorreihenentwicklung: 35, 63, 114, 117, 138
Temperaturgradient: 117, 122, 177
Temperaturleitzahl: 115
thermischer Ausdehnungskoeffizient: 129
Thermodiffusion: 14
thermodynamische Eigenschaften: 151
thermodynamisches Gleichgewicht: 31, 37, 42, 63, 151, 153, 156, 168, 178
thermodynamisches Nichtgleichgewicht: 113
Thermoelement: 160
totales Differential: 17, 153
Trägheitskraft: 14, 46, 47, 74
Treibhauseffekte: 2
turbulente Dissipationsenergie: 74, 102, 109
turbulente Geschwindigkeitsschwankung: 108, 112, 125, 126, 128, 131
turbulente Impulsaustauschgröße: *siehe Wirbelviskosität*
turbulente Stoffaustauschgröße: 106
turbulente Strömung: 12, 14, 21, 28, 53, 73, 99, 126, 145, 147
Turbulenz-Reynoldszahl: 109, 111, 112, 118, 120, 123, 126, 127, 128, 130, 131, 181
Turbulenz-Schwellenwert: 119
Turbulenzballen: 73, 91, 102, 108, 112, 115, 118, 122, 132, 133, 138, 181

Turbulenzgeschwindigkeit: *siehe charakteristische Turbulenzgeschwindigkeit*
Turbulenzgrad: 31
Turbulenzlängenmaß: *siehe charakteristisches Turbulenzlängenmaß*

U

universelle Gaskonstante: 155
universelles Geschwindigkeitsprofil: 66, 67, 76

V

Ventilator: 173
Verdampfung: 1, 33, 54, 62, 106, 158
Verdampfungskoeffizient: 114
Verdampfungswärme: 60, 130
Verfahrenstechnik: 1, 70
Verflüssiger: 2, 106, 158, 163, 167, 176, 177
Verflüssigung: 1, 28, 31, 33, 42, 48, 55, 59, 62, 112, 117, 128, 130, 145, 167, 171, 173, 174, 176, 180
Verstärkungsfaktor: 57
Verteilungsparameter: 71, 93
Viskosität: 12
void fraction: *siehe Dampfvolumenanteil*
Volumenkraft: 11
Volumenstromdampfgehalt: 34
volumetric quality: *siehe Volumenstromdampfgehalt*

W

Wandwärmeübergang: 56
Wärmeenergie: 15
Wärmekapazität: 18, 19
Wärmeleitfähigkeit: 20, 123
Wärmeleitung: 115, 146
Wärmequellen: 15, 24
Wärmestrom: 15
Wärmestromdichte: 2, 20, 21, 25, 27, 39, 130
Wärmestromvektor: 21
Wärmeübergangskoeffizient: 21, 37, 39, 57, 60, 61, 66, 114, 117, 123, 128, 130, 144, 145, 149, 150, 158, 161, 163, 165, 169, 173, 174, 180
Wasser-Lithiumbromid: 2
Wassersprung: 103
Weberzahl: 73, 86, 146
Wellenzahl: 98
Wiederholungsintegral: *siehe integriertes Fehlerintegral*
Wirbel
    große: 102, 108, 109, 118, 124, 130

kleine: 109, 130, 132
Wirbelviskosität: 12, 139

Z

Zähigkeitskraft: 14, 46
Zeitperiode der großen Turbulenzballen: *siehe charakteristische Zeitperiode bzw. Erneuerungsrate*
Zustandgröße: 151, 154
Zustandsgleichung: 16, 37, 151
Zweifluidmodell: 2, 3, 10, 30, 43, 56, 70, 102, 158, 180
Zweigleichungs-Modell: 68
Zweiphasendruckabfall: *siehe Druckverlust*
Zweiphasenmultiplikator: 52, 127
Zweiter Hauptsatz der Thermodynamik: 113